NADINE BETHKE

Additiver Umweltnutzen als individuelles Entscheidungskriterium für die Wahl von Ökostrom

PETER LANG
Frankfurt am Main · Berlin · Bern · Bruxelles · New York · Oxford · Wien

Bibliografische Information der Deutschen Nationalbibliothek
Die Deutsche Nationalbibliothek verzeichnet diese Publikation in der Deutschen Nationalbibliografie; detaillierte bibliografische Daten sind im Internet über http://dnb.d-nb.de abrufbar.

Zugl.: Bremen, Univ., Diss., 2010

Umschlaggestaltung:
© Olaf Glöckler, Atelier Platen, Friedberg

Umschlagabbildung:
Nadine Bethke

Gedruckt auf alterungsbeständigem,
säurefreiem Papier.

D 46
ISBN 978-3-631-61366-5

Vorwort

Die vorliegende Arbeit entstand als Dissertation während meiner Beschäftigung als wissenschaftliche Mitarbeiterin am Lehrstuhl für Volkswirtschaftslehre der Universität Bremen.

Mein besonderer Dank gilt meinem Doktorvater Prof. Dr. Stefan Traub, der während der gesamten Zeit eine vertrauensvolle Zusammenarbeit ermöglichte und stets eine offene Tür für Fragen und Problemlösungen bot. Ich danke ebenso Herrn Prof. Dr. Roland Menges für die Übernahme des Zweitgutachtens und die excellente Betreuung bei alllen energiewirtschaftlichen Fragestellungen. Für ein angenehmes Arbeitsumfeld, motivierende Worte und alltägliche Unterstützung danke ich meinen Kollegen Katharina Schreeb und Fabian Paetzel, die auch mit kritischen Fragen und aufmunternden Worten zum Gelingen der Arbeit beigetragen haben.

Ich danke dem Unternehmen swb, Bremen für die zur Verfügung gestellten Drittmittel welche die Durchführung des ökonomischen Entscheidungsexperimentes ermöglichten.

Von großer Bedeutung während der Promotion war mein privates Umfeld. Mein Dank gilt meinem Partner Helmut, der all die Launen, Hochs und Tiefs der Promotionsphase hautnah miterlebt und mich immer wieder motiviert hat. Auch auf die Unterstützung meiner Eltern konnte ich mich sowohl während des Studiums der Volkswirtschaftslehre als auch während der Promotion verlassen.

Auch unsere Vierbeiner Melly und Nila haben es gerade in der Schlussphase geschafft, jede Form von Stress zu relativieren und eine neue Gelassenheit zu vermitteln.

Hamburg, April 2011

Inhaltsverzeichnis

Tabellenverzeichnis

Abbildungsverzeichnis

Abkürzungsverzeichnis

AdEW	Arbeitsgemeinschaft der Landesverbände der Elektrizitätswerke
AEG	Allgemeine Elektrizitätsgesellschaft
BEWAG	Berliner Städtische Elektrizitätswerke
BIP	Bruttoinlandsprodukt
BMU	Bundesministerium für Umwelt, Naturschutz und Reaktorsicherheit
BMWi	Bundesministerium für Wirtschaft und Technologie
BUND	Bund für Umwelt und Naturschutz
C	Kohlenstoff
CCS	CO_2-Abscheidung und –Speicherung (Carbon Dioxide Capture and Storage)
CDM	Ökologischer Sanierungs- und Entwicklungsplan (Clean Development Mechanism)
CO_2	Kohlenstoffdioxid
COE	Herkunftslandeffekt (Country-of-Origin-Effekt)
CVM	Methode der bedingten Evaluierung (Contingent Valuation Method)
DBU	Deutsche Bundesstiftung Umwelt
DEG	Deutsche Edison Gesellschaft
DIW	Deutsches Institut für Wirtschaftsforschung
DLR	Deutsches Zentrum für Luft- und Raumfahrt
DVG	Deutsche Verbundgesellschaft
EEG	Erneuerbare-Energien-Gesetz
EEV	Endenergieverbrauch
EEX	European Energy Exchange
EnBW	Energie Baden-Württemberg
EnWG	Energiewirtschaftsgesetz
GRS	Grenzrate der Substitution
HEW	Hamburgische Electricitäts-Werke
ISO	Unabhängiger Verteilnetzbetreiber (Independent System Operator)
ITO	Unabhängiger Übertragungsnetzbetreiber (Independent Transmission Operator)
IZES	Institut für Zukunfts-Energie-Systeme
JI	Ausgleichsplan für CO_2-Emissionen (Joint Implementation)
kWh	Kilowatt-Stunde
KWK	Kraft-Wärme-Kopplung

KWU	Kraftwerk Union
KV	Kilovolt
LGA	Landesgewerbeanstalt
MIT	Massachusetts Institute of Technology
MWh	Megawatt-Stunde
NABU	Naturschutzbund
NEV	Nutzenergieverbrauch
OTC	Freihändiger Verkauf (Over The Counter)
OU	Eigentumsrechtliche Entflechtung (Ownership Unbundling)
PEV	Primärenergieverbrauch
RECS	Erneuerbare-Energien Zertifizierungssystem (Renewable Energy Certificate System)
ROE	Herkunftsregion-Effekt (Region-of-Origin-Effekt)
RWE	Rheinisch-Westfälisches Elektrizitätswerk
TWh	Terrawatt-Stunde
ÜNB	Übertragungsnetzbetreiber
VDEW	Vereinigung Deutscher Elektrizitätswerke
VEAG	Vereinigte Energiewerke
VEW	Vereinigte Elektrizitätswerke Westfalen
VIAG	Vereinigte Industrieunternehmungen
WTD	Spendenbereitschaft (Willingness to Donate)
WTP	Zahlungsbereitschaft (Willingness to Pay)
WWF	World Wildlife Fund
ZSW	Zentrum für Sonnenernergie- und Wasserstoff-Forschung

Symbolverzeichnis

a	Additivität
α	Umweltzustände
b	Auszahlung aus dem Experiment
β	Effizienzparameter zur Erzeugung von Gut x
c	privates Gut
d	Entscheidung des Individuums
∂	partielle Ableitung
e	mikroökonomisches Umfeld
E	Einkommen
EU	Erwartungsnutzen
$E(\cdot)$	Funktion des Entscheidungsverhaltens
f	Sammelvariable für alle nichtmonetären Einflüsse im Experiment
φ	Platzhalter
g	Energiemenge Ökostrom
$g*$	Marshallsche Nachfrage
G	Menge des Öffentlichen Gutes
γ	Effizienzparameter zur Erzeugung von Gut z
h	Allokationsregel
H	Güterallokation
I	Institution
i	Agenten / Individuen
K	Güter und Ressourcen
k	Kostenregeln
L	Nachrichtenmenge
l	Nachrichtenelemente
m	Budget
M	self image
med	Median
μ	moralischer Aufwand
n	Individuum
N	Menge der Individuen
p	Preis
P	Präferenzstruktur
$\pi(\cdot)$	Funktion der gewichteten GRS
Ψ	Zeit
q	Zusammengesetztes Gut
$r(\cdot)$	Funktion der Anpassungsregeln

r^*	Reaktionsfunktion
$\tilde{r}$	privat finanzierter Beitrag zum Öffentlichen Gut
R	Menge der Anpassungsregeln
s	Freizeit
S	mikroökonomisches System
t	Wirkungsregel
t_0	Startregel
T	Stoppregel
τ	Steuersatz
u	Nutzen
$V(\cdot)$	Nutzenniveau
$v(\cdot)$	indirekte Nutzenfunktion
W	technologisches Wissen
ω	Vektor der Güterausstattung
x	privater Anteil des Öffentlichen Gutes
y	privater Beitrag zum Öffentlichen Gut
z	Externaltität
Z	gesamte Bereitstellungsmenge des Öffentlichen Gutes

1 Einleitung

Die mit der Nutzung von fossilen Brennstoffen in der Energieerzeugung einhergehenden Umweltprobleme wie die durch den CO_2-Ausstoß mitverursachte Klimaerwärmung haben globale Bedeutung. Schon in den 70er Jahren des 20. Jahrhunderts traten wissenschaftliche Berichte über zunehmende CO_2-Emissionen und die Wirkung dieser und anderer Treibhausgase in den Fokus der öffentlichen Diskussionen. Auch die Politik setzte sich mit dieser Thematik verstärkt auseinander. 1992 fand die maßgebliche Konferenz der Vereinten Nationen für Umwelt und Entwicklung in Rio de Janeiro statt; dort wurden erste Rahmenkonventionen festgelegt, auf denen aufbauend 1997 das Kyoto-Protokoll verabschiedet wurde. Dieses wurde rechtsstaatlich von allen Industrieländern, bis auf die USA, unterzeichnet.

Als Konsequenz beschloss die EU für bestimmte Industriezweige ein Handelssystem für CO_2-Emissionen gemäß eines Cap and Trade-Systems einzuführen. Nach einer Testphase (2005-2007) wurde im Rahmen des Nationalen Allokationsplanes II der Emissionshandel für die erste Handelsperiode 2008-2012 im Juni 2006 umgesetzt. Bis zum Jahr 2012 wollen die EU-Staaten ihre CO_2-Emissionen, bezogen auf das Jahr 1990, um 8% reduzieren. Die Ausgestaltung der nächsten Handelsperiode nach 2012 sollte in der 15. Handelskonferenz der Vertragsstaaten der Klimarahmenkonventionen der Vereinten Nationen im Dezember 2009 in Kopenhagen beschlossen werden. Ziel war es, ein verbindliches Regelwerk für den Klimaschutz ab 2013 zu erlassen, aber die Delegierten konnten sich nur auf einen Minimalkonsens einigen, welcher zudem völkerrechtlich nicht bindend ist. Als wesentlich für das Scheitern gilt die Uneinigkeit zwischen China und den USA. Es ist gegenwärtig beabsichtigt, ein Nachfolgeabkommen auf der nächsten Vertragsstaatenkonferenz vom 29.11.2010 bis 10.12.2010 in Mexiko-Stadt zu beschließen.

Aus dem Kyoto-Protokoll und projektbasierten Emissionsvermeidungsvorhaben ist der Begriff des "additiven Umweltnutzens“ entstanden, welcher in der vorliegenden Arbeit auf den Ökostrommarkt angewendet wird. Das Kyoto-Protokoll nennt drei flexible Mechanismen, die zur Erreichung des Reduktionszieles zu Verfügung stehen: den Emissionshandel, den Clean Development Mechanism (CDM) und die Joint Implementaion (JI). Die beiden letztgenannten Projekte sollen für Additivität sorgen. Der "Gold Standard“ gilt dabei als ein international anerkanntes Gütesiegel, das die Additivität für Förderprojekte sicherstellt. Additivität ist dabei immer in Bezug auf eine Referenzsituation ohne die Förderung zu bewerten. Das heißt, die CO_2-Vermeidung muss mit Durchführung der Maßnahme höher sein als ohne. Zudem darf die Maßnahme nicht ohnehin durchgeführt werden. Übertragen auf den Markt für Strom aus Erneuerbaren-Energien-Anlagen bedeutet dies, dass Nachfrage nach Ökostrom immer dann für Additivität sorgt, wenn die Nachfrage zum Bau neuer Erzeugungsanlagen führt, welcher ohne die induzierte Nachfrage nicht stattgefunden hätte. In der klassischen Markttheorie ist dies immer dann der Fall, wenn die Nachfrage das Angebot übersteigt. Zahlungsbereitschaften, die oberhalb des Gleichgewichtspreises an der Kapazitätsgrenze herkömmlicher Erzeugungsanlagen liegen, führen dazu, dass neue Anbieter in den Markt drängen und für ein zusätzliches "grünes" Angebot sorgen. Ist dieser klassische Markt nicht vorhanden, bzw. findet gleichzeitig eine staatliche Förderung für Strom aus Erneuerbare-Energien-Anlagen statt, so können nur spezielle Fördermodelle zu Additivität in der Stromnachfrage führen. Denn wenn umgekehrt durch die private Ökostromnachfrage kein Zubau stattfindet, bedeutet dies in der Konsequenz lediglich eine Lastverteilung von der staatlichen zur privaten Finanzierung, ohne dass additiver Umweltnutzen generiert wird (Menges 2000, 2003). Das Charakteristikum der Additivität von grünen Stromangeboten ist also entscheidend für den generierten Umweltnutzen und sollte bei der privaten Ökostromnachfrage eine entscheidende Rolle spielen. Ob dies tatsächlich der Fall ist, wird in der vorliegenden Arbeit untersucht. Im Rahmen dieser Untersuchung wird Additivität folgendermaßen definiert:

Additivität eines Stromproduktes aus Erneuerbare-Energien-Anlagen sorgt dann für zusätzliche CO_2-Vermeidung, wenn die CO_2-Vermeidung ohne zusätzlich generierte Nachfrage nicht stattgefunden hätte (Referenzszenario). Die Referenzsituation bezieht sich immer auf ein Ökostromniveau, das von der Gesellschaft gesamtheitlich in Form eines Umlageverfahrens bereitgestellt wird.

Die vorliegende Arbeit bietet sowohl einen Überblick über den deutschen Energiemarkt und ökonomische Theoriefelder als auch die Auswertung eines ökonomischen Entscheidungsexperimentes. Dieses untersucht in erster Linie die Wirkung additiver Ökostromangebote auf die Zahlungsbereitschaft der Individuen; dabei werden einzelne Variablen schrittweise variiert, um ihren Einfluss auf das Entscheidungsverhalten zu testen.

Im Folgenden wird zunächst ein kurzer Überblick über die Gliederung und die Herangehensweise der vorliegenden Arbeit gegeben.

Im nächsten Kapitel wird neben der historischen Entwicklung des deutschen Strommarktes mit Nachfrage, Angebot und Entstehung der Stromnetze auf die aktuelle Ausgestaltung des Strommarktes eingegangen. Die Ausgestaltung des Erneuerbare-Energien-Sektors spielt dabei eine zentrale Rolle. In den letzten zehn Jahren hat ein entscheidender Wandel in der deutschen Energiewirtschaft stattgefunden: die Abkehr von kostenorientierten Gebietsmonopolen hin zu einer wettbewerblichen Preisbildung und einem Stromhandel über ein für alle Marktteilnehmer zugängliches Netz. Dieser langfristig zu betrachtende Prozess ist noch nicht abgeschlossen.

In Deutschland wurde auch auf nationaler Ebene im Rahmen des EEG an der Umsetzung der internationalen umweltpolitischen Ziele gearbeitet. Dort werden alle Stromverbraucher im Rahmen eines Umlageverfahrens an der Finanzierung und dem Ausbau von Erneuerbare-Energien-Anlagen beteiligt. So soll eine stufenweise Anhebung des Erneuerbare-Energien-Anteils bis auf 30% im Jahr 2020 erreicht werden, um damit zu den CO_2-Vermeidungszielen beizutragen. In Deutschland sind zwei Förderinstrumente auf dem Ökostrommarkt etabliert: auf der einen Seite im Rahmen des EEG die öffentliche Bereitstellung und auf der anderen Seite die private Vermarktung, welche seit der Strommarktliberalisierung durch Produktdifferenzierung möglich ist.

In dem nachfolgenden dritten Kapitel wird näher auf die ökonomische Theorie eingegangen. Das besondere Charakteristikum des Ökostroms liegt in der Aufspaltung des Nutzens; Ökostrom besitzt einen privaten Nutzen in Form des physikalischen Gebrauchswertes, zusätzlich wird ein Öffentliches Gut in Form von verbesserter Umweltqualität durch reduzierte CO_2-Emissionen erzeugt. Dieses Öffentliche Gut kann von allen Konsumenten gleichermaßen genutzt werden, d.h. keiner kann von der Nutzung ausgeschlossen werden. Wäre die Umweltqualität allein durch private Bereitstellung zu leisten, führte dies zu Trittbrettfahren der Wirtschaftssubjekte: eigennutzorientierte Bürger leisten keine freiwilligen Beiträge und bauen stattdessen auf die Beiträge der anderen. Menges und Traub (2009) zeigen in einem ökonomischen Experiment, dass die durchschnittliche private Zahlungsbereitschaft für Ökostrom nur rund ein Drittel der tatsächlichen Wertschätzung des Umweltnutzens entspricht, wenn Trittbrettfahren möglich ist. Staatliche Bereitstellung ist dagegen mit einem anderen Phänomen verknüpft, sie kann zu einem crowding out privater Nachfrage führen, da rational handelnde Bürger die staatliche Förderung von Ökostrom als Substitut zu ihrer privaten Zahlungsbereitschaft sehen. In der Realität können jedoch beide Förderinstrumente nebeneinander bestehen, denn die Forschung zur privaten Bereitstellung Öffentlicher Güter hat gezeigt, dass Menschen nicht nur aus der Bereitstellung des Öffentlichen Gutes verbesserte Umweltqualität Nutzen ziehen, sondern auch aus der Zahlung an sich. Letzterer Nutzen wird mit dem Begriff *warm glow of giving* beschrieben (Andreoni 1989, 1990). Aufbauend auf dieser Forschung, zu der bereits ökonomische Experimente vorliegen (Menges et al. 2005, 2009), wird in der vorliegenden Untersuchung geprüft, ob jeder Einzelne auch nach der Befriedigung eines Umweltbewusstseins strebt. Dieses Umweltbewusstsein orientiert sich nicht nur an den vermiedenen externen Effekten einer kWh Ökostrom, sondern auch an dem erzeugten additiven Umweltnutzen durch Verdrängung herkömmlicher Erzeugungsanlagen.

Ein weiterer zu untersuchender Aspekt des Ökostroms liegt in der Unsicherheit über dessen Qualität, da die Produkteigenschaft CO_2-Vermeidung vom Stromkunden nicht direkt beobachtet werden kann (Springmann 2005). Eine Lösung des Vertrauensgutproblems bietet signaling in Form von Qualitätszertifikaten oder einer generellen Informationspflicht. Experimentelle Untersuchungen zeigen, dass eine unabhängige Zertifizierung ökologischer Produkte die Risikoeinstellung der Konsumenten nachhaltig beeinflusst (Kirchhoff 2000). Für den Strommarkt liegen solche Untersuchungen in Form eines ökonomischen Entscheidungsexperimentes jedoch bislang nicht vor. Das vorliegende Projekt schließt diese Lücke. Untersuchungen zu Verbrauchereinstellungen haben zudem gezeigt, dass die Regionalität ökologischer Produkte für die Kaufentscheidung von großer Bedeutung ist. Darum wird auch dieser Untersuchungsaspekt in Form eines lokalen Laufwasserkraftwerkes in die vorliegende Untersuchung mit aufgenommen. Solche Analysen liegen bislang lediglich für den Markt ökologischer Lebensmittel vor.

Die empirische Analyse erfolgt mit der Methodik der Experimentellen Ökonomie. Diese ist in der Lage, in kontrollierter Form den Einfluss einzelner Variablen auf die Untersuchungsgröße festzustellen. Die Serie von Laborexperimenten fand im Frühjahr 2008 im Labor für experimentelle Wirtschaftsforschung der Universität Bremen statt.

In den anschließenden Kapiteln vier und fünf wird auf diese Experimente näher eingegangen. Das Untersuchungsdesign unterteilt sich auf der einen Seite in den Aspekt der Additivität und auf der anderen Seite in die Qualität des Ökostroms. In beiden Kapiteln findet zunächst eine Darstellung des aufgestellten

Modells statt, darauf folgt die Beschreibung des experimentellen Designs sowie abschließend die Darstellung der reinen Treatmentergebnisse, also die direkten Medianvergleiche der einzelnen Versuchsaufbauten.

Nach dem Experiment wurde weiterhin ein Fragebogen erhoben, welcher neben den sozioökonomischen Daten der Versuchteilnehmer auch die Einstellungsvariablen zum Umweltbewusstsein erfasst. Das Design und die deskriptive Auswertung erfolgt im sechsten Kapitel dieser Arbeit.

Das darauf folgende Kapitel beschäftigt sich mit designübergreifenden Auswertungen. So kann durch die Verknüpfung des Fragebogens mit den experimentellen Entscheidungen der Versuchspersonen in Form einer Panel- Analyse untersucht werden, welchen Einfluss die Einstellungsvariablen auf das Entscheidungsverhalten, hier die Zahlungsbereitschaft für Ökostrom, der Versuchspersonen haben. Dabei zeigt sich unter anderem, dass weibliche Versuchsteilnehmer bei einem Teil der Treatments eine weitaus höhere Zahlungsbereitschaft zeigen als männliche. Darum wird im zweiten Teil dieses Kapitels auf Genderaspekte der Untersuchung näher eingegangen.

Das achte Kapitel fasst die zuvor generierten Ergebnisse nochmals kurz zusammen, um darauf folgend näher auf die entstehenden finanzwissenschaftlichen Implikationen einzugehen. Hier fließen auf der einen Seite die institutionelle Ausgestaltung und die energiewirtschaftlichen Gegebenheiten in Deutschland ein, wie sie im zweiten Kapitel dargestellt wurden, und auf der anderen Seite die Ergebnisse des ökonomischen Entscheidungsexperiments der Kapitel vier bis acht. Ein abschließender Ausblick rundet die hier vorliegende Arbeit ab und geht zudem kurz auf weitere untersuchenswerte Forschungsfragen ein.

2 Stromversorgung in Deutschland

In diesem Kapitel wird auf der einen Seite auf die historische Entwicklung des deutschen Strommarktes eingegangen und auf der anderen Seite ein vertiefender Einblick in die aktuelle Ausgestaltung, insbesondere des Segmentes der Erneuerbaren Energien gegeben. In dieser spielen sowohl die staatliche Bereitstellung in Form des EEG, finanziert durch ein Umlageverfahren, als auch die private Bereitstellung, die seit der Strommarktliberalisierung durch Produktdifferenzierung möglich ist, eine entscheidende Rolle bei dem Ausbau Erneuerbarer Energien.

2.1 Historische Entwicklung

Die heutige Ausgestaltung des Energiemarktes ist ein natürliches Ergebnis historischer Entwicklungen in Deutschland. Die Geschichte der Elektrizität hat ihre Anfänge am Ende des 19. Jahrhunderts. Neben den Nachfrage induzierten Entwicklungen, die vor allem durch die Erfindungen elektrischer Geräte getrieben wurden, fanden auch auf der Angebotsseite Veränderungen statt, wie die Entstehung von Stromsystemen und Kraftwerken, die das aktuelle Elektrizitätsnetz mit den verschiedenen Spannungsebenen und die Vielzahl von Kraftwerkstypen determinieren. Im Folgenden wird die Beschreibung der Entwicklungen in die Bereiche Nachfrage, Angebot und Netze gegliedert, wobei natürlich Überschneidungen nicht auszuschließen sind.[1]

2.1.1 Entwicklung der Nachfrage

Die Nachfrage nach Elektrizität war nicht ursprünglich vorhanden, sondern wurde letztendlich durch Erfindungen getrieben und ist durch das Angebot induziert worden. Schon 1911 schrieb Walther Rathenau, der Gründer der Allgemeinen Elektrizitätsgesellschaft (AEG), dass durch die Elektrifizierung ein Wirtschaftsgebiet geschaffen werde, das „eine Umgestaltung eines großen Teils aller modernen Lebensverhältnisse (beinhaltet), die nicht vom Konsumenten ausging, sondern von Produzenten organisiert und gewissermaßen aufgezwungen werden

1 Die Daten sind, wenn nicht anders gekennzeichnet, König und Weber (2003) sowie Braun und Kaiser (2003) entnommen. Dies sind die Bände 4 (1840-1914) sowie 5 (seit 1914) der Propyläen Technik Geschichte, die Referenz bezieht sich vor allem auf die Zeitpunkte von Innovationen sowie Daten der Erfindungen.

musste“ (nach Tenfelde 2002). Erste Anwendungsbereiche der Elektrizität fanden sich bereits in den 30er Jahren des 19. Jahrhunderts vor allem in der Elektrochemie (Galvanisierung von Geschirr und Prunkgegenständen) und der Telegraphie, wobei dieser erste Strom aus Batterien stammte. Erst später breitete sich die Elektrizität flächendeckender durch die um 1880 entwickelten Bogen- und Glühlampen sowie elektrische Maschinen aus. In den 90er Jahren wurden die Straßenbahnen und um die Jahrhundertwende die Industrien als Anwendungsbereiche erschlossen.

Das Grundprinzip des Generators wurde 1831 von Michael Faraday entdeckt, sodass schon in den späten 30er Jahren erste Generatoren in Konkurrenz zu Batterien in den Galvanisierungsbetrieben traten. Noch waren relativ teure und schnell ermüdende Permanentmagnete für den Betrieb der Generatoren nötig. Doch verschiedene Experimentatoren entdeckten unabhängig voneinander 1866 das dynamoelektrische Prinzip. Der einmal magnetisierte Elektromagnet behält nach dem Abschalten etwas Magnetismus zurück, welcher für die Erzeugung eines schwachen Stroms genutzt werden kann. Werner Siemens erkannte die Bedeutung dieser Erfindung und entwickelte kleine Dynamomaschinen, die er über die Firma Siemens & Halske vertrieb. Diese entwickelte er in den 70er Jahren weiter und wurde zusammen mit der Firma Gramme Marktführer in Europa. Durch die verbesserten Dynamos wurden Batterien in Bogenlampen zunehmend durch diese neue Technologie ersetzt. Zunächst wurden Bogenlampen in Leuchttürmen, bei Festlichkeiten oder auch im Theater eingesetzt. Auch auf Baustellen wurde so die Arbeitszeit verlängert. Man war jedoch nicht in der Lage, mehrere Bogenlampen in Reihe zu schalten, denn sobald eine ausfiel, hätte dies den Ausfall aller weiteren nachgeschalteten Lampen zu Folge gehabt. So wurde für jede Lampe ein eigener Generator benötigt. 1876 löste der russische Offizier Pawel Nikolajewitsch Jablotschkow dieses Problem, trotzdem blieben die von ihm entwickelten Modelle nur eine Übergangslösung, da die Lampen bis zum Ende abbrennen mussten und nicht willkürlich an- und ausgeschaltet werden konnten. Abgelöst wurden sie von der von Hefner-Alteneck 1878 entwickelten Differential-Bogenlampe. Trotz dieser und weiterer Neuerungen war Beleuchtung ein Luxusgut und bis sich die Metallfadenlampe im ersten Jahrzehnt des 20. Jahrhunderts durchsetzte, weitaus teurer als Gaslicht. Der Preis konnte somit kein Argument sein auf elektrisches Licht umzustellen, sondern vor allem die Sicherheit, da das Gaslicht immer wieder Brände hervorrief. Außerdem verschlechterte Gaslicht die Luft durch den Sauerstoffentzug und heizte Räume stark auf. Elektrisches Licht wurde durch die Entwicklung der Metallfadenlampe konkurrenzfähig, 1906 setzte sich Wolfram als Material für Glühfäden durch. In den Anfägen der Elektrifizierung wurde Strom fast ausschließlich zur Beleuchtung verwendet. 1890 machte der Anteil der Beleuchtung am Gesamtelektrizitätsverbrauch etwa 96% aus. Da dieser erst in den Abendstunden benötigt wurde, versuchten die Kraftwerke zunehmend, zusätzlich verbilligten Tagesstrom zu verkaufen. Vor allem Straßenbahnen und die Industrie waren Ziel der Werbung.

Elektrische Straßenbahnen wiesen große Vorteile zu den bislang gebräuchlichen Pferdestraßenbahnen auf. Sie konnten mehr Fahrgäste aufnehmen, waren schneller, die Betriebskosten waren sehr viel geringer, da die Pferdehaltung sehr teuer war. Zudem wurde so die Gefahr vor Tierseuchen vermindert. In Deutschland errichtete Siemens & Halske 1881 eine erste Versuchsbahn außerhalb des Stadtzentrums von Berlin. Die oberirdische Stromzufuhr der Straßenbahn führte häufig zu Gegenwehr in den Kommunen, auf der einen Seite wurden Sicherheitsbedenken geäußert und auf der anderen Seite sah man die Verstromung durch Masten und Befestigungsdrähte als Verschandelung des Stadtbildes an. Um die Jahrhundertwende gab es in Europa ca. 7.000 km Straßenbahnstrecken, fast die Hälfte davon befand sich in Deutschland. Die Elektrifizierung machte jetzt auch die U-Bahnen attraktiver.

Die Erfindung der Drehstrommotoren zog die Industrie als Stromkunden nach sich. Der Elektromotor wies im Vergleich zum Gas- oder Benzinmotor hohe Vorteile auf. Er lief geräuschlos, ohne Abgase, war schnell betriebsbereit und verbrauchte im Stillstand keine Energie. Zudem konnte man die Maschinen fast frei nach Belieben aufstellen, die Produktionsabläufe konnten so flexibler gestaltet werden und es wurde zunehmend auf Gruppenbetrieb umgestellt. Obwohl postuliert wurde, dass sich der Elektromotor gerade für das Handwerk oder die Kleinindustrie anbiete, wurden diese Investitionen zunächst fast nur von der Großindustrie getätigt. Erst 1906 wurde mehr Strom für Motoren als für Beleuchtung verwendet.

Abseits der Elektromotoren benötigte auch die chemische und die metallurgische Industrie Elektrizität, da ihre Grundstoffe auf elektrothermischem und -chemischem Weg entstanden. 1879 konstruierte Siemens einen Elektrostahlofen, der auch für den Stahlformguss verwendet werden konnte, da der Elektrostahl weniger Gaseinschlüsse aufwies. Den Durchbruch erlangte der Elektrostahl jedoch erst im ersten Weltkrieg und danach. Die Aluminiumindustrie wurde jedoch schon bald einer der größten Stromkunden.

Um die Tagestäler der Elektrizitätsversorger zu füllen, wurde im Folgenden stark auf die Elektrifizierung des Haushaltes gesetzt, was sich jedoch erst nach dem Ersten Weltkrieg durchsetzte. In Berlin hatten 1914 nur 5,5% der Haushalte einen Stromanschluss. Die Nachfrage nach Elektrizität erhöhte sich jedoch sehr schnell, zwischen 1900 und 1914 verdoppelte sich der Verbrauch etwa alle vier Jahre, danach fast alle neun Jahre. Die Technisierung des Haushaltes schritt zunehmend voran, erste deutsche elektrische Bügeleisen kamen 1926 auf den Markt. Nach anfänglichen Rührflügel-Waschmaschinen, die 1914 mit einem

Motor ausgestattet wurden, setzten sich in den 20er Jahren bald die Trommel-Waschmaschinen als effiziente Alternative durch. Aber den endgültigen Durchbruch schaffte die Waschmaschine erst nach dem Zweiten Weltkrieg. Auch Staubsauger fanden eine immer größere Nachfrage und induzierten eine Wohnungseinrichtung mit fest verlegtem Teppich. Erste elektrische Kühlschränke kamen 1903 in den USA auf den Markt, in Deutschland setzte sich auch diese Erfindung erst nach dem Zweiten Weltkrieg durch. Zwischen den Erfindungen der meisten elektrischen Haushaltsgeräte und deren Durchsetzung auf den Markt lag zumeist ein halbes Jahrhundert. Denn selbst der Lichtstrom war um die Jahrhundertwende ein Luxusgut mit Preisen von 60 - 70 Pf/KWh[2], er wurde erst in den ersten beiden Jahrzehnten des 20. Jahrhunderts für zunehmende Bevölkerungsteile bezahlbar. Dazu trugen auch verbesserte Glühbirnen und die Petroleumknappheit des ersten Weltkrieges bei. Nach Licht und Wärme wurde der dritte Aspekt der Elektrizität, die Kraft, im Haushaltsbereich umgesetzt. Bevor die Elektrifizierung jedoch zur Arbeitserleichterung im Haushalt eingesetzt wurde, fand sie Verwendung in Geräten, die zur sichtbaren Wohnraumausstattung gehörten, wie elektrische Zigarrenanzünder, Tischklingeln oder Ventilatoren. Denn die Repräsentativität eines elektrisierten Haushaltes war wichtiger als kraftsparende Geräte für die Hausangestellten anzuschaffen. Nur das Bügeleisen fand schon vor dem ersten Weltkrieg eine zunehmende Verbreitung und war mit einem Anschaffungspreis von rund 10,- Mark bezahlbar. Erst als das Dienstpersonal teurer wurde und immer mehr Haushalte an dem Stromnetz angeschlossen wurden, fanden die Haushaltsgeräte verstärkt Einzug in die Haushalte (Oetzel 2002). In den 20er Jahren waren lediglich 11% der Haushalte mit Strom versorgt, sieben Jahre später waren es schon 50%. Zunächst hielten Kleingeräte wie Einzelkoch- und Heizapparate Einzug, diese beanspruchten Energie vor allem in den Tälern der Energienachfrage und die Elektrizitätsversorger reagierten mit günstigeren Stromtarifen, wie Kochstrom zur Mittagszeit. Neben großen Elektroausstellungen in den Städten priesen Werbewagen der Versorgungsunternehmen auf dem Land die neuen Elektrogeräte an (Döring und Weltmann 2002). Durch die zunehmende Technisierung des Haushaltes vor allem in den 50er Jahren in Form von Großgeräten kam die Idee auf, auch der Haushalt könne gleich einem Unternehmen – nach dem Taylorschen Prinzip – optimiert werden. Das Fachgebiet der Haushaltswissenschaften bildete sich heraus, die den Wirkungsgrad der Arbeit im Haushalt durch technische und organisatorische Optimierung erhöhen wollte. Die eingesparte Zeit sollte die Hausfrau entlasten. Spätere Studien haben jedoch gezeigt, dass die Elektrifizierung zwar die Arbeit erleichtert,

2 Zum Vergleich: Ein Schichtlohn eines Arbeiters betrug zu dieser Zeit rund 4,- Mark, damit war Lichtstrom für große Bevölkerungsteile nicht bezahlbar (Oetzel 2002).

eine Zeitersparnis jedoch nicht festzustellen ist, denn durch technische Neuerungen wurden Arbeiten erledigt, die zuvor nicht anfielen (Oetzel 2002). Zudem fanden Frauen auch außerhalb des Haushalts durch den technischen Fortschritt neue Beschäftigungsfelder. Ende des 19. Jahrhunderts wurde eine Anzahl von Büromaschinen entwickelt, wie Addier-, Rechen-, Buchungs-, Hollerith-, Adressier- und Frankiermaschinen. Gerade in diesen Bereichen wurden Frauen eingestellt.

Das Statistische Bundesamt (2007) belegt eine fast vollständige Sättigung der Haushalte mit Kühlschränken, Waschmaschinen und Staubsaugern für das Jahr 2000, da diese Geräte in fast 100% der deutschen Haushalte vorhanden waren.

In der Zeit nach 1945 vollzog die Technik mit der Hochtechnologie, besser bekannt als High Tech, wahrhafte Entwicklungssprünge, wodurch viele Innovationen in die Haushalte einzogen und eine zunehmende Nachfrage nach Elektrizität schufen. Innerhalb kürzester Zeit wurden Fernseher, Videogeräte und Computer Bestandteile des alltäglichen Lebens und erhielten teilweise sogar einen Status als Mindeststandard, welcher jedem zugestanden wurde und somit als nicht pfändbar galt.

Bis in die 80er Jahre des 20. Jahrhunderts war die Politik der Stromanbieter vor allem darauf fokussiert, die Stromnachfrage zu forcieren. Erst im Zuge des gestiegenen Umweltbewusstseins, wie im folgenden Kapitel beschrieben wird, sollte sich diese Politik ändern.

2.1.2 Entwicklung des Angebotes

Auch die Kraftwerkstechnologie wurde immer weiter entwickelt und führte im Verlauf der Jahrzehnte zu immer höheren Effizienzgraden in der Energieerzeugung. Parsons entwickelte 1884 die Turbine, welche die Dampfmaschinen in den Kraftwerken erst langsam ablöste. Obwohl sie kleinere Fundamente benötigte, leichter zu warten war sowie einfacher zu regulieren und schnell betriebsbereit war, hatte sie erst um 1900 geringere Betriebskosten als die Dampfmaschinen und wurde erst in den darauf folgenden Jahren als Substitut zu der älteren Technologie verwendet. Waren 1890 rund 30 Kraftwerke vorhanden, so waren es 1905 schon rund 1.200 (Liedke 2006).

In einem nächsten Entwicklungsschritt wurden die vorhandenen Kraftwerke gekuppelt und neue Kraftwerke wurden zumeist außerhalb der Städte gebaut, da die Übertragung mit Hilfe des Wechselstroms über weitere Strecken kein Problem mehr darstellte. Durch diese Vernetzung konnten Schwankungen in der Stromerzeugung besser ausgeglichen werden. Das Problem der Leistungsspitzen in der Nacht blieb zunächst bestehen. Die Elektrizitätswerke hatten somit, wie im vorherigen Unterkapitel beschrieben, starke Anreize, die Tagestäler mit Nachfrage zu füllen und boten Sondertarife zu günstigen Preisen an. Zu der Zeit waren Umweltprobleme in der Gesellschaft noch nicht offensichtlich, und so führte auch diese Politik der Orientierung an Verbrauchsspitzen zu den heute bestehenden Problemen durch hohen Energieverbrauch. Anstatt auf Technologien der Energieeinsparung zu setzen, wurden in erster Linie Technologien gefördert, die zusätzlichen Strom benötigten.

Einige Kraftwerke wurden direkt auf den Zechengeländen errichtet, um Transportkosten zu sparen. So eröffnete RWE mehrere Kraftwerke auf Zechengeländen, 1914 zudem ein großes Braunkohlekraftwerk. Neben den Kohlekraftwerken fanden in den Anfängen vor allem Wasserkraftwerke Verwendung. Zu Beginn der 30er Jahre wurden dann auch Diesel-Motoren zur Stromerzeugung eingesetzt, da sie flexibel einsetzbar waren und Belastungsspitzen effizient abfedern konnten. Nachdem 1935 die erste industriell zu nutzende Gleichdruckgasturbine entwickelt wurde, konnten auch diese zur Stromerzeugung eingesetzt werden und die Diesel- Motoren zur Abdeckung der Spitzen ablösen; weiterhin waren sie als Notstromaggregate geeignet.

Technisch und auch wirtschaftlich war eine zentrale Energieversorgung nicht optimal. Kleinere kommunale Kraftwerksbetreiber konnten die Elektrizität durch geringere Fixkosten günstiger anbieten und hatten zudem die Möglichkeit, durch Kraft-Wärme-Kopplung und die Nutzung von Mehrstoffprozessen einen Gesamtnutzungsgrad von bis zu 80% zu erreichen. Dezentrale Strom-, Wärme- und auch Kälteerzeugung ist in der Lage, zu geringen Stromsystemkosten beizutragen (Hennicke und Müller 2006). Trotzdem setzte sich das zentrale Großkraftwerk durch.[3] Der Strommix bestand in der 20er Jahren hauptsächlich aus fossilen Brennstoffen, der Anteil der fossilen Festbrennstoffe betrug 75%, der Wasserkraft 14% und der aus Gas erzeugten 10%. Diese Zusammensetzung veränderte sich in den nächsten Jahren kaum.

Die zentralisiert ausgestaltete Verbundwirtschaft traf auf zwiegespaltene Meinungen in der nationalsozialistischen Politik. Einerseits sah man bei einer dezentralen Ausgestaltung Vorteile für den Kriegsfall, Großkraftwerke stellten jedoch einen entscheidenen Vorteil bei den Rüstungsvorhaben dar. Das Energiewirtschaftsgesetz von 1935 regelte die Struktur im Sinne einer zentralen Lösung. Hiermit wurde die Energiewirtschaft unter die Aufsicht des Staates gestellt. Trotz der totalitären Strukturen besaß die Elektrizitätswirtschaft eine enorme Beharrungskraft und nutzte die Zeit, um die entstandenen Strukturen zu

3 Mit dem 300-MW-Erlass (1964) wurde später die Genehmigung von kleinen Kraftwerken untersagt (Hennicke und Müller 2006).

festigen (Stier 1999). Dies traf vor allem die größeren Unternehmen, denn kleinere Unternehmen wurden zum Teil stillgelegt oder mit großen zusammengelegt (Liedtke 2006).

Ab 1942 verschlechterte sich die Stromversorgung für die privaten Haushalte, da die Rüstungsproduktion weiter forciert wurde und nach 1945 Stromknappheit herrschte, da sowohl das Netz als auch die Kraftwerke einer technischen und organisatorischen Reparatur bedurften. Neben zerstörten Kraftwerken, wurden Kraftwerke, die die Kriegsindustrie belieferten, demontiert oder gesprengt. Zeitweise wurden ganze Verbrauchergruppen oder Versorgungsgebiete von der Stromzufuhr abgeschaltet. Dies wurde vom 1947 erlassenen Zentralverteilungsgesetz geregelt, welches vom Energienotgesetzt 1949 abgelöst und bis 1955 verlängert wurde. Vor allem im Winter machte sich die Stromknappheit bemerkbar. Die Reparatur des Netzes wurde durch die Marshallplan-Gelder möglich, insgesamt wurden 967,3 Mio. DM in die Elektrizitätsversorgung investiert. Die Versorgungslage entspannte sich dadurch in den 50er Jahren wieder (Stier 1999).

Die Elektrizitätswirtschaft organisierte sich ab den 50er Jahren grundlegend, zunächst als Arbeitsgemeinschaft der Landesverbände der Elektrizitätswerke (AdEW), 1950 wurde daraus die Vereinigung Deutscher Elektrizitätswerke e.V. (VDEW). Die in diesem Verein enthaltenen Verbundunternehmen schlossen sich zudem 1948 in der Deutschen Verbundgesellschaft e.V. (DVG) zusammen. In den 60er Jahren definierte sich Energiepolitik vor allem über die Förderung des heimischen Kohlebergbaus und somit die Kohlesubventionierung; Kernenergie sollte erst zum Ende des Jahrzehnts eine größere Rolle spielen, denn zunächst wurde die Kernenergie nicht als Energielieferant, sondern unter Industrie- und Forschungszwecken betrachtet (Stier 1999).

Ein neues Zeitalter der Kraftwerkstechnik wurde mit der Kernphysik eröffnet. Otto Hahn und Fritz Straßmann entdeckten 1938 die Kernspaltung des Urans mit Hilfe von analytisch-chemischen Methoden. Lise Meitner und Otto R. Frisch konnten eine zunächst theoretisch-physikalische Erklärung in gleich große Folgekerne liefern. Kurz danach veröffentlichte Siegfried Flügge erste Abschätzungen über die freiwerdende Energie, wenig später wurde die Möglichkeit der Kettenreaktion entdeckt und auch deren Steuerung durch Bor und Kadmium ermittelt. Die Kerntechnik wurde jedoch erst 1955 in Deutschland weiter entwickelt, durch die Pariser-Verträge bestand das alliierte Verbot der Kernphysik nicht weiter.

Da die USA jedoch zu diesem Zeitpunkt bei dieser Technologie sehr viel weiter fortgeschritten waren, erwarben deutsche Unternehmen zur Umsetzung der Kraftwerkstechnik Wissen und Lizenzen von amerikanischen Unternehmen und kombinierten diese mit ihren Eigenentwicklungen. AEG und Siemens entwickelten parallel weitere Kraftwerkstypen und fusionierten schließlich ihre kerntechnischen Abteilungen 1973 in der gemeinsamen Tochter Kraftwerk Union (KWU). Die Ölkrise der 70er Jahre hat den Ausbau der Kernenergie zunächst beflügelt, da diese als Ausweg zur Abhängigkeit vom Öl gesehen wurde, doch die beiden größten Kernkraftunfälle in Harrisburg (1979) und Tschernobyl (1986) fachten die Anti-Atomkraft-Bewegung wieder an. Sie sind als Wendepunkt der Akzeptanz der Kernkraft in der breiten Öffentlichkeit zu sehen.

In dem Gebiet der ehemaligen DDR wurden im Zeitraum 1965-1979 5 Atomkraftwerke vom gleichen Typus wie der Tschernobylreaktor in Betrieb genommen, diese wurden jedoch im Zuge der Wiedervereinigung stillgelegt, da sie nicht dem westdeutschen Sicherheitsniveau entsprachen. In Westdeutschland entstanden im Zeitraum 1961-1989 28 Atomkraftwerke, der Atomausstieg wurde Ende der 90er Jahre beschlossen und 2000 per Gesetz festgelegt (Liedtke 2006).[4]

Zwar kann der aus Kernspaltung gewonnene Strom fast CO_2-neutral erzeugt werden, doch ist diese Form der Energiegewinnung nicht als erneuerbar anzusehen. Den heutigen Nutzungsgrad von Atomkraftwerken vorausgesetzt, würden die Uranvorräte für Leichtwasserreaktoren lediglich 30 Jahre reichen. Somit müsste nach dieser Zeit, sollten keine weiteren Uranvorräte gefunden werden, auf Wiederaufbereitungs- oder Brütertechnologien umgestiegen werden. Diese sind einerseits kapitalintensiver, andererseits bergen sie auch einen größeren Risikofaktor in sich. Abgesehen von diesen beiden Punkten sind aufbereitete Kernbrennstäbe, bzw. das darin enthaltene Plutonium für Kernwaffen verfügbar. Abgesehen von diesem Ressourcenproblem besteht weiterhin die Gefahr der Kernschmelze, welche auch bei höchsten Sicherheitsstandards nie ausgeschlossen werden kann, zusätzlich ist die Endlagerfrage nicht gelöst. Die radioaktiven Abfälle müssen über zehntausende von Jahren abgeschirmt und überwacht werden (BMU 2009a).

Energiesparen und die Minimierung des Schadstoffausstoßes rückten erst in den 70er und 80er Jahren in den Fokus der Energiepolitik. War die Entwicklung zuvor fast ausschließlich auf die Expansion des Angebotes ausgerichtet, da die Umweltprobleme noch gar nicht ins Bewusstsein der breiten Öffentlichkeit getreten waren, trat jetzt das Ziel der Nachhaltigkeit zunehmend in den Fokus der

4 Die im Zuge der neuen Regierung geschlossenen Koalitionsverträge zeigen, dass die aktuelle Regierung aus CDU, CSU und FDP über eine Laufzeitverlängerung der Atomkraftwerke nachdenkt. Zu Beginn des Jahres 2010 fand ein Treffen der Atomkraftwerkbetreibenden Energiekonzerne im Kanzleramt statt. Sowohl das Atomkraftwerk Biblis A als auch Neckarwestheim 1 sollten zum April 2010 abgeschaltet werden. Diese beiden Kraftwerke werden jedoch noch weiterbetrieben, bis sich im Herbst die Regierungskoalition auf ein neues Energiekonzept verständigt hat.

Energiewirtschaft. Zeitgleich traten in den 70er Jahren immer häufiger Berichte über Wachstumsgrenzen durch Ressourcenknappheit in den Mittelpunkt der Diskussion.[5]

War die Werbung der Elektrizitätswirtschaft bis in die 60er Jahre des 20. Jahrhunderts durch das Anbieten immer größerer Strommengen geprägt, so findet jetzt ein Wandel statt; geringere Steigerungsraten des Stromabsatzes und das gestiegene Umweltbewusstsein in der Bevölkerung lassen das Image des Unternehmens in den Mittelpunkt des Marketings rücken. Die Unternehmen wollen Akzeptanz und Sympathie erlangen und entdecken zudem das neue Geschäftsfeld der Energiesparberatung. Spätestens seit der Liberalisierung geht es aber nicht nur um Imagepflege zur Bestandssicherung, sondern im wettbewerblicher ausgestalteten Markt sollen jetzt neue Kundengruppen erschlossen werden. Das Thema Strom wird jetzt auch zunehmend emotional angereichert und es werden produktnahe Dienst- und Serviceleistungen mit angeboten (Döring und Weltmann 2002).

1980 wurde in Deutschland die erste Großwindanlage „Growian" errichtet (Liedtke 2006) und läutete einen Wandel in der Erzeugungstechnologie ein. Durch Anreize wie das Stromeinspeisegesetz und das spätere EEG wurden immer mehr Anlagen für Erneuerbare Energien in Betrieb genommen, die Windenergie spielte dabei eine eindeutige Vorreiterrolle, wie noch im Folgenden vor allem im Kapitel „Marktdaten" zu sehen sein wird.

2.1.3 Entwicklung der Netze

Zwischen der Stromerzeugung in den Kraftwerken und der Stromnachfrage, steht die Verteilung durch das Stromnetz. Diese war zu Beginn der Elektrifizierung noch lokal ausgestaltet und von einem Stromnetz, wie es heute besteht, konnte bei Weitem nicht die Rede sein, denn vor der Installation von Elektrizitätszentralen benötigte jedes elektrifizierte Objekt eine eigene Kraftstation. Wird jedoch elektrische Energie zentral erzeugt, ist eine Verteilung über Leitungen notwendig. Bei Benutzung öffentlicher Wege ist dafür eine Konzession der Kommune notwendig. Das erste deutsche Elektrizitätswerk baute die Deutsche

5 Vor allem die Studie des Club of Rome wurde vielfach diskutiert (Reiche 2004). Dieser legte das vieldiskutierte Buch „Grenzen des Wachstums" vor. Zwanzig Jahre später erschienen „Die neuen Grenzen des Wachstums" und 2004 die Aktualisierung „Grenzen des Wachstums: Das 30- Jahre-Update". Die Aktualisierungen fügen Neuerungen ein und kommen letztendlich alle zum gleichen Schluss, dass eine nachhaltigere Wirtschaftsweise in fast allen Bereichen notwendig ist, um die Ressourcen für nachfolgende Generationen zu schonen.

Edison Gesellschaft (DEG) 1885 in Berlin, aus dieser Gesellschaft entstand 1887 die AEG. Für dieses erste Elektrizitätswerk war es nötig, die Straßen und Wege der Stadt Berlin zu nutzen. Daher schloss die DEG mit der Stadt Berlin den ersten Konzessionsvertrag. In diesem erhielt die Stadt 10% der Bruttoeinnahmen aus dem Stromverkauf. Dieser Beschluss erhielt Vorbildcharakter für darauf folgende Abschlüsse in ganz Deutschland (Liedtke 2006).

Die ersten Elektrizitätsnetze waren für Gleichstrom konzipiert. In den 90er Jahren kamen als weitere Stromsysteme Wechsel- und Drehstrom hinzu. Bei der Installation eines Netzes musste man sich somit für ein Stromsystem entscheiden. Ein Vorteil des Gleichstroms ist, dass dieser in Akkumulatoren gespeichert werden kann, er läßt sich zudem gut für elektrolytische Zwecke verwenden. Für Gleichstrom standen damals auch leistungfähigere Motoren zur Verfügung, ein großer Nachteil lag jedoch in der Reichweite, diese lag bei etwa 600m. Selbst wenn das Elektrizitätswerk direkt im städtischen Zentrum positioniert war, konnte es nur einen begrenzten Radius versorgen. Durch die Entwicklung des Transformators konnte das Problem der Reichweite für den Wechselstrom jedoch gelöst werden. 1884/85 entwickelte die Firma Ganz Transformatoren, mit denen Wechselströme mit nur geringen Verlusten hoch- und abgespannt werden konnten. Damit wurde der Wechselstrom zur dominanten Alternative. Gleichstromfirmen versuchten in den Anfängen, die hohe Spannung verbieten zu lassen, indem sie vor der Gefährlichkeit warnten.[6]

Federführend im Ausbau eines möglichst großen Netzes war RWE. Dieses Unternehmen wurde 1898 errichtet, um die Stadt Essen mit Licht zu versorgen. 1902 erwarben jedoch Hugo Stinnes und August Thyssen die Mehrheit an RWE und forcierten im Folgenden die Expansion des Unternehmens. Sie wollten das gesamte Ruhrgebiet bis in den Aachener Raum hinein erschließen. Bei einigen Kommunen stießen sie jedoch auf Wiederstände, sie konnten überzeugt werden, indem sie eine Stimme im Unternehmen erhielten. Dieses Prinzip wurde schon bald Vorbild für andere Versorgungsunternehmen. RWE war jedoch im Versorgungsgebiet nicht von Anfang an Monopolist, diese Struktur wurde erst später erlangt. Auch die Verkupplung des gesamten Gebietes zu einem einheitlichen Netz war erst 1924 fertig gestellt. Im „Elektrofrieden“ der Jahre 1927/28 verfestigten sich die Gebietsmonopole von RWE, Preußenelektra und den Elektrowerken. Durch die Demarkation der Versorgungsgebiete in den folgenden Jahren schlossen sich auch andere Versorgungsgebiete mit ähnlichen Absprachen an und teilten somit die Territorien der Versorgungsgebiete unter sich auf. Hatten sich die Anbieter zuvor bekämpft, wurde die Kartellisierung jetzt als erforder-

6 Sie sorgten unter anderem dafür, dass in den USA ein zum Tode verurteilter mit hochgespanntem Wechselstrom hingerichtet wurde, um vor der Gefährlichkeit zu warnen.

lich angesehen, um den Aufbau der Netze schnell voranzutreiben und die notwendigen Investitionen zu tätigen. Die entstandenen Monopolrenten wurden von der Gesellschaft akzeptiert und man vertrat die Ansicht, dass diese „langfristig dem Wohlstand der Gesamtheit dienten“(Stier 1999).

Nach der Verlagerung der Stadtwerke aufs Land zu Beginn des 20. Jahrhunderts fand in der darauf folgenden Zeit die Ausgestaltung eines Verbundsystemes statt. Dazu war vor allem ein Netz von Hochspannungsleitungen notwendig. Oskar von Miller plante zu Beginn des Ersten Weltkrieges, das Bayernwerk als einheitliches Verbundsystem auszugestalten; dies konnte er jedoch erst nach Kriegsende umsetzen. Die Leistungssteigerung der Kraftwerke, größere Reichweiten und die Installation eines Verbundsystems sind die Kernmerkmale der 1920er Jahre in der Elektrizitätswirtschaft. Waren verschiedene Kraftwerkstypen zudem in einem Netz verbunden, konnten regional und zeitlich voneinander abweichende Belastungen abgefangen werden. 1926 wurde schließlich die erste 220-KV-Fernleitung in Betrieb genommen. Drei Jahre später verband eine solche Leitung das Ruhrgebiet mit den Wasserkraftwerken Süddeutschlands als Zusammenschluss der RWE, der Preußischen Elektrizitäts-AG und des Bayernwerkes.

Nach dem Zweiten Weltkrieg waren die Kraftwerke und Netze stark beschädigt. Da sie zudem die Kriegsindustrie bedient hatten, wurden sie gemäß der Bestimmungen der Militärdirektive und der Potsdamer Abkommen unter Zwangsverwaltung gestellt. Das betraf in erster Linie die großen Konzerne der Eisen-, Stahl- und Kohlenindustrie und auch die Unternehmen VIAG Elektrowerke, Veba-Preußenelektra, RWE und VEW. Zwar wollten die Besetzungsmächte die Elektrizitätswirtschaft dekartellisieren, doch wurden die bestehenden Strukturen letztendlich gestützt. Das Parker-Gutachten legte einen Entwurf zur Neugestaltung des Energierechts vor, welches aber auf der Stellungnahme des AdEW beruhte. Der VDEW legte zudem einen Entwurf zu einem Energieaufsichtsgesetz vor, welches vorsah, sich den Regeln gegen die Beschränkung des Wettbewerbs unterzuordnen. Die Ausnahmen, insbesondere die Beibehaltung der Demarkations- und Konzessionsverträge, liefen jedoch auf eine faktische Beibehaltung des Systems hinaus. Im verabschiedeten Gesetz gegen Wettbewerbsbeschränkung 1957 wurden die gewachsenen Strukturen legitimiert und in die Marktwirtschaft überführt (Stier 1999). Die Monopole boten in den Anfängen der Elektrizitätswirtschaft die nötige Sicherheit, Investitionen in Netze und Kraftwerke zu tätigen, und sorgten zudem für einen schnellen Ausbau eines Versorgungsnetzes und ein möglichst großes Stromangebot. Die gegenseitigen Absprachen sicherten somit den Aufbau der Versorgungsnetze. Sobald das Netz und ein ausreichender Kraftwerkspark zu Verfügungstand, sollte eine Balance zwischen der Begünstigung der Unternehmen und dem Verbraucherschutz stattfinden. In der Präambel des 1935 beschlossenen Energiewirtschaftsgesetz wird dies in der Formel „möglichst wirtschaftliche Produktion und (...) möglichst soziale Verteilung des Produktionsertrages“ ausgedrückt.

Großkraftwerke und ein Großverbund sind nicht zwangsläufig eine optimale Ausgestaltung des Marktes. Zwar gehen mit ihr Skaleneffekte und eine umfassende Elektrifizierung einher, doch es wird zwangsläufig auf effiziente Techniken wie die Wärme-Mehrfachnutzung und eine Pluralität im Kraftwerkspark verzichtet. Eine dezentrale Energieversorgung ist vor allem in der Lage, auf Nachfragespitzen flexibel zu reagieren und benötigt außerdem geringere Netzinvestitionen, da die Erzeugung näher am Verbrauch stattfindet und somit oftmals auf die Nutzung aller Spannungsebenen, und damit weite Stromtransportwege, verzichtet werden kann.

Nach diesem historischen Überblick über die Nachfrage, das Angebot und die Entstehung der Stromnetze wird im Folgenden auf die aktuelle Ausgestaltung der Stromversorgung eingegangen.

2.2 Aktuelle Organisation

In Deutschland hat sich historisch eine „vermachtete“ Struktur des Energiemarktes entwickelt. Der an das Netz gebundene Stromtransport kann als natürliches Monopol betrachtet werden, denn parallele Netze in allen Spannungsebenen sind durch hohe und versunkene Fixkosten als nicht effizient zu betrachten. Die natürlichen Monopolisten wurden bis 1997 durch die geschlossenen Demarkationsverträge gestärkt, da sie, wie im vorherigen Abschnitt beschrieben, zu klar abgegrenzten Gebietsmonopolen führten (Proettel et al. 2009). Das Stromnetz war und ist im Besitz klar abgegrenzter Gebietsmonopolisten. Diese stellen die Verbundunternehmen bzw. Übertragungsnetzbetreiber dar. Ihre Zahl hat sich von neun in den neunziger Jahren auf jetzt vier (EnBW, e.on, RWE und Vattenfall) reduziert.[7] Diese vier Unternehmen sind im Besitz von über 80% des Stromnetzes und des gesamten Höchst- und Hochspannungsnetzes (Liedtke 2006). Zudem besitzen sie rund 80% der der Anlagen zur Stromerzeugung. Die kommunale Struktur in der Versorgungsebene resultiert auch aus den Aufgaben der kommunalen Daseinsvorsorge, welche im Grundgesetz niedergelegt ist.[8]

7 EnBW entstand aus dem Badenwerk und der Energieversorgung Schwaben, e.on aus Preußen Elektra und dem Bayernwerk, RWE durch den Zusammenschluss mit VEW und Vattenfall Deutschland entstand schließlich aus HEW, VEAG und BEWAG.

8 Rechtliche Grundlage ist die Garantie der kommunalen Selbsverwaltung nach Art. 28, Abs.2 GG:“... alle Angelegenheiten der öffentlichen Gemeinschaft im Rahmen der Gesetze in eigener Verantwortung zu regeln.“.

Somit sind die Kommunen dazu verpflichtet, die Energieversorgung für jeden Haushalt sicherzustellen. Zwar hat sich durch die Privatisierung und Liberalisierung der Staat aus der Daseinsvorsorge immer weiter zurück gezogen, aber jeder Bürger hat per Verfassung das Recht auf Grundversorgung mit Strom, Gas und Wasser. Der Grundversorger ist nach dem Energiewirtschaftsgesetz das Energieversorgungsunternehmen mit den meisten Haushaltskunden im Netzgebiet. Dieses ist verpflichtet, alle Haushaltskunden zu den veröffentlichten allgemeinen Bedingungen und Preisen zu versorgen.

Drei Kerneigenschaften der Elektrizitätswirtschaft, die Leitungsgebundenheit, die begrenzte Möglichkeit der Speicherung der Energie und die hohe Kapitalintensität haben zu einer besonderen Gesetzgebung geführt (Schiffer 2008). Das Energiewirtschaftsgesetz (1935) und das Gesetz gegen Wettbewerbsbeschränkung (1957) räumten der Energiewirtschaft eine Sonderstellung ein. Ziel war es, eine sichere und auch für den Verbraucher preisgünstige Versorgung sicherzustellen. Demarkationsverträge auf Ebene der Netzbetreiber sorgten für klar voneinander abgegrenzte Gebietsmonopole. Diese Abgrenzung setzte sich auch auf lokaler Ebene durch die Konzessionsverträge fort. Die Konzessionsverträge stammen noch aus den Anfängen der Energiewirtschaft und sichern dem Versorgungsunternehmen das alleinige Wegenutzungsrecht innerhalb der Kommune zu. Seit 1992 ist die Konzessionsabgabenverordnung novelliert. Bis zu den Höchstsätzen, welche sich nach der Gemeindegröße bemessen, können die Versorgungsunternehmen genehmigungsfrei mit den Kommunen verhandeln, solange diese nicht den Höchstsatz überschreiten. Der kommunalen Daseinsvorsorge wird durch die Anschluss- und Versorgungspflicht Rechnung getragen. Jeder Energieversorger ist dazu verpflichtet, jeden Endverbraucher zu den veröffentlichten Tarifen zu versorgen. Ein Wendepunkt für die Energiewirtschaft stellt das Jahr 1998 dar, in dem die Liberalisierung des Elektrizitätsmarktes eröffnet wurde. Die Liberalisierung sollte einerseits den Markt öffnen und Wettbewerb im Endkundenbereich ermöglichen und andererseits die durch Demarkations- und Konzessionsverträge entstandene Monopolstruktur auflösen. Die Elektrizitätsbereitstellung kann, wie beschrieben, in drei Bereiche geteilt werden: Erzeugung, Verteilung und der Vertrieb an den Endkunden. Es besteht Konsens darüber, dass Wettbewerb sowohl auf der Erzeugungs- als auch auf der Vertriebsebene möglich ist (Knieps 2001). Die Verteilung der Elektrizität stellt jedoch ein monopolistisches Bottleneck[9] dar und ist nicht in eine wettbewerbli-

9 Die zwei Bedingungen für das Vorliegen eines monopolistischen Bottleneck sind: 1. Die Einrichtung (hier das Stromnetz) ist unabdingbar für die Versorgung des Konsumenten, d.h. es gibt kein aktives Substitut. Das ist i.d.R. dann der Fall, wenn ein Anbieter das Gut günstiger bereitstellen kann als mehrere andere. 2. Die Einrichtung kann mit angemessenen Mitteln nicht zweifach zu Verfügung gestellt werden, d.h. es gibt kein

che Struktur zu überführen, sollte aber in ihrer Marktmacht reguliert werden (Knieps 2002). Die Demarkationsverträge haben seitdem keinen Bestand mehr. Auf der einen Seite ist der parallele Bau von Versorgungsleitungen verschiedener Netzbetreiber nebeneinander möglich, auf der anderen Seite muss auch die Durchleitung von Strom und die Netznutzung anderen Marktteilnehmern gestattet werden. Erst dadurch ist ein Wettbewerb im Endverbrauchermarkt möglich. Es herrscht zudem die Beweislastumkehr, d.h. die Durchleitung von Strom wird als Regelfall angenommen; sollte die Durchleitung nicht möglich sein, muss der Netzbetreiber dies nachweisen. Buchhalterisch müssen die Geschäftsbereiche Erzeugung, Übertragung, Verteilung und Handel voneinander getrennt werden. Die Geschäfsbereiche Betreibung des Übertragungsnetzes und Erzeugung sowie Verteilung müssen strikt voneinander getrennt werden. Diese vertikale Desintegration wird mit dem Begriff des unbundling beschrieben.[10] Im Rahmen des 3. EULiberalisierungspaketes von 2009 wurden die Möglichkeiten zum unbundling für die Mitgliedstaaten erweitert. Die EU-Strom- und Gas-Binnenmarkt-Richtlinie vom 13.07.2009 räumt jetzt den Mitgliedstaaten drei Optionen beim unbundling ein: die ÜNB können jetzt zwischen Ownership Unbundling (OU), Independent System Operator (ISO) und dem Independent Transmission Operator (ITO) wählen.[11] Die neue Richtlinie muss nun in der deutschen Gesetzgebung umgesetzt werden.

---

potentielles Substitut. Das ist i.d.R. dann der Fall, wenn hohe sunk costs vorliegen (Knieps 2002).

10 Die Netze auf Hoch- und Höchstspannungsebene waren vor der Liberalisierung Eigentum der Verbundunternehmen. Im Rahmen des unbundling mussten die Netzgesellschaften von den Konzernen getrennt werden. So sind die vier Übertragungsnetzbetreiber (ÜNB) EnBW Transportnetze AG (früher Badenwerk AG und EVS), Tennet (vorher transpower stromübertragungs GmbH, ehemals e.on Netz früher, Preussen Elektra und Badenwerk AG), Ampion (vorher RWE Transportnetz Strom GmbH, davor RWE und VEW) sowie 50 Hertz Transmission (vorher Vattenfall Europe Transmission, davor VEAG, BEWAG und HEW) entstanden.

11 Beim OU wird das Netz zwangsweise aus dem Konzernverbund herausgelöst. Netze, Stromerzeugung und -vertrieb dürfen nicht in einer Hand liegen. Bei dem ISO Modell wird ein ISO benannt, welcher unabhängig von Erzeugung und Vertrieb sein muss. Er hat die Aufgabe, für sichere, zuverlässige und leistungsfähige Übertragungsnetze zu sorgen. Das ITO Modell stellt im Gegensatz zu OU und ISO eine Möglichkeit dar, bei der die eigentumsrechtliche Verbindung zwischen dem Konzernverbund und dem ÜNB nicht beschnitten wird. Der ÜNB erhält auch personelle Vollausstattung. Konzerninterner Dienstleistungsaustausch, sogenannter shared service, ist dann nicht mehr möglich. Auch das IT System darf nicht verknüpft sein und es dürfen nicht die gleichen externen Berater in zwei Unternehmensteilen beschäftigt sein. Trotz einer immensen Verschärfung des ITO im Interesse des Wettbewerbs ist dieses Modell für Deutschland vorzu-

Drei Verbändevereinbarungen (1998-2003) sorgten für die Festlegung der Bestimmungen für die Durchleitungen. Rechtlich festgeschrieben wurden diese Vereinbarungen 2003 in der Neuregelung des Energiewirtschaftsrechts (Schiffer 2008). Der Weg war sicherlich umständlich, denn Deutschland hat sich für den verhandelten Netzzugang entschieden. Der Staat hat sich somit bewusst aus der Regelung herausgezogen und die Regelung des Netzzugang den Marktteilnehmern, insbesondere den Verbänden, überlassen (Richmann 2004). Neben den genannten Regelungen sind weitere Gesetzte und Verordnungen in den letzten Jahrzehnten in Kraft getreten, welche die institutionelle Ausgestaltung des Energiemarktes zunehmend unübersichtlicher machen. Tabelle 1 führt die in Kraft gesetzten Gesetze und Verordnungen im Energiemarkt seit 1991 auf (BMWi 2009).

Tabelle 1: Gesetze und Verordnungen im deutschen Energiemarkt seit 1991

Jahr	Gesetze und Verordnungen
1991	Stromeinspeisung
1992	Mineralölsteuergesetz (MinöStG)
1995	3. Wärmeschutzverordnung
1998	Neufassung Energiewirtschaftsgesetz (EnWG); Novelle Heizungsanlagenverordnung
1999	Anpassung MinöStG; Stromsteuergesetz; Einstieg in die Ökologische Steuerreform
2000	Gesetz für den Vorrang Erneuerbarer Energien (EEG); Gesetz zur Förderung der Kraft-Wärme-Kopplung
2001	Änderung MinöStG
2002	Energieeinsparungsverordnung (EnEV); Nationales Programm zur Reduktion von Luftschadstoffen; Gesetz f. d. Erhaltung, Modernisierung u. d. Ausbau d. KWK (KWKG); Novelle Atomgesetz (AtG)
2003	Gesetz zur Fortentwicklung der Ökologischen Steuerreform; 1. Novelle EnWG
2004	Änderung MinöStG; 1. Novelle EEG; 1. Novelle EnEV; Gesetz ü. d. Handel m. Berecht. zur Emission von Treibhausgasen (TEHG)
2005	2. Novelle EnWG
2006	Niederdruckanschlussverordnung (NDAV); Niederspannungsanschlussverordnung (NAV); Gasgrundversorgungsverordnung (GasGVV); Energiesteuergesetz (EnStG) löst Min¨oStG ab
2007	2. Novelle EnEV; Stromgrundversorgungsverordnung (StromGVV); Anreizregulierungsverordnung (AregV); Kraftwerknetzanschlussverordnung (KraftNAV)
2008	Energiebetriebene Produkte Gesetz (EBPG)
2009	Novelle Heizkostenverordnung; Novelle KWKG; 3. Novelle der EnEV; 2. Novelle EEG; Gesetz zur Förderung Erneuerbarer Energien im Wärmebereich (EEWärmeG)

Quelle: Daten aus BMWi (2009)

ziehen, da es die Eigentumsrechte der Unternehmen nicht beschneidet(Schmidt-Preuß 2009).

Die meisten davon regeln entweder die Förderung von umweltfreundlicher Erzeugung oder die mit der Regulierung im Rahmen der Liberalisierung nötig gewordenen Verfahrensweisen, wie das Energiewirtschaftsgesetz, Anschlussverordnungen oder auch die Anreizregulierungsverordnung, welche sicherstellen soll, dass die Eigentümer des Netzes weiterhin die notwendigen Investitionen in das Netz vornehmen und somit die Sicherheit und Stabilität des Stromnetzes gewährleisten.

Ausgelöst durch die Liberalisierung fand eine Neustrukturierung des Elektrizitätsmarktes in vielen Bereichen statt. Die bestehenden Unternehmen mussten sich durch das unbundling neu organisieren. Markteintritte neuer Anbieter und die wettbewerbliche Ausgestaltung sorgten zudem für ein neues Geschäftsfeld, den Stromhandel. Der steigende Kostendruck führte zu einem drastischen Stellenabbau bei den Stromversorgern von rund 46.000 Beschäftigten von 1997 auf 2007 (Schiffer 2008). Laut Hennicke und Müller gab es 1998 in Deutschland rund 1000 Unternehmen in der Stromversorgung, davon acht Verbundunternehmen, 80 Regionalverteiler und über 900 Stadtwerke. Sechs Jahre später gab es zwar rund 1.100 Unternehmen, die Zusammensetzung hatte sich jedoch verändert. Es gab zusätzliche Stromhändler und Ökostromanbieter, nur noch vier Großkonzerne, diese kontrollierten rund 50 der Regionalunternehmen und es sind noch rund 825 Stadtwerke am Markt. Dieser Prozess setzte sich weiter fort. Auf der Verbundebene bildeten sich vier Unternehmen heraus. Auf regionaler und kommunaler Versorgungsebene fanden ebenfalls viele Zusammenschlüsse statt. Als bedeutendster Marktteilnehmer unabhängiger Stadtwerke ist sicherlich Trianel zu nennen. Solche Zusammenschlüsse bündeln ihre Kompetenzen in Vertrieb und Marketing.[12] Der gebündelte Stromeinkauf ist oft die Hauptaufgabe der Zusammenschlüsse. Als eine zweite Tendenz im Bereich der Stadtwerke ist die Privatisierung auszumachen.

Das Netz stellt, wie beschrieben, ein natürliches Monopol dar. Dieser Teil des Elektrizitätsmarktes unterliegt seit der Novelle 2005 des EnWG der Regulierung durch die Bundesnetzagentur.[13] Vor der in Kraft getretenen Anreizregulie-

---

12 Die Trianel GmbH ist ein Zusammenschluss von zwölf Gesellschaften, welche die Bereiche Finanzdienstleistungen, Vertrieb, Verwaltung und Erzeugung abdecken. Weiterhin sind 44 Stadtwerke Gesellschafter der Trianel GmbH. Details über die Gesellschaftsstruktur finden sich transparent auf der Unternehmenshomepage: www.trianel.com.

13 Die Verbändevereinbarungen sollten gemäß einer kalkulatorischen Kostenrechnung die Höhe der Netznutzungsentgelte regeln. Die Monopolkommission stellte jedoch 2005 fest, dass erhöhte Netznutzungsentgelte nicht verhindert werden konnten. Seit 2005 sind die Netzbetreiber der Preisregulierung durch die Bundesnetzagentur unterstellt. Seit

rung waren die Kosten des Netzbetreibers ausschlaggebend für die genehmigten Netzentgelte.

Neben diesen das Netz betreffenden Regulierungen, Verordnungen und Gesetzen entstanden in den letzten zwei Jahrzehnten weitere, die vor allem im Bereich der Förderung Erneuerbarer Energien anzusiedeln sind. Das Gesetz für den Vorrang Erneuerbarer Energien (EEG) wurde im Jahr 2000 in Kraft gesetzt und löste damit das seit 1991 geltende Stromeinspeisungsgesetz ab; nach einer ersten Novelle in 2004 wurden aktuell weitere Änderungen eingeführt und eine zweite Novelle zum 01.01.2009 in Kraft gesetzt. Die KWK-Abgabe resultiert aus dem im Jahr 2002 umgesetzten Gesetz für die Erhaltung, Modernisierung und den Ausbau der Kraft-Wärme-Kopplung; auch dieses Gesetz wurde 2009 novelliert. Die Ökosteuer bzw. Stromsteuer besteht seit 1999, welches auch als das Jahr des Einstiegs in die Ökologische Steuerreform verzeichnet werden kann.

2.2.1 Marktdaten

In der deutschen Stromerzeugung dominieren die Energieträger Steinkohle (128,5 TWh), Kernenergie (148,8 TWh) sowie Braunkohle (150 TWh).[14] Diese drei machen, bei einem Gesamtverbrauch von rund 640 TWh, zusammen rund 67% der gesamten Stromerzeugung aus. Abbildung 1 verdeutlicht die Dominanz dieser drei Energieträger.

Die Zusammensetzung der Kraftwerke ist das Ergebnis von langfristigen Investitionsentscheidungen, die teilweise weit in der Vergangenheit liegen. Die Lebensdauer dieser Anlagen liegt bei oftmals über 35 Jahren. Die Zusammensetzung des Strommixes ist somit über einen langen Zeitraum determiniert. Die Investitionsentscheidungen der Steinkohlekraftwerke ist bei rund der Häfte vor 20 Jahren oder noch früher gefallen. Damals galten jedoch ganz andere Rahmenbedingungen als heute. Der Kraftwerkspark ist somit mittelfristig fest determiniert, lediglich die kurzfristige Einsatzplanung hängt von den variablen Kosten ab. Braunkohle und Kernbrennstoffe weisen vergleichsweise geringe variable Kosten auf (BMWi 2009).

2009 wurde zudem die alte kostenbasierte Regulierung durch eine Anreizregulierung gemäß eines RPI-X-Modells abgelöst (Procttel et al. 2009).

14 Zur Erläuterung der Abkürzungen kWh und TWh: Wechselstrom entsteht durch das Zusammenspiel von Spannung (Volt) und Frequenz (Herz). Die Strommenge wird als Leistung bezeichnet und in Watt gemessen. Leistung multipliziert mit der in Anspruch genommenen Zeit ergibt Arbeit und wird in kWh und auch höheren Einheiten wie TWh gemessen.

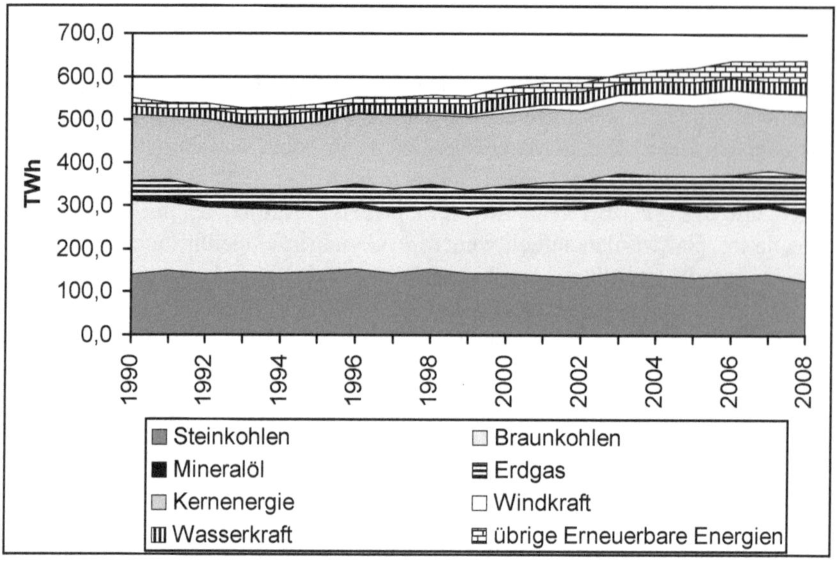

Abbildung 1: Bruttostromerzeugung nach Energieträgern

Quelle: Eigene Darstellung. Daten aus BMWi (2009)

Das ist einer der Hauptgründe, weshalb diese Kraftwerkstypen im Dauerbetrieb gefahren werden und als Grundlastversorgung angesehen werden.[15] Aus einem Reservebetrieb bräuchten diese Kraftwerkstypen eine sehr lange Startzeit, eine Versorgung der Lastspitzen wäre mit solchen Kraftwerkstypen ökonomisch nicht sinnvoll. Zur Abdeckung der Mittel- und Spitzenlast werden üblicherweise die Energieträger Steinkohle und Erdgas eingesetzt. Diese Kraftwerke weisen geringere Kapitalkosten, jedoch höhere variable Kosten auf. Sie können relativ flexibel auf Spitzenlasten reagieren und kurzfristig hochgefahren werden.

Aus Erneuerbaren Energieträgern stammender Strom wurde zu 118 TWh bereitgestellt. Dies macht rund 18,5% der insgesamt erzeugten Energie aus. Wie der Abbildung zu entnehmen ist, lag der Anteil der Erneuerbaren Energien in der Brottostromerzeugung im Jahr 1990 noch bei rund 7%.

Elektrizität wird zum größten Teil aus Braun- und Steinkohlen gewonnen, die Erzeugung aus Erdgas weist eine leicht steigende Tendenz auf. Der Anteil der Kernenergie liegt bei etwas über 20%. Wird an dem beschlossenen Atom-

15 Die durchschnittliche Ausnutzungsdauer für das Jahr 2006 betrug für: Kernenergie 7770 Std., Braunkohle 6880 Std., Lauf- und Speicherwasser 4550 Std., Steinkohle 4490 Std., Erdgas 3330 Std., Wind 1560 Std., Mineralöl 1440 Std., Pumpspeicher 1090 Std. und Photovoltaik 940 Std. (BMWi 2010).

ausstieg festgehalten, so wird dieser Anteil bis zum Beginn der 20er Jahre auf Null zurück gehen.

Die hier dargestellten Zahlen beziehen sich auf den Bruttostromverbrauch. Dieser stellt den gesamten Verbrauch der Elektrizität eines Landes dar. Dabei sind Stromimporte und -exporte berücksichtigt. Die nachfolgende Abbildung 2 zeigt, dass zwischen Netto-Erzeugung der Stromerzeugung und dem Netto-Verbrauch der Sparten Landwirtschaft, Verkehr, Gewerbe, Handel, Dienstleistung, Haushalte und Industrie Differenzen liegen. Die vorliegende Arbeit beschäftigt sich mit dem Entscheidungsverhalten von Wirtschaftssubjekten bzw. Haushalten. Diese machen in der deutschen Stromwirtschaft mit einem Verbrauch von rund 140 TWh einen Anteil von rund 26% des gesamten Netto-Verbrauchs aus.

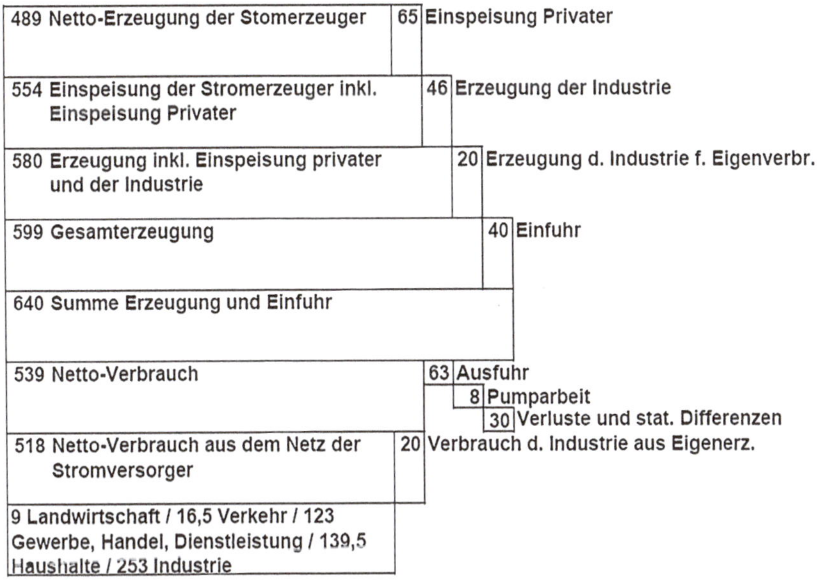

Abbildung 2: Stromfluss 2008 in TWh

Quelle: Eigene Darstellung. Daten aus BDEW (2009)

Der Strompreis, dem sich die Haushalte gegenübersehen, besteht nur zu rund einem Drittel aus dem Preis für Erzeugung und Vertrieb. Nachfolgende Abbildung 3 zeigt, dass Netznutzung, Messung und Abrechnung des Netzbetreibers 24% ausmachen, rund 15% beziehen sich auf die Förderung von umweltfreundlichen Erzeugungsarten, KWK, EEG und Ökosteuer bzw. Stromsteuer.

Die Konzessionsabgabe macht 8% des Strompreises aus. Den verbleibenden Teil von 16% am Strompreis macht die Mehrwertsteuer aus. Laut Schiffer (2008) haben sich die staatlich induzierten Lasten des Strompreises von 2,3 Mrd. EUR im Jahr 1998 auf 14,0 Mrd. EUR im Jahr 2008 erhöht. Sowohl die Konzessionsabgabe, als auch die gestiegenen Differenzkosten des EEG[16] und die Mehrwertsteuererhöhung treiben diese Differenz in die Höhe. Zudem wurden in diesem Zeitraum die Förderung der Kraft-Wärme-Kopplung sowie die Stromsteuer eingeführt.

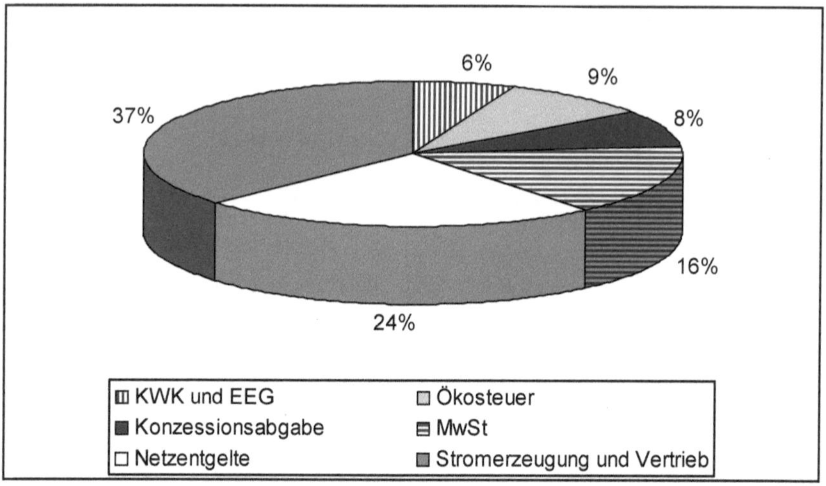

Abbildung 3: Zusammensetzung des Strompreises

Quelle: Eigene Darstellung. Daten aus BDEW (2009)

Der Stromgroßhandelspreis generiert sich über die Strombörse EEX in Leipzig. Hier werden neben Base-Load, Peak- und Off-Peak-Kontrakte gehandelt. Es handelt sich zu einem großen Teil um Termingeschäfte, in denen Handel von einem Monat bis zu drei Jahren im Voraus getätigt werden. Dies sind Verträge in Form von Futures. So wird vertraglich festgelegt, eine bestimmte Menge Elektrizität zu einem zuvor festgelegten Preis zu liefern (Uhle 2004). Seit der Strommarktliberalisierung nimmt die EEX eine Kernfunktion ein. Auf der einen Seite vermindert sie, wie alle Börsen, die Transaktionskosten der Marktteilnehmer, da keine individuellen Verträge mit OTC-Geschäften notwendig sind. Auf der anderen Seite wird der Handel zunehmend standardisiert vollzogen.

16 Zur genaueren Erläuterung der EEG-Differenzkosten wird auf das nachfolgende Unterkapitel verwiesen.

2.2.2 Der Markt für Erneuerbare Energien

Die Ausgestaltung des nationalen Marktes für Erneuerbare Energien wird maßgeblich mitbestimmt durch die Vorgaben der Europäischen Gemeinschaft. Als Anstoss gilt in der EU das Grünbuch der Kommission (1996) für eine „nachhaltige, wettbewerbsfähige und sichere Energieversorgung“. Als Folge wurden im Weißbuch (1997) eine Gemeinschaftsstrategie und ein Aktionsplan für Erneuerbare Energien von der Kommission vorgelegt. Die EU sieht durch die Förderung Erneuerbarer Energien drei Teilziele erfüllt:

- Verringerung der Abhängigkeit von Energieimporten und somit Erhalt einer größeren Versorgungssicherheit.
- Reduktion der CO_2-Emissionen.
- Erreichen von positiven Beschäftigungseffekten.

Die zentrale Richtlinie 2001/77/EG greift diese Zielsetzungen auf und schreibt die Förderung der Stromerzeugung aus Erneuerbaren Energien verbindlich für den Elektrizitätsbinnenmarkt fest. Der EU-25 Stromanteil aus Erneuerbaren Energien Anlagen soll bis zum Jahr 2010 bei 12% liegen. Außerdem soll unter anderem ein System von Herkunftsnachweisen für Strom aus erneuerbaren Energiequellen etabliert werden. Die Zielsetzung ist dabei, einerseits den Handel mit Strom aus Erneuerbaren Energien Anlagen zu ermöglichen und andererseits Transparenz in den Verbrauchermarkt zu bringen. Die Zertifikate sollen die Quelle des erzeugten Stroms, Zeitpunkt, Ort sowie die Erzeugungskapazität der Anlage (letzteres nur für Wasserkraft) transparent belegen.

Die Mitteilung im Jahr 2005 der Kommission konstatierte, dass die Mitgliedstaaten verschiedene Fördermechanismen umgesetzt haben. Die meisten Länder haben, wie auch Deutschland, eine Förderung durch Einspeisetarife umgesetzt aber auch andere Fördermechanismen wurden etabliert. In einigen Ländern müssen Stromverbraucher eine bestimmte Menge von Zertifikaten von Stromerzeugern aus Erneuerbare-Energien-Anlagen kaufen. In anderen Ländern wurden dagegen Ausschreibungsverfahren umgesetzt. Bei diesen vergibt der Staat Aufträge für die Lieferung von Strom aus Erneuerbarer-Energien-Anlagen, die Mehrkosten werden in Form eines Umlageverfahrens finanziert. Als die zuletzt zu nennende Maßnahme wurden in einigen Ländern steuerliche Anreizmechanismen implementiert. Zwei Jahre später teilte die Kommission mit, dass gemäß der Richtlinie 2001/77/EG sämtliche Mitgliedstaaten nationale Ziele für den Verbrauch von Strom aus erneuerbaren Energiequellen implementiert haben. Somit soll das Ziel, das 12% des gesamten Stromverbrauchs der EU aus erneuerbaren Energiequellen stammt, umgesetzt werden. Eine Anpassung der Richtlinie beinhaltet jetzt das Ziel bis 2020 20% des Stromverbrauchs aus diesen

Energiequellen zu erzeugen. Ende Mai 2010 haben die EU-Minister erste Einzelheiten der Europäischen-Energie- Strategie präsentiert. Der Strategieplan für den Zeitraum 2011-2020 soll im März 2011 auf dem Gipfel der Staats- und Regierungschefs angenommen werden. Dieser wird dann auch implizit die weiteren Schritte der nationalen Energiepolitiken der EU-Mitgliedstaaten vorzeichnen.

Die Stromerzeugung aus Erneuerbaren Energien wird in Deutschland von den Rahmenbedingungen der EU geprägt, da diese übergeordneten Ziele durch nationale Anreize und rechtliche Rahmenbedinungen umgesetzt werden. So hat die Stromerzeugung aus erneuerbaren Ressourcen in den letzten zehn Jahren stark zugenommen. Vor allem die Windenergie, aber auch die Stromerzeugung aus Biomasse hat zu dieser Entwicklung maßgeblich beigetragen, wie Abbildung 4 entnommen werden kann.

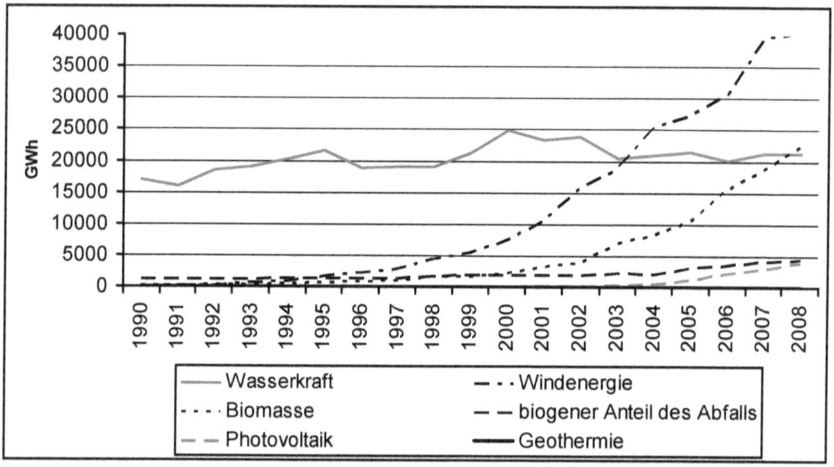

Abbildung 4: Entwicklung der Strombereitstellung aus Erneuerbaren Energien 1990-2008

Quelle: Eigene Darstellung. Daten aus BMU (2009b)

Bis zum Beginn der 90er Jahre generierten sich die Erneuerbaren Energien fast ausschließlich aus Wasserkraft. Diese Erzeugung war zudem oftmals technisch veraltet. Das EEG hat zwar in der Vergangenheit auch für Wasserkraftanlagen Anreize zur Modernisierung und Reaktivierung gesetzt, aber diese wurden kaum genutzt. Das Stromeinspeisungsgesetz schuf 1990 starke Anreize für Investitionen im Bereich des Anlagenbaus Erneuerbarer Energien. Vor allem die Windkraftanlagen wurden so gefördert. Im Anschluss daran wurde auch vermehrt in die Biomasseverstromung investiert. Die steigenden Preise für Agrarrohstoffe führten zu einem Wechsel von Rapsöl zu importiertem Palmöl, dies kann aus umweltpolitischer Sicht jedoch kritisch bewertet werden, da eine Nutzungskonkurrenz von Palmöl als Nahrungsmittel in Entwicklungsländern besteht, zudem wird für Palmölplantagen Regenwald vernichtet. Dieser Aspekt wird in der EEG Novelle 2009 aufgegriffen[17] (BMU 2009c). Photovoltaikanlagen expandierten vor allem durch die Verbindung des EEG mit dem 100.000 Dächer Programm. Nach Auslaufen, dieses Programms wurde die Förderung der Photovoltaikanlagen in der Novellierung des EEG 2004 berücksichtigt, auch die Bedingungen für Biomassekraftwerke wurden in dieser Novelle erleichtert.

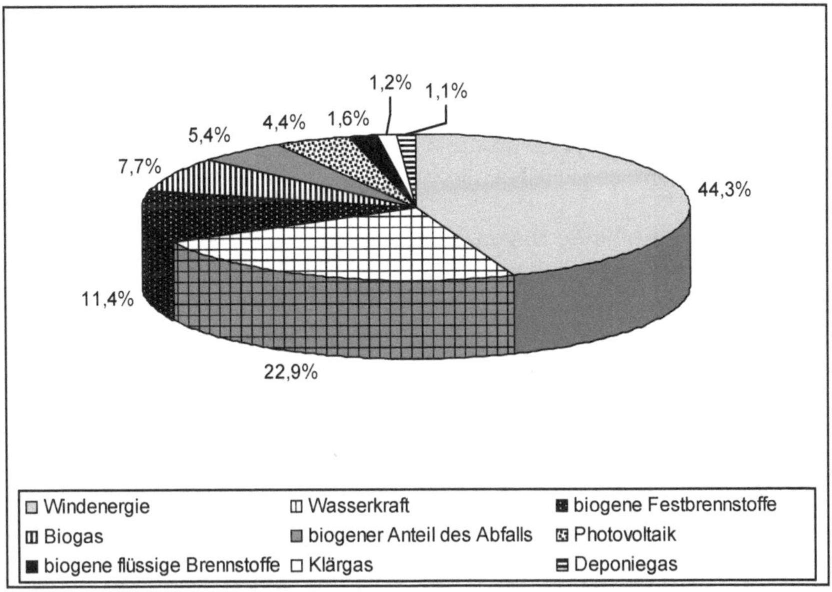

Abbildung 5: Struktur der Stromerzeugung aus Erneuerbaren Energien in Deutschland im Jahr 2008

Quelle: Eigene Darstellung. Daten aus BMU (2009b)

Ab 2009 ist eine erweiterte Förderung von Biogasanlagen auf Basis nachwachsender Rohstoffe vorgesehen (Biomassestrom-Nachhaltigkeitsverordnung 2009).

Abbildung 5 verdeutlicht die Zusammensetzung Erneuerbarer Energien im Jahr 2008. Mit fast 45% macht die Windenergie mittlerweile den größten Anteil

17 Künftig werden Biomassekraftwerke nur noch nach EEG vergütet, wenn die Brennstoffe nachhaltig erzeugt werden.

aus. 2008 waren 20.287 Anlagen mit einer Leistung von 23.894 MW installiert und erzeugten eine Strommenge von 40,4 TWh. Windenergie hat am gesamten Bruttostromverbrauch einen Anteil von 6,6%. Der Anteil der Stromerzeugung aus Wasserkraft liegt hingegen nur noch bei rund 23%. Zusammengenommen macht die Biomasse, mit fester und flüssiger Biomasse, Biogas, Deponie- und Klärgas sowie dem biogenen Anteil des Abfalls rund 4,5% des Bruttostromverbrauchs aus, was rund 27 TWh erzeugter Strom ist. Photovoltaik liegt zwar lediglich bei einem Anteil von 4% im Bereich der Erneuerbaren Energien, konnte aber in den vergangenen Jahren einen starken Zuwachs erfahren. Seit 2002 ist die installierte Leistung fast um das sechsfache gestiegen.

Die Nachfrage nach Erneuerbaren Energien resultiert aus der staatlichen Bereitstellung in Form eines Umlageverfahrens, induziert durch das EEG. Weiterhin besteht die Möglichkeit der privaten Bereitstellung durch Nachfrage, die über das bereitgestellte EEG-Niveau hinaus geht in Form von Fond- oder Händlermodellen. Im Folgenden wird die Ausgestaltung des Marktes für Strom aus Erneuerbaren Energien gemäß dieser Zweiteilung dargestellt.

Staatliche Bereitstellung: Die staatliche Bereitstellung von Strom aus Erneuerbaren Energien erfolgt in Deutschland über ein Umlageverfahren, das durch das EEG geregelt wird. Das Gesetz trat am 01. April 2000 in Kraft und löste das bis dahin gültige Stromeinspeisegesetz ab. Letzteres hatte vor allem die Windenergie gefördert und war ein Vorzeigemodell für die Windenergie weltweit, auch dadurch wurde Deutschland der Marktführer für Windkraftanlagen. Seit dem 01.01.2009 gilt das novellierte EEG. Ziel des EEG ist es:" (...) insbesondere im Interesse des Klima- und Umweltschutzes eine nachhaltige Entwicklung der Energieversorgung zu ermöglichen, die volkswirtschaftlichen Kosten der Energieversorgung auch durch die Einbeziehung langfristiger externer Effekte zu verringern, fossile Energieressourcen zu schonen und die Weiterentwicklung von Technologien zur Erzeugung von Strom aus Erneuerbaren Energien zu fördern." (EEG 2009). Um das zu erreichen, soll der Anteil Erneuerbarer Energien in der Stromversorgung bis zum Jahr 2020 auf mindestens 30% steigen. Das EEG wird als ein erfolgreiches Förderinstrument angesehen und wurde bereits in mehr als 40 Ländern genau so oder in abgewandelter Form eingeführt (BMU 2009c).

Das EEG schafft in erster Linie verlässliche Rahmenbedingungen für den Betreiber von Anlagen für Erneuerbaren Energien und lässt somit das Investitionsrisiko zu einer kalkulierbaren Größe werden. Das EEG beinhaltet im Groben drei Kernregelungen:

1. Die gesetzliche Verpflichtung des Netzbetreibers zum Netzanschluss sowie die vorrangige Abnahme und die Durchleitung des Stroms aus Erneuerbaren Energien.
2. Bei Überlastung darf der Netzbetreiber eine Abregelung vornehmen, der Anlagenbetreiber erhält dann Kompensationszahlungen.
3. Der Anlagenbetreiber erhält einen in der Höhe genau festgelegten Vergütungsanspruch je eingespeister kWh Strom für die Dauer von 20 Jahren.

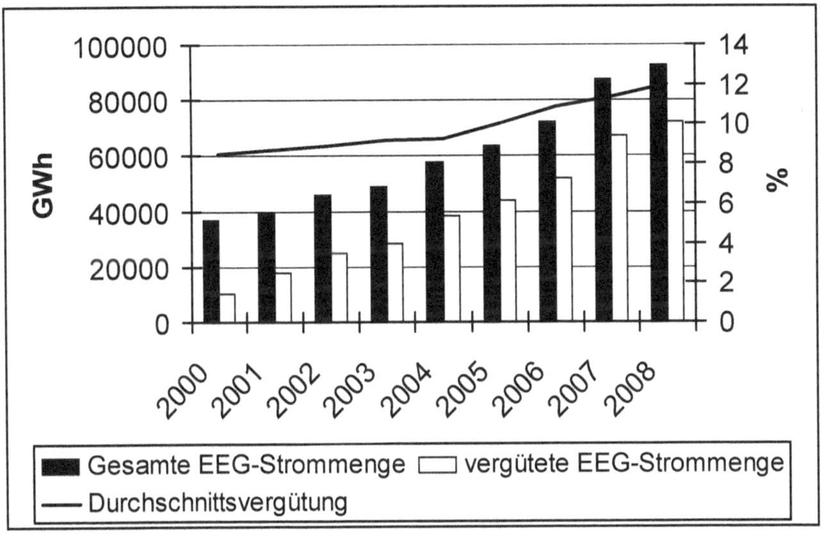

Abbildung 6: Einspeisung und Vergütung nach dem Erneuerbare-Energien-Gesetz (EEG) seit 2000

Quelle: Eigene Darstellung. Daten aus BMU (2009b)

Das EEG regelt eine mehrstufige Weitergabe der eingespeisten Strommenge und deren Kosten aus Erneuerbaren Energien nach einem Umlageverfahren. Der für ein bestimmtes Gebiet zuständige Übertragungsnetzbetreiber ist dazu verpflichtet, den grünen Strom in das Netz aufzunehmen und die Vergütung zu erstatten. Alle Übertragungsnetzbetreiber bringen die entstandenen Gesamtmengen und -kosten auf Verbundebene zum Ausgleich, so dass in jedem Übertragungsnetz gleiche Anteile von Strom nach EEG vorhanden sind. In diesem Zuge sind alle Unternehmen, die Strom an den Letztverbraucher verkaufen, verpflichtet, den bundesdurchschnittlichen EEG-Strom dem Übertragungsnetzbetreiber abzunehmen und die entsprechenden Kosten zu tragen. So führt das EEG einerseits zu einer gleichmäßigen Verteilung des grünen Stroms und andererseits zu einer Umlage auf alle Verbraucher.[18]

Die entstehende EEG-Umlage wird nach folgener Formel berechnet:

EEG-Quote x (EEG-Durchschnittsvergütung - vermiedener Strombezugspreis).

Bis die endgültigen EEG-Vergütungen zum 31.Oktober des Folgejahres durch den BDEW e.V. (Bundesverband der Energie- und Wasserwirtschaft e.V.) veröffentlicht werden, sind lediglich Prognosen möglich. Auch die vermiedenen Strombezugskosten können zunächst nur näherungsweise bestimmt werden. Die oben angegebene Formel hat eine dynamische Komponente, denn je kleiner die Differenz aus der EEG-Durchschnittsvergütung und dem vermiedenen Strompreis ist, desto kleiner wird die Umlage auf alle Stromverbraucher. Da in Zukunft mit steigenden Stromkosten der herkömmlichen Stromerzeugungsanlagen zu rechnen ist, wird es einerseits attraktiver, Anlagen für Erneuerbare Energien zu errichten, andererseits sinkt die zu tragende Differenz für die Konsumenten. Die einzelnen Vergütungssätze unterscheiden sich zum einen durch die Art der Anlage und zum anderen durch das Jahr der Inbetriebnahme. Abbildung 6 zeigt die bisherige Entwicklung der EEG-Strommenge und der Durchschnittsvergütung.

In der Diskussion, welche Auswirkungen die Förderung der Erneuerbaren Energien auf die Strompreise haben, werden zwei Effekte deutlich gemacht. Auf der einen Seite der „Merit-Order-Effekt“ und auf der anderen Seite ein Mengeneffekt, der durch den Marktwert Erneuerbarer Energien determiniert wird. Volkswirtschaftlich lässt sich dieser Zusammenhang ganz trivial in einem Preis-Mengen-Diagramm wie in Abbildung 7 darstellen. Ein effizienter Einsatz des Kraftwerkparks ist gegeben, wenn bei jeder Lastsituation die Erzeugungskosten minimal sind. Somit werden die Kraftwerke in aufsteigender Reihenfolge ihrer Grenzkosten, der „Merit-Order“, in Betrieb genommen. Die Angebotskurve verläuft somit zunächst im Grundlastbereich relativ flach, das Angebot ist elastisch. Im Mittellast- und Spitzenlastbereich verläuft die Angebotskurve zunehmend steiler und wird weniger elastisch. Im Bereich der Kapazitätsgrenze wird das Angebot vollkommen preisunelastisch. Weitere Nachfragesteigerungen können durch höheren Output nicht bedient werden und haben lediglich steigende Preise zur Folge.

---

18 Dieser Zusammenhang wird als Horizontalwälzung verstanden. Seit dem 01.01.2010 wird die Bandwälzung in der beschriebenen Form nicht mehr durchgeführt. Die ÜNB „sammeln“ jetzt den EEG-Strom ein und verkaufen diesen am Spotmarkt der Strombörse. Die Konsequenzen bleiben abzuwarten, allgemein wird jedoch eine steigende Transparenz von dem neuen Verfahren erhofft (Köpke 2009).

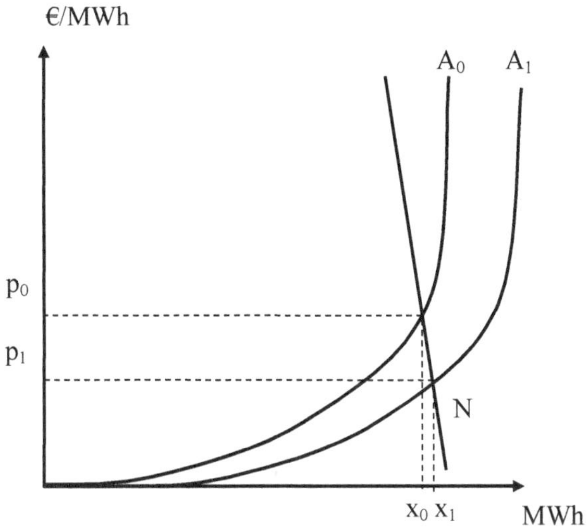

Abbildung 7: Auswirkungen der Finanzierung der Erneuerbaren Energien auf den Strompreis

Quelle: Eigene Darstellung

Kurzfristig hat die Einspeisung von Strom aus Erneuerbaren Energien einen preissenkenden Effekt auf die Großhandelspreise. Der Großhandelspreis determiniert sich aus dem jeweils teuersten Kraftwerk, welches gerade noch benötigt wird, um die Nachfrage zu befriedigen, im Folgenden als Grenzkraftwerk bezeichnet. Wird jedoch vorrangig Strom aus Erneuerbaren Energien eingespeist, so verschiebt sich die Angebotskurve nach rechts, da Anlagen für Erneuerbare Energien Grenzkosten nahe Null aufweisen und das bislang teuerste Kraftwerk zur Deckung der Nachfrage nicht mehr benötigt wird. Die Stromnachfrage wird im Allgemeinen als kurzfristig unelastisch angenommen. (Hirschhausen et al. 2007, Ockenfels 2007). Dies hat zum einen einen preissenkenden Effekt, da das Grenzkraftwerk jetzt geringere Kosten aufweist als das zuvor benötigte, und zum anderen einen Mengeneffekt um den Marktwert erneuerbarer Energien.[19] Berechnungen von Sensfuß und Ragwitz für die Jahre 2004 bis 2006 ermitteln mit Hilfe eines agentenbasierenden Simulationmodells, dass der Merit-Order-Effekt für diesen Zeitraum zwischen 2,5 und 7,8 EUR/MWh liegt. Bode und Groscurth (2008) zeigen auf, dass der Strompreis an der Börse für die Stunden mit hoher Stromeinspeisung aus Windkraftanlagen besonders niedrig ist. Das

19 Der beschriebene Effekt ist natürlich nur ein Aspekt, welcher den Großhandelspreis für Strom determiniert, welcher natürlich auch von den Rohstoffpreisen, Klimaschwankungen und vielen anderen Determinanten beeinflusst wird.

stützt den soeben beschriebenen Zusammenhang. Der Einfluss der Windeinspeisung auf den Börsenpreis ist schon jetzt evident und wird mit zunehmendem Ausbau an Brisanz gewinnen. So kommt es in jüngster Zeit, wie zu den Weihnachtsfeiertagen 2009, immer wieder auch zu negativen Preisen auf dem Markt, so lag der Preis für eine MWh Basislastlieferung am 26.12.2009 bei -35,57 EUR. Marktteilnehmer führen dies auf das Zusammentreffen von hoher Windeinspeisung, einem großen Angebot konventioneller Erzeugung und einer geringen Nachfrage zu Ferienzeiten zurück (Dow Jones 2009; 2010). Negative Marktpreise sind so zu verstehen, dass für den Bezug von Strom kein Entgelt gezahlt werden muss, sondern der Stromhändler vom Verkäufer für die Abnahme des Stroms eine Prämie in Höhe des negativen Preises erhält.

Die zweite Evaluierung des EEG mit dem Erfahrungsbericht von 2007 hat zur Neufassung des EEG geführt, die Novelle trat zum 1.1.2009 in Kraft. In dieser sind auch die Vergütungssätze an die neuen Erkenntnisse angepasst worden. In dem neu gestalteten EEG ist weiterhin die Möglichkeit der Direktvermarktung der Anlagenbetreiber gegeben. Er kann zeitweise aus dem Vergütungssystem aussteigen und den erzeugten Strom ganz oder auch teilweise direkt vermarkten. Eine Rückkehr zum EEG-System ist jederzeit möglich. Der Netzbetreiber muss zuvor über die jeweiligen Mengen und Aus- sowie Wiedereintrittsfristen informiert werden (EEG§ 17). So soll einerseits eine bessere Kalkulation des Netzbetreibers ermöglicht, andererseits aber auch die Gefahr des „Rosinenpickens" vermindert werden (BMU 2009c).

Die Vergütungssätze wurden in der Novelle an die Kostenentwicklung angepasst. Windkraftanlagen erhalten eine erhöhte Anfangsvergütung und die Degression wird abgesenkt. Weiterhin wird ein Anreiz für das Repowering von Windkraftanlagen gesetzt.Wenn mindestens 10 Jahre alte Anlagen durch neue Anlagen ersetzt werden und die Leistung um den Faktor 2 bis 5 steigt, so erhöht sich die Einspeisevergütung nochmals um 0,5 ct/kWh. Tragen neue Anlagen zur Sicherung der Netzstabilität bei, steigt die Anfangsvergütung um weitere 0,5 ct/kWh. Werden bestehende Anlagen mit dieser Technologie nachgerüstet, so erhöht sich der Satz um 0,7 ct/kWh. Das EEG 2009 trägt auch der Offshore-Windenergie Rechnung. Die Anfangsvergütung wird von 9 auf 12 ct/kWh erhöht. Werden Anlagen bis 2015 in Betrieb genommen, steigt die Vergütung um 2 ct/kWh, der so genannte „Frühstarterbonus".Werden Anlagen besonders weit von der Küste entfernt oder in besonders tiefem Wasser errichtet, so verlängert sich der Zeitraum der Anfangsvergütung. Das BMU konstatiert, dass diese besondere Förderung dazu beitragen soll, die gesteckten Ziele im Ausbau von Anlagen für Erneuerbare Energien zu erreichen.

Das EEG 2009 erhält weiterhin eine Neuerung für eigengenutzten Solarstrom, der vergütete Eigenverbrauch ist für neue Anlagenbetreiber ein weiterer ökonomischer Anreiz, in diese Technologie zu investieren. Ab dem 01.04.2010 trat eine Änderung in Kraft, ab diesem Zeitpunkt wird eine einmalige Absenkung der Vergütungssätze von 15% stattfinden; dies betrifft vor allem die Anlagen, welche auf Dächern installiert werden. Für die Anlagen auf Freiflächen findet die Reduktion ab dem 01.07.2010 statt, da diese Anlagen i.d.R. einen längeren Planungshorizont benötigen.

Im §64 EEG ist jetzt eine Verordnungsermächtigung vorgesehen, die es ermöglicht, Neuerungen von der Bundesregierung umzusetzen. Es ist somit möglich, das Gesetz an technologische Neuerungen flexibel anzupassen. Das ist im Sommer 2009 z.B. mit der Biomassestrom-Nachhaltigkeitsverordnung geschehen oder auch mit der Ausgleichsmechanismus-Verordnung (AusglMechV).

Weiterhin wurde im EEG 2009 die Auskunftspflicht stromintensiver Unternehmen und der Schienenbahnen explizit geregelt (§44 EEG). In der Vergangenheit waren diese Unternehmen regelmäßig nicht zur freiwilligen Auskunft über ihren Stromverbrauch bereit. Weiterhin wurde in den §§ 45-52 EEG die Informationspflicht der Netzbetreiber einfacher strukturiert, zudem wurden die Aufgaben der Bundesnetzagentur in §61 EEG klar definiert. Die Arbeit der Bundesnetzagentur soll zudem auch Teil des abzugebenen Erfahrungsberichtes werden (§ 65 EEG).[20] Neben den rein deskriptiven Aspekten des EEG ist zentral, wie das EEG wirkt, um die Zielwerte der CO_2-Emissionen zu erreichen. Dafür wurden Referenz- und Leitszenarien gebildet. Es ist Ziel der Bundesregierung, die Treibhausgasemissionen bis 2020 um 40% gegenüber dem Basisjahr 1990 zu senken. Das vom Bundesministerium für Umwelt, Naturschutz und Reaktorsicherheit vorgestellte Leitszenario 2008 legt die Entwicklung der EEG-Rahmendaten bis zum Jahr 2030 vor (BMU 2008, Diekmann 2008). Die nachfolgende prognostizierte Entwicklung bezieht sich auf dieses Leitszenario. Das Rechenmodell ARES (Ausbau Regenerativer Energiesysteme) sowie KODA-RES (Kosten des Ausbaus regenerativer Energiesysteme) werden seit einigen Jahren zur Simulation der Entwicklungen auf dem Energiemarkt herangezogen.[21] Folgende Annahmen wurden für nachfolgende Ergebnisse verwendet:

---

20 Die hier aufgeführten Erläuterungen und Änderungen des EEG 2009 zur zuvorigen Ausgestaltung des Gesetzes ist keineswegs vollständig, vielmehr sollen die Kernpunkte kurz exemplarisch darstellt werden. Eine ausführliche Kommentierung des Gesetzes findet sich unter anderem in der „Begründung zu dem Gesetz für den Vorrang Erneuerbarer Energien" (2008).

21 Die „Analyse und Bewertung der Wirkungen des Erneuerbare-Energien-Gesetzes (EEG) aus gesamtwirtschaftlicher Sicht" ist ein Forschungsprojekt des BMU und wurde von vier führenden Instituten (DIW, DLR, ZSW und IZES) unter Koordination von Jochen Diekmann des DIW durchgeführt.

- Die Regelungen des EEG bestehen bis zum Jahr 2030 in unveränderter Form fort.
- Die gesamte Erzeugung der Erneuerbaren Energien fällt in den Geltungsbereich des EEG.
- Strom aus Anlagen für Erneuerbaren Energien wird nur nach dem EEG vergütet, wenn der Vergütungssatz über dem jeweiligen Marktpreis liegt.
- Die durchschnittliche Inflationsrate liegt bei 2%.
- Zur Ermittlung der EEG-Umlage wird angenommen, dass der Anteil des Letztverbrauchs am Bruttostromverbrauch bei 80% liegt.
- Die Begünstigungen für stromintensive Unternehmen werden mit einem Aufschlag von 20% auf die nichtbegünstigten Letztverbraucher berücksichtigt.

Das EEG-Ausbauziel liegt für 2020 bei 30% und für das Jahr 2030 bei 50% des Bruttostromverbrauchs.[22] Das entspricht einer EEG-Stromproduktion von 171 TWh in 2020 und 242 TWh im Jahr 2030. Die EEG-Vergütung fällt an, wenn die Anlagenbetreiber ihren Strom nicht direkt vermarkten, also der Marktpreis unter der EEG-Vergütung liegt.[23] Die EEG-Vergütungszahlungen steigen noch auf rund 14,5 Mrd. EUR und fallen dann auf rund 4 Mrd. EUR im Jahr 2030.[24] Dieser Zusammenhang ist damit zu erklären, dass es für die Anlagenbetreiber zunehmend attraktiver wird, aus der EEG-Vergütung auszuscheiden, wenn der Marktpreis steigt. Denn der ansteigende Stromgrosshandelspreis führt auf zwei Wegen zu einer Kostenentlastung des EEG. Zum einen scheiden, wie beschrieben, Anlagen aus dem Fördermechanismus aus und zum anderen wird die Kostendifferenz für die Anlagen, die im Vergütungssystem verbleiben, geringer. Ausschlaggebend für den Konsumenten sind in erster Linie die EEG-Differenzkosten. Diese basieren auf der Annahme, dass der eingespeiste Strom aus Anlagen für Erneuerbaren Enegien herkömmliche Stromerzeugungsanlagen verdrängt. Der auf letztere Art erzeugte Strom hätte jedoch zum Marktpreis beschafft werden müssen. Steigende Stromgroßhandelspreise vermindern somit die Differenz zu den EEG-Vergütungssätzen. Weiterhin steigende Stromgroßhandelspreise sind für die Zukunft wahrscheinlich, da zahlreiche Kraftwerke erneuert werden müssen, steigende Weltmarktpreise für Brennstoffe wie Erdgas und

22 In der Leitstudie wird auch eine noch ambitioniertere Variante (Plus-Variante) vorgestellt, in welcher der EEG-Anteil im Jahr 2030 bei 59% liegen soll. Die Ergebnisse werden jedoch im Folgenden nicht dargestellt.

23 Wie zuvor beschrieben, gibt es seit der EEG-Novelle 2009 die Möglichkeit der Direktvermarktung für Anlagenbetreiber. Diese Möglichkeit findet in der Berechnung keine Berücksichtigung.

24 Nachfolgende Zahlen sind immer inflationsbereinigt mit dem Basisjahr 2008.

Steinkohle zu beobachten sind und auch die CO_2-Zertifikatspreise durch die gezielte EU-Verknappung zu erwarten sind. Die Differenzkosten steigen noch auf 5,5 Mrd. EUR an, sinken aber bis zum Jahr 2030 auf ein Niveau von 0,6 Mrd. EUR. Bei dieser Berechnung sind noch nicht die Erzeugungsanlagen mit einbezogen, die den Ökostrom direkt vermarkten. Die EEG-Umlage je kWh wird von jetzt ca. 1 ct auf 1,4 ct Mitte des nächsten Jahrzehnts ansteigen, dann aber bis zum Jahr 2030 auf 0,2 ct sinken. Die Verdrängung herkömmlicher Erzeugungsanlagen führt auch zu einer Verringerung von benötigten Rohstoffimporten wie Steinkohle und Erdgas. Neben diesen direkten Kosten aus dem EEG-Mechanismus entstehen natürlich auch indirekte. Einerseits entstehen höhere Netzentgelte, da die eher dezentral organisierte Erzeugung der Erneuerbaren Energien an das Netz angeschlossen werden muss und schwankende Prognosen vor allem bei der Windkraft berücksichtigt werden müssen. Andererseits werden weitere positive Effekte wie die Einsparung fossiler Energieträger und auch die Weiterentwicklung von neuen Erzeugungstechnologien erreicht. Neben diesem Effekt führt der Ausbau natürlich auch zu einer Vermeidung von CO_2-Emissionen. Welchen genau zu beziffernden Beitrag der Ausbau Erneuerbarer Energien Anlagen zur CO_2-Reduktion leisten kann, ist jedoch schwer zu messen. Zwar können die Vermeidungskosten für spezifische Produktionsanlagen unter gewissen Annahmen ingenieurwissenschaftlich bestimmt werden, da die CO_2-Emissionen jedoch aus verschiedenen Erzeugungstechnologien entstammen und die Vermeidungskosten je Quelle unterschiedlich hoch sind, lässt sich keine allgemeingülig ökonoische Aussage dazu treffen (Requate 2010). Wie schwierig die Berechnung der CO_2-Vermeidungskosten sind, zeigen Hensing et al. (1998) detailliert. Die Kosten differieren je nachdem welche Maßnahmen im Energienutzungsprozess angesetzt werden. Die gesamtwirtschaftlichen Kosten hängen somit vom gewählten Maßnahmenmix ab. Die Komplexität wird deutlich, wenn der energiewirtschaftliche CO_2-Ausstoß in seine Determinanten aufgeschlüsselt dargestellt wird.[25]

$$CO_2 = \frac{CO_2}{C}\frac{C}{PEV}\frac{PEV}{EEV}\frac{EEV}{NEV}\frac{NEV}{BIP}BIP \qquad (1)$$

Jeder Bruch kann ein Ansatzpunkt zur CO_2-Vermeidung darstellen. Der Reihe nach ergeben sich folgende Minderungsmöglichkeiten:

25 Die nachfolgende Argumentation folgt Hensing et al. (1998). Die Abkürzungen bedeuten dabei: CO_2=Kohlendioxid, C=Kohlenstoff, PEV=Primärenergieverbrauch, EEV= Endenergieverbrauch, NEV=Nutzenergieverbrauch und BIP=Bruttoinlandspro-dukt.

1. Ist in Zukunft eine CO_2-Abscheidung oder -Speicherung (CCS) möglich, kann eine CO_2-Minderung in diesem Teil ansetzen.
2. Wird der Primärenergiemix kohlenstoffärmer, durch mehr Erneuerbare Energien Anlagen im Kraftwerkspark, sogt dies für einen Rückgang der CO_2-Emissionen.
3. Die nächsten drei Ansatzmöglichkeiten beziehen sich auf Energieeinspeisung zunächst im dritten Bruch, durch Erhöhung des Wirkungsgrades von Kraftwerken.
4. Eine weitere Möglichkeit der Energieeinsparung bezieht sich auf die Erhöhung der Endenergieeffizienz.
5. Eine letzte Möglichkeit der Energieeinsparung besteht, wenn der Nutzenergieverbrauch bei unverändertem Bruttoinlandsprodukt reduziert wird.

Eine Energieeinsparung wie die drei zuletzt genannten Punkte können jedoch bei fehlender Faktorsubstitutionsmöglichkeit zu einem Rückgang des Bruttoinlandsproduktes führen.

Umweltpolitisch ist es notwendig die gesamtwirtschaftlich minimalen Kosten zur CO_2-Reduktion zu ermitteln um ein effizientes Ergebnis zu erreichen. Die Grenzkosten der zusätzlichen CO_2-Vermeidung hängen sowohl vom beschriebenen Ansatzpunkt des Energienutzungsprozesses als auch von vielen weiteren Annahmen, wie z.B. über die Struktur und Auslastung des Kraftwerksparks, aber auch konjunkturelle und saisonale Effekte auf der Nachfrageseite spielen eine entscheidende Rolle.

Neben den im vorigen Abschnitt genannten positiven Ergebnissen der BMU Leitstudie zum Ausbauszenario der Erneuerbarer-Energien-Anlagen kann der EEG-Mechanismus jedoch auch kritisch gesehen werden. Blankart (2008) zeigt, wie komplex im Zusammenspiel mit dem EEG die Überlegungen zur CO_2-Vermeidung aussehen. So bewertet er die CO_2-Vermeidungskosten und die mit Einführung des EEG entstehenden Wohlfahrtsverluste in folgender Weise. Unter Zuhilfenahme einer Darstellung im Preis-Mengen-Diagramm kann dieser Zusammenhang dargestellt werden.[26]

26 Die folgende Analyse folgt Blankart (2008).

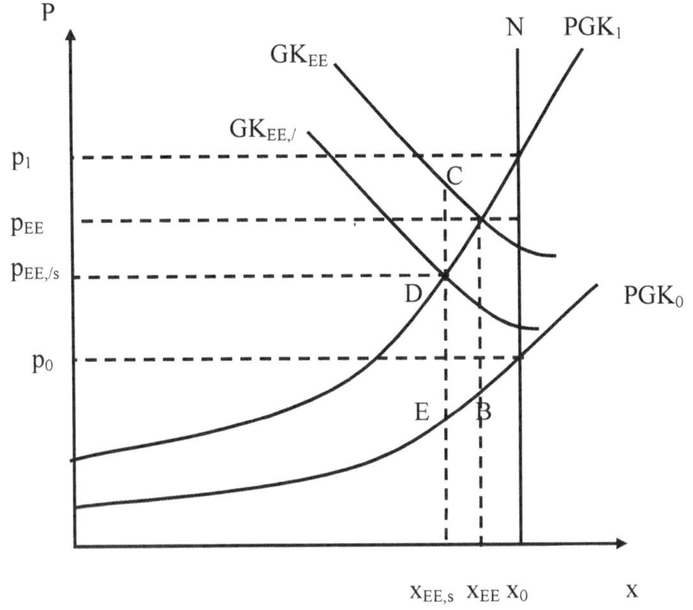

Abbildung 8: DieWirkung des EEG auf die Stromerzeugung und die Preisbildung

Quelle: Eigene Darstellung in Anlehnung an Blankart (2008)

Auf der x-Achse in Abbildung 8 ist die Energiemenge (in kWh) abgetragen. Die Nachfragekurve ist vereinfachend als vollkommen unelastisch dargestellt. Ohne umweltökonomischen Eingriff ergibt sich die private Grenzkostenkurve PGK_0, dabei wird zunächst von einer Erzeugungstechnologie ausgegangen, welche alleinig auf fossilen Energieträgern beruht. Es wird die Menge x_0 zum Preis p_0 bereitgestellt. Unter einem Zertifikatmodell, wie es in der EU implementiert ist, ist für jede Fossil erzeugte kWh der Erwerb eines Zertifikates notwendig. Der Zertifikatpreis steigt mit der Zunahme erforderlicher Zertifikate an, da diese knapper werden. Die neue PGK-Kurve mit internalisierten Zertifikatkosten ist jetzt als PGK_1 dargestellt. Die Differenz der beiden Kurven kann somit als Zertifikatpreis interpretiert werden. Für das Unternehmen entsprechen die Zertifikatpreise genau den marginalen Vermeidungskosten von CO_2. Jetzt kann neben dem Zertifikathandel auch eine zweite Vermeidungsstrategie durch Erzeugung von Strom in Erneuerbarer-Energien-Anlagen möglich sein. Die Erzeugung sei annahmegemäß wettbewerbsfähig gegenüber der herkömmlichen Stromerzeugung in fossilen Kraftwerken. Die Strommenge x_0x_{EE} wird jetzt durch Erneuerbarer-Energien-Anlagen bereitgestellt zum Preis p_{EE}. Auch diese Lösung ist, wie die zuvorige, effizient. In dieser Situation werden Zertifikate in Höhe von AB gekauft. Durch das EEG wird die Erzeugung aus Erneuerbare-Energien-Anlagen jedoch subventioniert, da die garantierte Einspeisevergütung über dem Marktpreis liegt, d.h. die Grenzkostenkurve der Anlagenbetreiber verschiebt sich nach unten zu $GK_{EE,s}$. Die Stromproduktion aus Erneuerbare-Energien-Anlagen weitet sich jetzt auf $x_{EE,s}x_0$ aus. Die marginalen Vermeidungskosten DE sind bei den herkömmlichen und den Erneuerbaren-Energien-Anlagen gleich hoch, trotzdem ist dieses Ergebnis nicht effizient, da die Gesellschaft zusätzlich die Subventionen in Höhe von CE zahlt. Blankart weist darauf hin, dass neben diesem Wohlfahrtseffekt innerhalb der Volkswirtschaft zusätzlich eine Fernwirkung besteht, denn die jetzt nicht mehr benötigten Zertifikate in Höhe von $x_{EE,s}x_0$ stehen anderen EU-Staaten zu Verfügung, dass heißt wiederum, dass der CO_2-Effekt gleich null ist. Ein Minderungseffekt wäre jedoch in der nächsten Handelsperiode möglich, wenn die Zertifikatsmenge neu begrenzt wird.

Private Bereitstellung: Über die zuvor beschriebene staatliche Bereitstellung hinaus, hat jeder Stromverbraucher, ob gewerblich oder privat, die Möglichkeit, im Rahmen seines Stromverbrauchs auch privat Ökostrom nachzufragen. Um eine Doppelvermarktung auszuschließen, kann natürlich nur ein Zukauf über die EEG-Strommenge hinaus stattfinden. Der Verbraucher konsumiert dabei weiterhin den durchschnittlichen Strommix, bzw. die Durchmischung, die sich aus der Produktion der Region ergibt.[27] Da das EEG, wie beschrieben, durch ein Umlageverfahren finanziert wird, kann jeder Konsument davon ausgehen, dass der von ihm finanzierte Anteil durch das EEG dem Anteil in seinem eigenen Strommix entspricht (wenn jetzt von kleinen Abweichungen der jeweiligen Region abgesehen wird). Kauft er jedoch zusätzlich Strom aus Erneuerbaren Energien, ist diesnicht mehr sichergestellt. Denn durch das private Engagement wird sich die gesamterzeugte Strommenge und damit auch der private Strommix nur marginal verändern, der eigene Finanzierungsanteil an grünem Strom jedoch erhöht.

An diesem Punkt tritt die Vertrauensguteigenschaft des Ökostroms besonders in den Vordergrund, denn beim Kauf von Ökostrom kann diese Produktei-

27 Da Elektrizität zwar mobil ist und mit der Einspeisung seine physikalische Ausprägung der Erzeugungsart verliert und zu einem homogenen Gut wird, folgt es jedoch dem Kirchhoffschen Prinzip, d.h. dass der Strom aus dem Kraftwerk kommt, welches der Lastinanspruchnahme am nächsten ist, sodass Verbraucher in einer Region mit vielen Windkraftanlagen eher Elektrizität aus dieser Erzeugung beziehen werden, Verbraucher in der Nähe eines Kohlekraftwerkes vermehrt Strom aus fossiler Erzeugung im Vergleich zum durchschnittlichen Strommix.

genschaft vom Konsumenten selbst nach Verbrauch der Elektrizität nicht beobachtet werden. Eine Zertifizierung von Ökostromprodukten kann somit auf der einen Seite Transparenz schaffen und auf der anderen Seite für Glaubwürdigkeit sorgen. Zertifikate machen es auch erst möglich, Informationen über verschiedene Qualitäten des Ökostroms und deren Preise zu vergleichen und somit für einen wettbewerblich organisierten Ökostrommarkt zu sorgen. Eine Zertifizierung liegt somit nicht nur im Interesse der Konsumenten, sondern auch der Erzeuger bzw. Händler von Ökostrom. Zertifikate geben klare Leistungsbeschreibungen und damit Differenzierungskriterien zu anderen Anbietern vor und ermöglichen Produktifferenzierungen.

In Deutschland haben sich mehrere Zertifikate etabliert, um Strom aus Erneuerbaren Energien auszuzeichnen. Dabei muss einerseits zwischen Ökostromzertifikaten, welche die Herkunft des Ökostroms garantieren und eine bestimmte Zusammensetzung des Stroms zertifizieren (diese können gehandelt werden), und andererseits Gütesiegeln unterschieden werden. Letztere bescheinigen eine bestimmte Qualität des Ökostromtarifes für den Endverbraucher.

Zertifikate: Die in Europa etablierte Institution zur Vergabe von Zertifikaten ist RECS (Renewable Energy Certificate System). RECS ist ein reiner Zertifikathändler und damit kein Gütesiegel für Ökostrom. Das von dieser Institution zugesicherte System stellt die Richtigkeit und die Angabe zur Herkunft von Strom aus Erneuerbaren Energien zu Verfügung. Auch das Öko-Institut bestätigt auf ihrer Homepage, dass RECS-Zertifikate ein zuverlässiger Nachweis für die Herkunft des Stroms aus Erneuerbaren Energien sind und damit einen wesentlichen Beitrag leistet, der Doppelvermarktung von Ökostrom entgegen zu wirken. RECS hat international kompatible Kriterien, sogenannte Basic commitments aufgestellt, um für das europäische Gebiet einheitliche Regeln zu schaffen. Für jede erzeugte MWh grünen Stroms wird ein RECS-Zertifikat ausgestellt. Dieses verdeutlicht den Umweltnutzen im Vergleich zu herkömmlichen Erzeugungsanlagen. Das Zertifikat beinhaltet folgende Informationen:

- Individuelle Nummer für das ausgestellte Kalenderjahr.
- Stromproduktionsquelle und Produktionsform.
- Land und „Domäne“ der Produktion.
- Kennzeichnung, ob die Stromproduktion öffentlich gefördert wurde.
- Hinweis auf den zuständigen Issuing Body.
- Monat und Jahr der Ausgabe.

Die Ausgabe wird durch den Issuing Body geleistet, dieser ist immer für ein bestimmtes Gebiet (Domäne) bestimmt und überwacht und verwaltet den Prozess der Zertifizierung. Er findet ausschließlich auf dem elektronischen Weg statt.

Zunächst stellt er die Zertifikate für den erzeugten Strom aus, verwaltet den Bestand und entwertet die jeweiligen Einheiten, sobald der Strom an den Endverbraucher verkauft wird. Bei Bedarf kann eine Bestätigung der Entwertung an den Endkunden zur Verfügung gestellt werden, diese Renewable Energy Deklaration kann jedoch nicht von Endkunden selbst erworben werden, sondern nur durch das dem RECS-Verfahren angeschlossene Unternehmen. Neben diesem Prozess ist auch ein Handel mit den ausgestellten Zertifikaten zwischen den verschiedenen Marktteilnehmern solange möglich, bis die Lieferung an den Endverbraucher stattfindet. Wird beim Handel das Eigentum an dem Zertifikat von einem auf den anderen Marktteilnehmer übertragen, ist der Issuing Body zu informieren, dabei ist auch ein Im- und Export von Zertifikaten zwischen verschiedenen Domänen möglich. Laut Beschreibung von RECS ist dieser Handel mit einem Spot Markt für Erneuerbare Energien zu vergleichen, da die Übertragung sehr kurzfristig stattfindet. Die Institution macht jedoch auch darauf aufmerksam, dass je nach Marktentwicklung auch die Ausbildung von derivaten Instrumenten möglich ist, so dass auch Terminkontrakte oder Optionen gehandelt werden können, wie es z.B. auf der Strombörse in Leipzig (EEX) möglich ist.

Gütesiegel Seit der Strommarktliberalisierung haben sich in Deutschland verschiedene Gütesiegel zur Kennzeichnung von grünem Strom etabliert. Es gibt insgesamt vier große Zertifizierer, die teilweise mehrere Gütesiegel für verschiedene Qualitäten Ökostrom vergeben. Die Tabelle 2 bietet eine Synopse mit den verschiedenen Kriterien, die erfüllt werden müssen, um das jeweilige Zertifikat zu erhalten, die genauen Kriterien sind den Homepages der Zertifizierer entnommen.

Der TÜV Nord vergibt ein Siegel gemäß der VdTÜV Basisrichtlinie Ökostromprodukt 1304 vom Februar 2005. Dieser zertifiziert Strom aus Erneuerbaren Energien, wobei eine Beimischung von bis zu 50% aus KWKAnlagen erlaubt ist. Ansonsten sieht die Richtlinie nur wenige Kriterien vor.

Der TÜV Süd baut auf dieser Richtline auf und vergibt insgesamt vier verschiedene Gütesiegel EE01, EE02, UE01 und UE02. Die Ziffern 01 zertifizieren Strom, welcher zu mindestens 25% aus Anlagen stammt, die nicht älter als 36 Monate sind und damit einen Automatismus impliziert, welcher für Additivität der Nachfrage sorgt. EE Siegel beziehen sich auf 100% Strom aus Erneuerbaren Energien, wohingegen die UE Siegel eine Beimischung von 50% Strom aus KWK-Anlagen erlauben. Somit ist das EE01 als höchste Qualität zu charakterisieren, da einerseits keine KWK-Anlagen im Strommix erlaubt sind und andererseits die Förderung von Neuanlagen verlangt wird. Die eingenommenen Fördergelder müssen zudem spätestens nach drei Jahren verwendet werden.

Das UE02 Siegel zeichnet die geringste Qualität auf, da ein KWK-Anteil von bis zu 50% möglich ist und lediglich die Herkunft des Stroms ausgezeichnet wird, nicht jedoch die Förderkomponente, die für Additivität des Stroms notwendig ist.

Der Verein Grüne Strom Label vergibt zwei Gütesiegel: Silber und Gold. Bei beiden Siegeln muss eine Förderung von Anlagen garantiert werden, welche mit sonstigen Förderungen (wie dem EEG) nicht wirtschaftlich wären; ein Mindestaufpreis von 1ct/kWh bei Haushaltskunden ist dabei vorgesehen. Die Siegel Silber und Gold unterscheiden sich durch die erlaubte Herkunftsart des Stroms. Bei der Goldsiegelung ist kein Strom aus KWK-Anlagen erlaubt, bei der Labelung Silber dagegen zu maximal 50%.

Der Verein EnergieVision vergibt das ok-power Gütesiegel. Dieses differenziert sich auf der einen Seite in das Fond- und auf der anderen Seite in das Händlermodell. Vergeben wird jedoch nur das Label ok-power. Die Unterscheidung dient lediglich dem Auditing mit dem für die Siegelung angemeldeten Unternehmen und zudem findet eine danach differenzierte Darstellung der Unternehmen auf der Homepage von EnergieVision e.V. statt. In den Kriterien wird explizit darauf hingewiesen, dass beide Modelle zu einem garantierten Umweltnutzen von 1/3 des abgesetzten Stroms führt. Nur beim Händlermodell ist eine Beimischung bis 50% KWK-Strom erlaubt, ansonsten ist lediglich Strom aus Erneuerbaren Energien zulässig, dabei ist jedoch Strom aus thermischer Abfallbehandlung, Deponiegas sowie Grubengas eindeutig ausgeschlossen. Unternehmen, die dem Händlermodell angeschlossen sind, müssen außerdem mindestens ein Drittel der Anlagen mit einer Betriebszeit von unter sechs Jahren im Portfolio aufweisen. Ein weiteres Drittel darf nicht älter als 12 Jahre sein; beide natürlich außerhalb des EEG Stroms. Das Fondsmodell sieht eine finanzielle Förderung von sonst nicht wirtschaftlichen oder Neuanlagen vor, welche ebenfalls unter drei Jahre alt sein müssen.

Die durch Gütesiegel ausgezeichneten Fördermodelle können zum einen in Händler- und zum anderen in Fondsmodelle unterschieden werden. Folgende schematische Abbildung 9 verdeutlicht diese beiden Modelle. In Schwarz ist die Förderung des EEG dargestellt, mit unterbrochener Linie sind das Händler- und das Fondsmodell gekennzeichnet.

Händlermodelle stellen sicher, dass der Strom aus Neuanlagen stammt und sichern so einen additiven Umweltnutzen. Die Anlagen, von denen Strom bezogen wird, dürfen ein bestimmtes Alter nicht überschritten haben, weiterhin dürfen diese Anlagen keine Doppelvermarktung, z.B. über das EEG, erfahren.

Es bietet sich an, Anlagen zu fördern, die die Ansprüche des EEG nicht erfüllen oder die selbst mit Hilfe der Einspeisevergütung nicht wirtschaftlich betrieben werden können und somit nicht anbieten würden. Fondsmodelle, wie die des Grüner-Strom-Label e.V. oder das ok-power Fondsmodell, erheben einen Förderbeitrag pro kWh, welche zum Bau oder zur Förderung neuer Anlagen verwendet werden müssen. Es findet jedoch keine physische Stromlieferung von diesen Anlagen statt, sondern der Stromkunde entrichtet über seinen „regulären" Rechnungsbetrag noch einen Zusatzbeitrag, welcher zunächst einbehalten und später in förderwürdige Projekte investiert wird. Wie der Tabelle zu entnehmen ist, können die Gütesiegel des TÜV Nord und die Siegel EE02 und UE02 von TÜV Süd weder dem Händler- noch dem Fondsmodell zugerechnet werden, da sie nicht sicherstellen, dass ein Ausbau in zusätzliche Erzeugungsanlagen und somit ein additiver Umweltnutzen stattfindet. So kennzeichen diese Gütesiegel eher die Herkunfsart des Stroms, gleich einem Zertifikat, es wird jedoch kein Mechanismus angewendet, der für einen Ausbau in neue Erneuerbare-Energien-Anlagen sorgt. Bei dieser Vielzahl von Gütesiegeln, die zudem ganz unterschiedliche Qualitäten von Ökostrom auszeichnen, ist in Frage zu stellen, ob die erzeugte Additivität für den Konsumenten überhaupt ersichtlich ist und Transparenz schafft (Truffer et al. 2001).

Der Überblick über die Entstehung und Ausgestaltung des deutschen Strommarktes ist abgeschlossen; auf die daraus resultierenden finanzpolitischen Konsequenzen wird im Kapitel 8 eingegangen werden. Im anschließenden Kapitel wird der theoretische Hintergrund der Fragestellung näher beleuchtet und die empirische Methode der experimentellen Ökonomie näher erläutert.

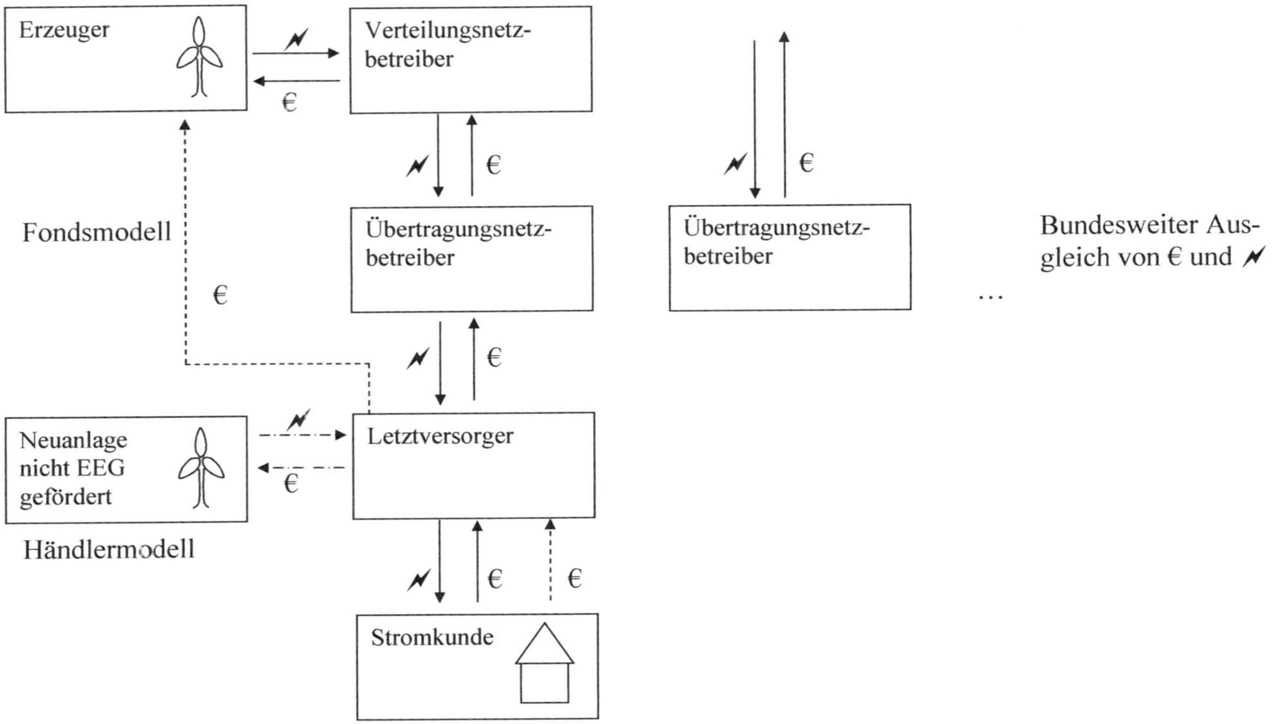

Abbildung 9: Schematische Darstellung der Wirkung von Händler- und Fondsmodellen

Quelle: Eigene Darstellung

3 Theoretischer Hintergrund

In diesem Kapitel wird zunächst auf die Öffentliche-Gut-Problematik sowie auf das Vorliegen asymmetrischer Informationen eingegangen. Beides wird in der Marktversagenstheorie diskutiert. Zudem wird auf die experimentelle Ökonomie als ein Erhebungsverfahren der privaten Zahlungsbereitschaft von Ökostrom eingegangen. Abschließend werden die zu prüfenden Forschungshypothesen aufgestellt.

3.1 Private Bereitstellung Öffentlicher Güter

In derWirtschaftswissenschaft gibt es ein breites Forschungsspektrum zur Problematik der Öffentlichen Güter.[28] Insbesondere die optimale Bereitstellung Öffentlicher Güter ist zentraler Gegenstand der Untersuchungen.

3.1.1 Lindahl Gleichgewicht und Trittbrettfahren

Als Regel für die optimale Bereitstellung Öffentlicher Güter ist die Samuelson-Bedingung (Samuelson 1954) zu nennen. Diese fordert, dass die Summe der Grenzraten der Substitution der Grenzrate der Transformation entspricht. Diese Bedingung ist im Lindahl-Gleichgewicht (Lindahl 1919) erfüllt, in dem jedes Individuum seine wahre Zahlungsbereitschaft entrichtet, aber jeder die gleiche Menge konsumiert. Das private Bereitstellungsgleichgewicht nach Lindahl (Lindahl 1919) ist effizient, basiert aber auf der Kenntnis der wirklichen Grenzzahlungsbereitschaften der Wirtschaftssubjekte. Im Rahmen der Marktversagenstheorie zeigt sich jedoch, dass sich Individuen, wenn sie eigennützig handeln, als Trittbrettfahrer verhalten und sich somit nicht an der Bereitstellung des Öffentlichen Gutes beteiligen bzw. ihre Grenzzahlungsbereitschaften untertreiben, da sie von der Nutzung des Öffentlichen Gutes nicht ausgeschlossen werden können.

Spieltheoretisch wird die Bereitstellung des Öffentlichen Gutes mit einem Gefangenen-Dilemma gleichgesetzt. Individuell rationales Verhalten (Nash-Gleichgewicht) führt nicht zum sozialen Optimum. Es besteht somit eine Differenz zwischen individueller und sozialer Rationalität (Chamberlin 1974, McGui-

28 Öffentliche Güter werden durch die Charakteristika der Nichtausschließbarkeit und der Nichtrivalität gekennzeichnet.

re 1974, Buchholz 2003). Generell ist mit einer Unterversorgung[29] mit dem Öffentlichen Gut zu rechnen.

3.1.2 Cornes-Sandler-Modell

Das im Experiment zu testende Modell basiert auf einem nutzentheoretischen Modell von Cornes und Sandler (1984). Cornes und Sandler gründen ihr Model[30] auf eine Nutzenfunktion der Konsumenten, welche drei Argumente beinhaltet:

$$u = u(c, x, Z). \tag{2}$$

Es handelt sich dabei um eine wohldefinierte Nutzenfunktion, welche strikt konvexe Präferenzen repräsentiert. Sie ist streng monoton ansteigend und quasikonkav. Die Nutzenfunktion ist stetig und zweifach differenzierbar.[31]

Das Argument c steht für ein privates Gut, welches keine Externalität erzeugt. Dieses Gut ist ein Numeraire und wird daher in Gütereinheiten gemessen. Die Variablen x und Z werden durch das zusammengesetzte Gut q erzeugt. Der Erwerb des Gutes q erzeugt β Einheiten von x und γ Einheiten von z. Diese Transformation erfolgt durch die beiden exogen fixen Parameter β und γ. Im Gegensatz zu x und c ist z jedoch ein Öffentliches Gut, daher konsumiert jedes Individuum die Summe aller generierten z_i. Das heißt, es gilt:

$$Z = z_1 + z_2 + \ldots + z_n. \tag{3}$$

Wird eine zusätzliche Einheit von q nachgefragt, so können durch den beschriebenen Zusammenhang drei Effekte ausgemacht werden. Erstens erhöht dies direkt den eigenen Konsum von x, zweitens erhöht sich der eigene Konsum des Öffentlichen Gutes Z, da letzteres um eine Einheit γ erhöht wurde, und schließlich erhöht sich auch der Konsum von Z durch alle anderen Individuen.

Das Budget der Individuen ist nicht unbegrenzt; die Budgetbedingung lautet:

$$E = c + pq \tag{4}$$

---

29 Es sei angemerkt, dass ebenfalls das Phänomen einer Überversorgung mit einem Öffentlichen Gut auftreten kann und zwar, wenn es um die Reduktion der Bereitstellung eines Öffentlichen Gutes geht.

30 Die folgende Darstellungsweise folgt Cornes und Sandler (1984) und (1986).

31 Dies sind die Standardannahmen für Nutzenfunktionen. Wird davon ausgegangen, dass Präferenzen vollständig, reflexiv, transitiv, stetig und streng monoton sind, dann existiert eine stetige Nutzenfunktion im positiven Orthant, welche diese Präferenzen abbildet (Varian 2001).

Dabei beschreibt E das Einkommen, dieses kann einerseits zum Erwerb des privaten Gutes c oder für das zusammengesetzte Gut q verwendet werden, letzteres wird mit dem Preis p bewertet. Eine zweite Bedingung liegt in Form der Erwartungen vor, welches jedes Individuum darüber bildet, welche Mengen von z durch die anderen Individuen bereitgestellt werden, d.h. $\tilde{Z}$ ist die gesamte Bereitstellungsmenge von z der anderen Individuen: $\tilde{Z} = Z - z$. Dabei wird von der Nash-Cournot-Annahme ausgegangen, dass das Individuum $\tilde{Z}$ als exogen gegeben ansieht. Somit ergibt sich folgendes Nutzenmaximierungskalkül:

$$\max_{c,x,z} u(c,x,\tilde{Z} + z); u.d.N.: x = \beta q; z = \gamma q; E = c + pq \,. \tag{5}$$

Wenn β und γ fix sind, kann die Nutzenfunktion auch als indirekte Nutzenfunktion in Gütereinheiten ausgedrückt werden. Die indirekte Nutzenfunktion enthält somit die optimale Lösung für gegebene Preise und Einkommen. Dies ergibt:

$$u\left(c,x,\tilde{Z} + z\right) = u\left(c,\beta q,\tilde{Z} + \gamma q\right) = v\left(c,q;\tilde{Z}\right). \tag{6}$$

Für jeden Wert, den $\tilde{Z}$ annimmt, ist $v(\cdot)$ eine streng monoton steigende und strikt quasikonkave Nutzenfunktion, definiert durch die optimalen Entscheidungen $c^* = c\left(p,E,\tilde{Z}\right)$ und $q^* = q\left(p,E,\tilde{Z}\right)$. Das Individuum ist trotz der drei Argumente in der Nutzenfunktion mit einem zweidimensionalen Entscheidungsproblem konfrontiert. Denn es kann lediglich c und q wählen, um $v\left(c,q;\tilde{Z}\right)$ unter Berücksichtigung von $E = c + pq$ zu maximieren. Dieser Zusammenhang kann mit Hilfe der Abbildung 10 grafisch dargestellt werden. Die drei vom Ursprung 0 ausgehenden Achsen zeigen die drei Argumente der Nutzenfunktion x, c und Z an. Das einzelne Individuum hat keinen Einfluss auf die Menge des Öffentlichen Gutes $\tilde{Z}$, welche durch alle anderen Wirtschaftssubjekte bereitgestellt wird. Der zweidimensionale Entscheidungsraum spannt sich somit vom Ursprung 0' auf, welcher durch den Abstand um $\tilde{Z}$ vorgegeben wird. Das Individuum hat jetzt die Wahl, sein vorgegebenes Budget E für Einheiten von q aufzuwenden, welches βx und γz erzeugt. Das Verhältnis der beiden Anteile β und γ gibt den Winkel der Achse Q zur Z-Achse vor. Das Individuum bewegt sich somit auf der Achse 0'Q, damit legt es auch automatisch die Konsummenge des privaten Gutes c fest, welches durch Bewegungen entlang der Achse 0'C ausgedrückt wird. Die für die Entscheidung relevanten Achsenabschnitte sind durch das vorgegebene Budget eingeschränkt, so ergibt sich die Budgetgerade BB.

Das Konsumoptimum impliziert für q und c und gegebene Ausprägungen von $\tilde{Z}$, dass der Preis der Grenzrate der Substitution entspricht.

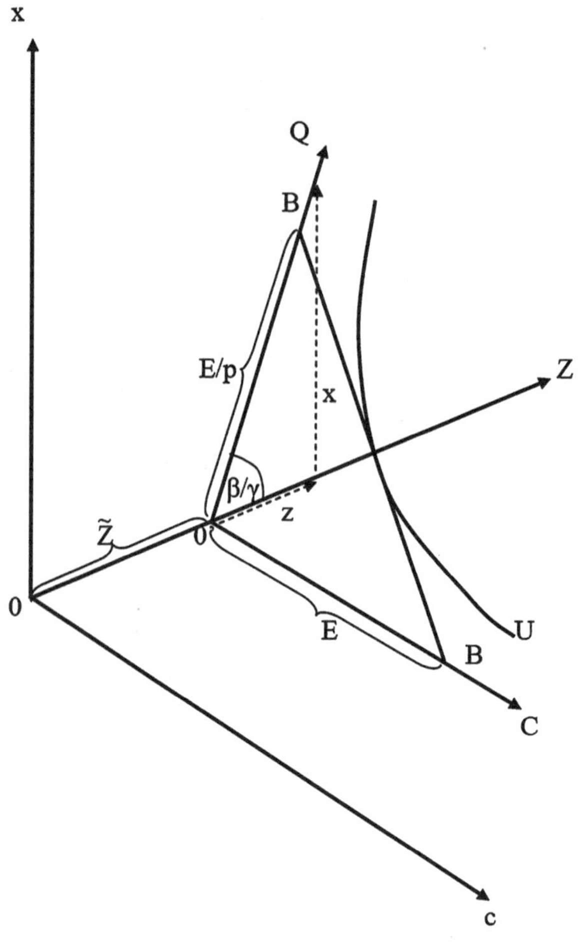

Abbildung 10: Zweidimensionales Entscheidungsproblem des Individuums

Quelle: Eigene Darstellung in Anlehnung an Cornes und Sandler (1984)

$$p = GRS_{qc} = \frac{\frac{\partial v}{\partial q}}{\frac{\partial v}{\partial c}}. \tag{7}$$

Die Ableitung der indirekten Nutzenfunktion ergibt:

$$\frac{\partial v}{\partial q} = \beta \frac{\partial u}{\partial x} + \gamma \frac{\partial u}{\partial x} und \frac{\partial v}{\partial c} = \frac{\partial u}{\partial c}. \tag{8}$$

Als Quotient ausgedrückt ergibt dies:

$$\frac{\frac{\partial v}{\partial q}}{\frac{\partial v}{\partial c}} = \beta \frac{\frac{\partial u}{\partial x}}{\frac{\partial u}{\partial c}} + \gamma \frac{\frac{\partial u}{\partial Z}}{\frac{\partial u}{\partial c}}. \tag{9}$$

Es ist ersichtlich, dass dieser Ausdruck die jeweiligen Grenzraten der Substitution des Konsumenten darstellt:

$$GRS_{qc} = \beta GRS_{xc} + \gamma GRS_{zc}. \tag{10}$$

In jedem Punkt des zweidimensionalen (*c, q*)-Raumes ist die GRS zwischen den beiden Gütern *c* und *q* genauso groß wie die gewichtete Summe der GRS zwischen den gemeinsam produzierten Gütern *x* und *z* und dem privaten Gut *c*. Die Gewichte geben dabei die relative Wichtigkeit der zwei Charakteristika als Output der gemeinsamen Produktion wieder.

Entsprechend dem in Deaton undMuellbauer (1980) beschriebenen Verfahrens kann das Nutzenmaximierungsproblem auch als ein Kostenminimierungsproblem und somit als Ausgabenfunktion dargestellt werden. Für gegebene Werte *x*, *Z* und *u* wird das Individuum seine Konsumausgaben für *c* minimieren. Nutzenmaximierung und Ausgabenminimierung sind somit zwei Seiten einer Medaille. Das optimale Güterbündel für das Individuum, welches den Nutzen maximiert, wird gleichzeitig die Ausgaben für gegebene Güterbündel minimieren:

$$c(x, Z, u) = \min_{c}[c | u(c, x, Z) \geq u]. \tag{11}$$

Für die Variablen *x*, *Z* und *u* werden die Werte die sie im Gleichgewicht haben, angenommen. Die partiellen Ableitungen von $c(x, Z, u)$ nach *x* und *Z* ergeben:

$$\frac{\partial c(x,Z,u)}{\partial x} = -GRS_{xc} = -\pi_x(x,Z,u)$$

$$\frac{\partial c(x,Z,u)}{\partial Z} = -GRS_{zc} = -\pi_z(x,Z,u). \tag{12}$$

Die Funktionen π_x und π_z stellen die durch β und γ gewichteten Grenzraten der Substitution aus Gleichung 9 als Funktionen von x, Z und u dar. Zur späteren Vorzeichenanalyse ist es wichtig, einige Eigenschaften dieser Funktion herauszustellen. Die Hesse-Matrix von $c(\cdot)$ lautet:

$$\begin{bmatrix} \frac{\partial^2 c}{\partial x^2} & \frac{\partial^2 c}{\partial x \partial Z} \\ \frac{\partial^2 c}{\partial Z \partial x} & \frac{\partial^2 c}{\partial Z^2} \end{bmatrix} = \begin{bmatrix} -\pi_{xx} & -\pi_{xz} \\ -\pi_{zx} & -\pi_{zz} \end{bmatrix}. \tag{13}$$

Welche symmetrisch und positiv semidefinit ist:

$$\pi_{xx} \leq 0, \begin{vmatrix} -\pi_{xx} & -\pi_{xz} \\ -\pi_{zx} & -\pi_{zz} \end{vmatrix} \geq 0 \tag{14}$$

und:

$$\pi_{xz} = \pi_{zx}. \tag{15}$$

Werden die vorangegangenen Darstellungsweisen der Gleichungen 9 und 11 zusammengebracht und gemäß der Marktgleichgewichtsbedingung dem Preis gleichgesetzt, so kann dies in folgender Gleichung für den 2-Personen-Fall ausgedrückt werden:

$$p = \beta_1 \pi_x(\beta_1 q_1, \gamma_1 q_1 + \gamma_2 q_2, u) + \gamma_1 \pi_z(\beta_1 q_1, \gamma_1 q_1 + \gamma_2 q_2, u) \tag{16}$$

Die Variablen x und z wurden jetzt durch $\beta_1 q_1$ und $\gamma_1 q_1 + \gamma_2 q_2$ ersetzt. Diese Gleichgewichtsbedingung gilt für das Individuum 1, es nimmt den Konsum des zweiten Individuums in Bezug auf q als gegeben hin und verhält sich als Mengenanpasser. Das folgende totale Differential zeigt die optimale Reaktion in Veränderungen von q_1, also dq_1, für Veränderungen in Bezug auf das Konsumverhalten des zweiten Individuums dq_2 unter der Voraussetzung, dass die Preise konstant gehalten werden:

$$\begin{aligned} 0 = \beta_1 [\beta_1 \pi_{xx} dq_1 + \pi_{xz}(\gamma_1 dq_1 + \gamma_2 dq_2) + \pi_{xu} du] \\ + \gamma_1 [\beta_1 \pi_{zx} dq_1 + \pi_{zz}(\gamma_1 dq_1 + \gamma_2 dq_2) + \pi_{zu} du] \end{aligned} \tag{17}$$

Umstellen nach dq_1 ergibt :

$$dq_1 = \frac{-\beta_1\gamma_2\pi_{xz}dq_2 - \gamma_1\gamma_2\pi_{zz}dq_2 - \beta_1\pi_{xu}du - \gamma_1\pi_{zu}du}{\beta_1^2\pi_{xx} + \beta_1\gamma_1\pi_{xz} + \beta_1\gamma_1\pi_{zx} + \gamma_1^2\pi_{zz}}. \tag{18}$$

Da die Reaktionsfunktion des Individuums 1 die Reaktion von q_1 auf die Veränderung von q_2 darstellt, muss durch dq_2 dividiert werden:

$$\frac{dq_1}{dq_2} = \frac{-\beta_1\gamma_2\pi_{xz}dq_2 - \gamma_1\gamma_2\pi_{zz}dq_2 - \beta_1\pi_{xu}du - \gamma_1\pi_{zu}du}{\left(\beta_1^2\pi_{xx} + \beta_1\gamma_1\pi_{xz} + \beta_1\gamma_1\pi_{zx} + \gamma_1^2\pi_{zz}\right)dq_2}. \tag{19}$$

Nach Kürzen von β_1 kann zur leichteren Vorzeichenanalyse der Nenner durch zweifaches Herausnehmen der β und γ in Vektorschreibweise transformiert werden:

$$-(\beta_1\gamma_1)\begin{bmatrix}\pi_{xx}\beta_1 + \pi_{xz}\gamma_1 \\ \pi_{zx}\beta_1 + \pi_{zz}\gamma_1\end{bmatrix}. \tag{20}$$

Wird der Nenner durch φ ersetzt, so ergibt sich folgende Gleichung:

$$\frac{dq_1}{dq_2} = \left[\frac{\gamma_2(\beta_1\pi_{xz} + \gamma_1\pi_{zz})}{\phi}\right] + \left[\frac{(\beta_1\pi_{xu} + \gamma_1\pi_{zu})}{\phi}\right]\frac{du}{dq_2}. \tag{21}$$

Wobei für φ gilt:

$$\phi \equiv -(\beta_1\gamma_1)\begin{bmatrix}\pi_{xx} & \pi_{xz} \\ \pi_{zx} & \pi_{zz}\end{bmatrix}\begin{pmatrix}\beta_1 \\ \gamma_1\end{pmatrix} > 0. \tag{22}$$

Der erste Teil der Gleichung 20 beschreibt die Reaktion von q_1 auf q_2, wenn der Nutzen konstant gehalten wird, und stellt somit den Substitutionseffekt dar. Der Nenner ist positiv, über die Größe des Zählers kann keine eindeutige Aussage getroffen werden. Die Größe hängt davon ab, welches Vorzeichen der Term $(\beta_1\pi_{xz} + \gamma_1\pi_{zz})$ hat. Wobei bekannt ist, dass π_{zz} negativ ist. Da π_{xz} positiv oder negativ sein kann, ist der linke Term negativ, solange $\beta_1\pi_{xz} > -\gamma_1\pi_{zz}$. Der reale Einkommenseffekt auf q_1 wird durch den zweiten Klammerausdruck wiedergegeben. Die partielle Ableitung π_{xu} zeigt die Veränderung der Zahlungsbereitschaft für x an, wenn der Nutzen durch einen Anstieg von c steigt, x und Z aber konstant gehalten werden. Wenn x ein normales Gut ist, so liegt der klassische Fall einer wohldefinierten Nutzenfunktion in einem 2-Güter-Raum vor und π_{xu} kann als positiv angenommen werden. Das gleiche gilt für π_{zu}. Der Substitutionseffekt ist i.d.R. negativ, somit kann der Gesamteffekt dq_1/dq_2 dann positiv sein, wenn der Einkommenseffekt dominiert oder eine starke Komplementarität zwischen x und Z den Gesamtoutput dominiert. Von diesem unwahrscheinlicheren Fall soll hier jedoch Abstand genommen werden, da dies eine Komplementarität zwischen dem Spenden an sich und dem insgesamt bereitgestellten Gut bedeuten würde. Das bedeutet zusammengefasst, dass das Individuum 1 mit einer Verminderung des Konsums auf eine Erhöhung des Konsums von Individuum 2 reagiert. Das hier beschriebene Reaktionsverhalten von q_1 auf q_2 bzw. die Reaktionsfunktion für optimale Konsummengen q des Individuums 1 als Antwort auf q_2 können ebenfalls eingängig grafisch dargestellt werden, wie in Abbildung 11 zu sehen.

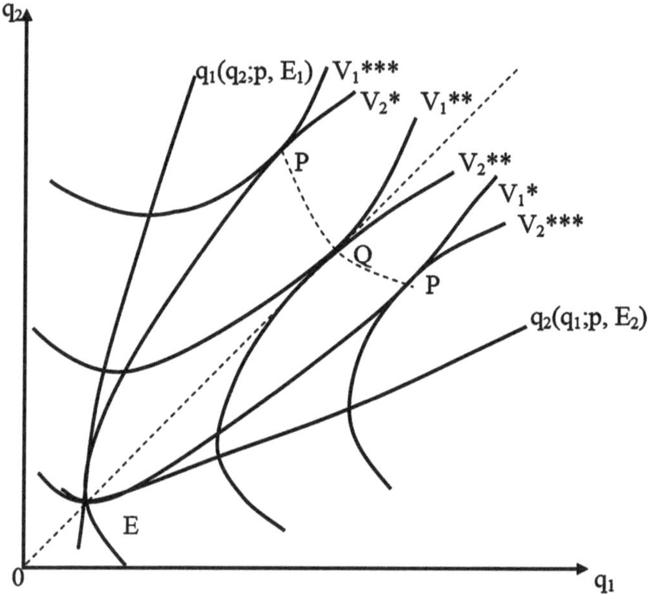

Abbildung 11: Reaktionsfunktionen im 2-Personen-Fall und Pareto-Optima

Quelle: Eigene Darstellung in Anlehnung an Cornes und Sandler (1984)

In einem zweidimensionalen q_1/q_2-Raum können für jede Güterkombination q_1/q_2-Nutzenniveaus für die beiden Individuen abgebildet werden. Kombinationen mit einem gleichen Nutzenniveau wie beispielsweise V^*_1 können als Indifferenzkurve abgebildet werden.Wenn das Öffentliche Gut nutzensteigernd wirkt, so wirken höhere Werte von q_2 bei unverändertem q_1 für das Individuum 1 nutzensteigernd. Jedes Minimum der Indifferenzkurven stellt ein individuelles Optimum dar. Die ermittelte Reaktionsfunktion stellt die Verbindung all dieser individuelle Optimalpunkte dar. Pareto-optimale Punkte sind hingegen jeweils die

Tangentialpunkte zwischen den Indifferenzkurven der beiden Individuen, wo die Grenzraten der Substitution beider identisch ist. Die Abbildung verdeutlicht, dass die Nash-Gleichgewichte auf den Reaktionsfunktionen jeweils unterhalb des Pareto- Optimums liegen. Die Differenz zwischen dem Pareto-Optimum und den Nash- Gleichgewichten ist umso größer, je flacher die Indifferenzkurven verlaufen, da dann beispielsweise die Punkte E und Q weiter auseinander rücken. Der Grad des Trittbrettfahrens hängt somit stark vom Krümmungsgrad der Indifferenzkurven ab.

3.1.3 Crowding out und die Neutralitätshypothese

Es ist ersichtlich, dass ein Anstieg von Z den Nutzen des Individuums erhöht. Wird der Betrag zu dem Öffentlichen Gut x staatlich bereitgestellt und somit durch Steuern finanziert, sollte dies zu einem *crowding-out* der privaten Beiträge zum Öffentlichen Gut führen, da diese perfekte Substitute darstellen. Die Steuer τ_i würde als zusätzliches Argument in die Budgetrestriktion des Individuums eingehen.

$$E = c + pq + \tau_i q \,. \tag{23}$$

Solange das Individuum jedoch indifferent darüber ist, aus welcher Quelle der Finanzierungsbeitrag für das öffentliche Gut stammt, wird sich an der Gesamtsumme des bereitgestellten Gutes nichts ändern, lediglich an dem privaten Beitrag, welchen es um die zu entrichtende zusätzliche Steuer kürzt. So lässt jedwede Ausgestaltung der Finanzierungsart ob über Steuern, Transfers oder private Beiträge die Ausgestaltung der optimalen Menge von $c^* = c(p, E, \tilde{Z})$ und $q^* = q(p, E, \tilde{Z})$ unberührt. Die Einführung der Steuer hat keinen Einfluss auf die Nutzenfunktion, und damit auch nicht auf die optimale Bereitstellungsmenge. Da das Einkommen konstant bleibt, findet die Anpassung lediglich über die Verschiebung der Finanzierungsart statt. Denn die freiwillige Bereitstellung wird über eine altruistische Motivation erklärt. Wäre eine solche der Beweggrund für den Beitrag zum Öffentlichen Gut, so führt jede staatliche Bereitstellung des Öffentlichen Gutes zu einem vollständigen *crowding-out* der privaten Bereitstellung. Denn rational handelnde Individuen erkennen die staatliche Bereitstellung durch Steuern und behandeln diese als Substitut zu ihrer freiwilligen Spende (Bergstrom et al. 1986). Dieser Zusammenhang ist die Neutralitätshypothese.

Dass in der Realität die Koexistenz von privater und freiwilliger Bereitstellung eines Öffentlichen Gutes stattfindet, zeigen sowohl ökonomische Experimente (Fehr und Gächter 2000) als auch empirische Untersuchungen (Wortmann et.al. 1996; Ohler 2001). Es hat sich auch gezeigt, dass in der Regel nur ein unvollständiges *crowding-out* stattfindet. Diese Beobachtungen führten zu der Diskussion, ob aus dem Beitrag für das Öffentliche Gut auch ein privater Nutzen gezogen wird, da ansonsten dieses Verhalten der Wirtschaftssubjekte nicht rational zu erklären ist. Der Nutzen der Individuen hängt dann nicht nur vom Niveau des Öffentlichen Gutes als Summe aller Beiträge ab, sondern auch vom eigenen Beitrag (Andreoni 1989). Das Modell von Andreoni stellt somit eine weniger generelle Sichtweise des Modells von Cornes und Sandler dar, kann jedoch Abweichungen vom Nash- Gleichgewicht rational erklären. Andreoni hat für diesen Effekt, der unreinen Altruismus erzeugt, den Begriff *warm glow of giving*[32] geprägt. Die Spende für das Öffentliche Gut, das positive Befinden, etwas Gutes getan zu haben, wirkt als positiver Nutzen auf das Individuum zurück. Bei ihm stellen die beiden Bereitstellungsarten nur imperfekte Substitute dar, somit ist ein *crowding-out* nicht mehr gegeben. Individuen können dann nicht nur durch die Bereitstellung des Öffentlichen Gutes und der eigenen Nachfrage nach privaten Gütern Nutzenzuwächse erhalten, sondern auch durch das Spenden an sich, dadurch ist es nicht mehr äquivalent, ob die Bereitstellung durch das Individuum direkt oder indirekt durch Steuern stattfindet. Denn der Nutzen aus dem *warm glow* wird lediglich durch die eigene Spende erzeugt. Bei reinem Altruismus bezieht das Individuum keinen Nutzen aus der Spende an sich, sondern nur aus dem privaten und dem Öffentlichen Gut. Bei reinem Egoismus ist das Individuum nur noch durch den „*warm glow*"-Effekt motiviert, die Summe des Öffentlichen Gutes hat keinen Einfluss auf den Nutzen des Individuums.

Unreiner Altruismus stellt eine Kombination aus diesen beiden Extremen dar. Die Individuen erhalten einen Nutzenzuwachs aus der Summe aller Beiträge zum Öffentlichen Gut und aus dem eigenen Beitrag, beide Ableitungen, nach der Summe des Öffentlichen Gutes und dem eigenen Beitrag sind somit positiv. Die Voraussetzung der Neutralitätshypothese ist bei bestehendem unreinen Altruismus nicht erfüllt. Öffentliche Bereitstellung wird private nur unvollständig verdrängen, denn private Spenden werden nur noch als imperfektes Substitut für Spenden aus anderen Quellen gesehen (ausführlich in Andreoni 1989, 1990; experimentell bestätigt durch Andreoni 1993; Ribar und Wilhelm 2002). Der warm-glow-Effekt kann durch den öffentlichen Beitrag nicht kompensiert werden. Ein erstes Experiment, welches den warm-glow-Effekt isoliert testet, wurde 2008 von Crumpler und Grossman durchgeführt. Alle vorherigen Studien sind

32 Dieser Begriff kann im Deutschen mit „Das gute Gefühl etwas Gutes zu tun" übersetzt werden.

auch mit anderen Spendenmotiven verknüpft. In diesem Experiment wurde gezeigt, dass der warmglow-Effekt vorliegt, im Durchschnitt werden in dieser Studie 20% des Budgets gespendet.

3.1.4 Moral und Umweltbewusstsein

Einige Ökonomen argumentieren weitergehend, dass nicht nur ein *warm glow*-Effekt das Spendenverhalten motiviert, sondern auch die Erfüllung eines moralischen Anspruches. Kahnemann und Knetsch (1992) bezeichnen dieses Motiv als *purchase of moral satisfaction* und gehen damit über einen reinen *warm glow*-Effekt hinaus. Denn wenn *warm glow* ein Resultat intrinsischer Motivation ist, so ist moralische Befriedigung erst durch einen zunächst stattfindenden Abgleich mit der Umwelt möglich, da diese erst durch Interaktion mit der Gesellschaft, in der das Individuum lebt, entsteht. Priddat (1997) geht darüber noch hinaus, indem er moralischen Konsum so definiert, dass Individuen sogar auf ihren Präferenzen entsprechenden Konsum verzichten, da sie z.B. an den Handlungen der Produzenten nicht „mitschuldig“ werden wollen. Dabei ist nicht das Gut an sich unmoralisch, sondern das Handeln des Produzenten. Obwohl die Individuuen ein bestimmtes Gut präferieren, verzichten sie darauf, weil sie den Konsum nicht mit ihrem moralischen Anspruch vereinbaren können.

Ein weiterer Bereich beschäftigt sich mit dem moralischen *crowding-in* und -out durch extrinsische Eingriffe. Diese Zusammenhänge wurden erstmalig von Frey (1997) dargestellt, Frey und Jegen (2001) bieten zudem einen Literaturüberblick über psychologische und ökonomische Studien, welche empirisch und experimentell das *crowding-in* und *-out* belegen. Dabei wird postuliert, dass eine intrinsische Motivation, auch wenn sie auf Grund eines inneren Anreizes unternommen wird, durch externe Eingriffe verdrängt oder verstärkt werden können. Gründe für eine Verdrängung, also ein *crowding-out*, können sein, dass der Eingriff als Überveranlassung empfunden wird. Das heißt, der Staat will motivieren, wo bereits eine Motivation besteht, die intrinsische Motivation wird sodann als überflüssig empfunden und abgebaut. Weiterhin kann der Eingriff als eine Einschränkung in die individuelle Selbstbestimmung, Selbstachtung und Ausdrucksmöglichkeit gesehen werden, welches daraufhin die intrinsische Motivation verdrängt. Gründe für eine Verstärkung, also ein *crowding-in* der intrinsischen Motivation, können dann vorliegen, wenn der externe Eingriff als Bestätigung für die intrinsische Motivation aufgefasst wird. Außerdem kann das empfundene moralische Risiko, z.B. das Gefühl durch die eigene Tätigkeit, von der Gesellschaft ausgebeutet zu werden, da die anderen Individuen z.B. Trittbrettfahren, durch den externen Eingriff gemindert werden. Dieser Begriff des *crow-*

ding-out ist vom zuvor in Unterkapitel 3.1.3 beschriebenen abzugrenzen. Zwar handelt es sich in beiden Fällen um Verdrängungseffekte, welche als Verhaltensänderungen bei den Individuen Ausdruck finden, doch sind ihre Ursachen verschiedener Art. Der im vorigen Unterkapitel beschriebene Effekt, stellt auf eine Veränderung der Budgetrestriktion ab, bei gleichzeitiger Konstanz der Nutzenfunktion. In dem hier beschriebenen Fall von *crowding-in* und out handelt es sich jedoch um die Verdrängung von intrinsischer Motivation, diese beinhaltet eine Veränderung der Nutzenfunktion, nicht jedoch der Nebenbedingung in Form der Budgetrestriktion.

Psychologisch ausgerichtete Untersuchungen zur Ökostromnachfrage postulieren, dass das dem Individuum immanente Umweltbewusstsein die Entscheidung bezüglich umweltbewusster Produkte beeinflusst (Wortmann et.al. 1996; Rowlands et al. 2003; Bamberg und Braun 2001). Individuen orientieren sich weiterhin bei ihren Entscheidungen nicht nur an ihrem eigenen Umweltbewusstsein, sondern auch an einem übergeordneten Bewusstsein der Umweltmoral. Wichtig ist in diesem Zusammenhang, dass wahrgenommen wird, wie sich die anderen Individuen verhalten und in wie weit sie selbst von der allgemeinen Norm mit ihrem Verhalten abweichen (Kolstad 2007). Kolstad bezieht sich dabei auf die Definition von Norm von Fehr und Gächter (2000). Eine Norm ist demnach eine Verhaltensregel, welche auf einem sozialen Glauben beruht, wie man sich verhalten sollte; diese beeinflusst das Verhalten auf informelle Art durch soziale Sanktionen.

Brekke et al. (2003) setzen an diesem Ansatz an und postulieren ein *self-image* eines jeden Individuums als sozial oder moralisch verantwortliche Person. Dabei weißt dieses Modell vier Elemente in der Nutzenfunktion auf:

$$U_i = u(c_i, s_i, G, M_i). \tag{24}$$

Der Parameter c_i steht für ein privates Gut, s_i für Freizeit, G bezeichnet wiederum die insgesamt durch alle Individuen bereitgestellte Menge des Öffentlichen Gutes und M_i das *self-image* des Individuums. Im Gegensatz zu einer Budgetrestiktion im Cornes-Sandler-Modell unterliegt das Individuum einer Zeitrestriktion. Das Individuum kann entweder seine Freizeit s_i frei verbringen oder sich für die Umwelt engagieren, der Faktor y_i gilt dabei als erforderlicher Zeitaufwand, welcher in diesem Modell als die Spende für das öffentliche Gut interpretiert werden kann. Die Zeitrestriktion ergibt sich somit folgendermaßen:

$$\Psi = s_i + y_i. \tag{25}$$

Der moralisch ideale Aufwand, der betrieben wird, hängt auch davon ab, wie sich alle anderen in der Gesellschaft verhalten. Sowohl ein zu großer als auch ein zu kleiner Aufwand im Vergleich zum Idealen wird als negativ bewertet. Diese Auffassung folgt der utilitaristischen Moralphilosophie, da die Interessen eines jeden Individuums gleichgewichtet in die Wohlfahrtsfunktion eingehen. Gleich dem Kantschen kategorischen Imperativ fragt sich jedes Individuum, welche Verhaltensregeln die soziale Wohlfahrt maximieren würden, wenn sich jeder in der Gesellschaft den gleichen Regeln entsprechend wie das Individuum selbst verhalten würde. Das *self-image* M_i ist somit beschrieben durch folgende Funktion:

$$M_i = f(\mu_i, \mu_i^*) = -f(\mu_i - \mu_i^*)^2. \tag{26}$$

Der Parameter μ_i eschreibt dabei den moralischen Aufwand, welchen das Individuum betreibt und μ^*_i den moralisch idealen Aufwand aus Sicht des Individuums. Das globale Maximum liegt bei $\mu_i = \mu^*_i$, d.h. Abweichungen von μ^*_i wirken abwertend. Weiterhin wird auch in diesem Modell ein Effizienzparameter γ eingeführt, welcher die individuellen Beiträge zum öffentlichen Gut zur Gesamtsumme G transformiert. Brekke et al. unterstellen bei ihrer Analyse eine utilitaristische Wohlfahrtsfunktion.

Das Individuum maximiert seinen Nutzen gemäß Gleichung (24) unter Berücksichtigung seiner Zeitrestriktion (25), der Öffentlichen Gut Funktion und der Identität des *self-image* (26). Brekke et al. konstatieren daraus das Nash-Gleichgewicht:

$$u_i = u_G \gamma_\mu + u_M \left[-2f(\mu_i - \mu_i^*)\right]. \tag{27}$$

Unter der Berücksichtigung, dass der Beitrag zum Öffentlichen Gut Kosten in Form von zeitlichen Aufwand beinhaltet, werden die Individuen nur zum Öffentlichen Gut beitragen, wenn dieser zusätzliche Aufwand nicht zu einem schlechteren *self-image* führt, denn es wird nie optimal sein, mehr als μ^*_i beizutragen. Die Konklusio ist, dass es selbst unter Präferenzen für ein positives *self-image* zu einer Unterbereitstellung des Öffentlichen Gutes kommen wird. Die Begründung für die Unterbereitstellung ist jedoch eine andere als im Andreoni oder Cornes-Sandler- Modell. *Warm glow* führt bei Andreoni dazu, dass die Individuen mehr zum Öffentlichen Gut beitragen und er erhöht gleichzeitig das soziale Wohlfahrtsoptimum. Die Unterbereitstellung ist auf die Mölichkeit des Trittbrettfahrens beim Öffentlichen Gut zurückzuführen und steigt mit zunehmender Gruppengröße an. Im Gegensatz dazu führt das Einfügen des Parameters μ in die Nutzenfunktion bei Brekke et al. nicht zu einer Veränderung des sozialen Optimums, denn Annahmegemäß ist das *self-image* im Maximum und sozialen Optimum $\mu = 0$. Präferenzen für *self-image*, in Anlehnung an *warm glow*, berühren lediglich das Kalkül der privaten Nutzenmaximierung. Trotzdem ist das Resultat Unterbereitstellung, da eine marginale Verbesserung in das eigene *self-image* gegen null geht, wenn sich der eigene Aufwand dem idealen μ^*_i annähert.

Wichtig für das eigene Verhalten ist auch, inwieweit an die Effektivität des eigenen Handelns geglaubt wird, denn je nachdem, wie stark die Konsumenten die Auffassung vertreten, dass sie einen Beitrag zur Umwelt leisten können, bilden sie Umweltbewusstsein aus (Gierl, Stumpp 1999). Je ausgeprägter das individuelle Überzeugungssystem hinsichtlich globaler und produktbezogener Einstellungen in Bezug auf Umweltwerte ist, desto eher wird sich dies in umweltbewusstem Verhalten ausdrücken.[33] Eine Person kann als umweltbewusst bezeichnet werden, „wenn deren Werte, Einstellungen, Absichten oder Verhalten relativ konsistent die umweltbezogenen Konsequenzen berücksichtigen, die durch den Kauf, den Besitz, den Gebrauch oder die Entsorgung von Produkten / Dienstleistungen entstehen"(Herker 1995, S. 149). Dabei ist anzumerken, dass Umweltbewusstsein keine absolute Größe, gemäß einer 0/1-Variable sein kann, sondern immer relativ betrachtet werden muss. So kann eine Person in ihrem Verhalten nur mehr oder weniger umweltbewusst als eine andere Person sein, jedoch nicht umweltbewusst im absoluten Sinn. Damit ein umweltbewusster Konsum stattfindet, erfolgt zunächst ein Abgleich zwischen wahrgenommenen Eigenschaften und der vom Individuum auferlegten Bedeutung des jeweiligen Zusammenhanges. Letzterer Aspekt wird als Werte-Verhaltens-System verstanden. Abbildung 12 gemäß Herker (1995) gibt die Theorie des umweltbewussten Konsumentenverhaltens (Vinson et al. 1977; Dahlhoff 1980) wieder.

Das Individuum gleicht demnach ab, welche Bedeutung die umweltbezogenen Werte für es selbst und welche Bedeutung die Werte von alternativen Produkten haben. Die Werte sind dem Individuum jedoch nicht ursprünglich immanent, sondern werden durch die Wahrnehmung der Umwelt, den Umweltzusammenhang der Produktalternativen, die Eigenverantwortung, die Effektivität des eigenen Handelns, aber auch durch den sozialen Druck gebildet.

---

33 Siehe dazu Vinson et al. (1977); Urban (1986); Gierl und Stumpp (1999); Rowlands et al. (2003). Der Einfluss von Kontrollüberzeugungen wie Umweltbewusstsein auf das umweltbewusste Verhalten wurde von mehreren Studien bestätigt, u.a. Arbuthnot (1977); Herker (1995); Grunert und Juhl (1995); in Bezug auf das Energiesparverhalten van Raaij und Verhallen (1983); Gierl und Stumpp (1999).

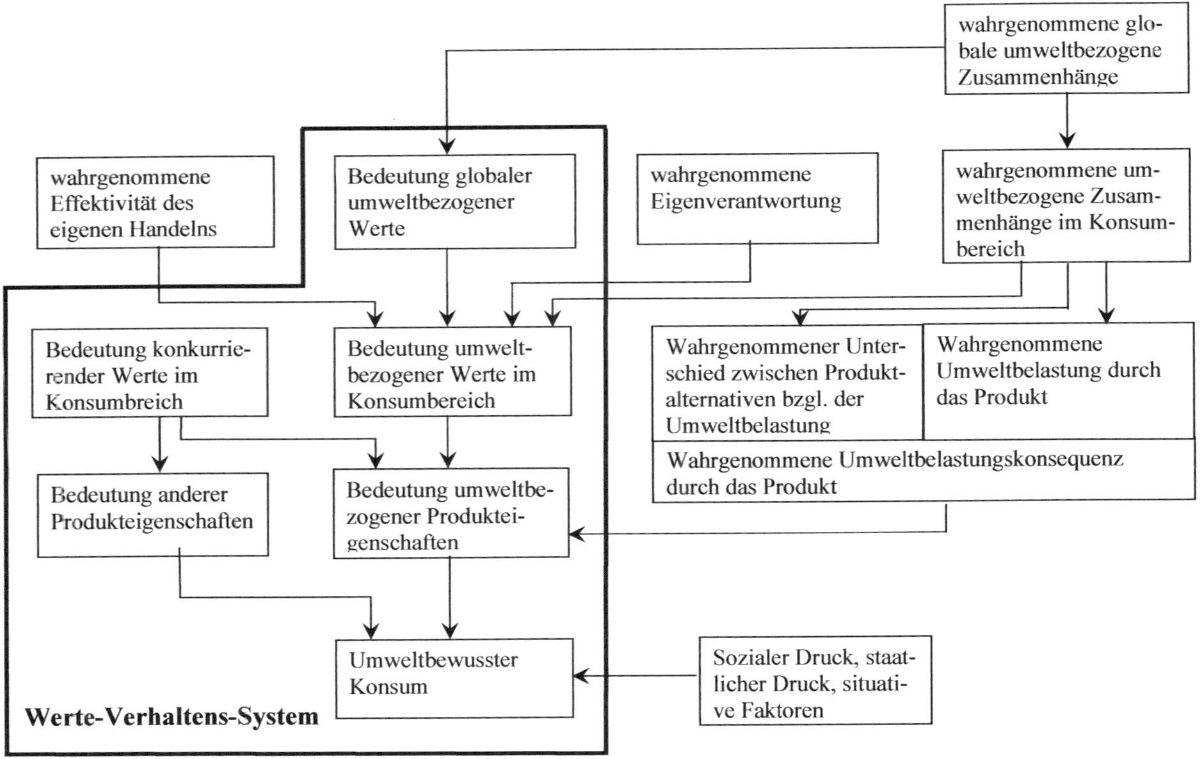

Abbildung 12: Schematische Darstellung des umweltbewussten Konsumentenverhaltens

Quelle: Abgewandelt aus Herker 1995

Angewendet auf das Themenfeld des Strombezugs aus Erneuerbaren-Energien-Anlagen, wird der Kauf von grünem Strom von der Bedeutung der umweltbezogenen Eigenschaften, wie z.B. CO_2-Vermeidung im Vergleich zum grauen Strom, beeinflusst. Die Bedeutung, die diesem trade-off beigemessen wird, hängt wiederum von bereichsspezifischen und globalen Werten ab. Das Werte-Verhaltens-System wird jedoch, wie beschrieben, durch die wahrgenommenen Konsequenzen und die Eigenverantwortung gebildet. Das geht auf die Normentheorie von Schwartz (1970) zurück. Schwartz geht davon aus, dass das Verhalten einerseits davon abhängt, inwieweit sich das Individuum der Konsequenzen des eigenen Verhaltens bewusst ist und andererseits, inwieweit es sich für die Handlungen und Konsequenzen verantwortlich fühlt. Wird die Verantwortung für die Bereitstellung von grünem Strom und die damit einhergehende CO_2-Vermeidung in der Verantwortung des Staates gesehen und ist sich das Individuum der Konsequenzen aus dem Bezug von grünem Strom nicht bewusst, so wird dies zu einer geringeren Rückkopplung mit dem Werte-Verhaltens-System und letztendlich zu einem geringeren Konsum von grünem Strom führen. Neben diesen beiden Aspekten spielt auch der soziale Druck eine entscheidende Rolle. Individuen neigen dazu, sich konform zu sozialen Normen zu verhalten. Abgesehen von staatlichen Anreizsystemen oder Ge- und Verboten, die Druck ausüben können, vergleicht sich das Individuum mit dem Verhalten anderer in der Gesellschaft.

3.1.5 Additivität

In der vorliegenden Untersuchung wird vor allem auf den zentralen Aspekt der Additivität von Ökostrom abgestellt. Anlagen Erneuerbarer Energien, die Ökostrom produzieren, welcher über einen privaten Ökostrommarkt angeboten wird, müssen über den Bestand an Anlagen hinausgehen, welche den Strom produzieren, der gemäß eines Umlageverfahrens -in Deutschland das EEG- finanziert wird. Nur dann sorgt eine über das Umlageverfahren hinausgehende private Ökostromnachfrage für eine Verdrängung herkömmlicher Erzeugungsanlagen und somit für additiven Umweltnutzen in Form von geringeren CO_2-Emissionen. Das etablierte EEG-System gilt dabei als Referenzmaßstab, gleich so, wie Additivität eingangs definiert wurde, muss sich jeder zusätzlich generierte Umweltnutzen an dieser Festlegung messen.

Wie im vorangegangenen Kapitel „Energiemarkt" erläutert, garantieren nicht alle grünen Stromangebote Additivität.Wahrgenommene Additivität kann jedoch die Nutzenfunktion des Individuums ansprechen. Angewendet auf das Werte- Verhaltens-System, spricht sie die wahrgenommene Effektivität des eigenen Handelns an und gibt den umweltbezogenen Werten im Konsum von Strom eine höhere Bedeutung. Additivität appeliert somit an das Umweltbewusstsein der Individuen und ist ein zusätzlicher Aspekt zu sozialen und moralischen Beweggr ünden und auch zum warm-glow, die den Ökostromkonsum beeinflussen.

3.2 Asymmetrische Informationen

Der Ökostrommarkt ist, neben dem Öffentliches-Gut-Charakter, in einem zweiten Bereich einem Marktversagen unterworfen: Es besteht Unsicherheit über die Qualität des Ökostroms (Menges et al. 2004a). Energie an sich ist ein Privates Gut; Emissionsvermeidung in der Erzeugung ist dagegen ein Öffentliches Gut. Diese Produkteigenschaft des Öffentlichen Gutes kann jedoch vom Stromkunden nicht direkt beobachtet und überprüft werden (Springmann 2005). Selbst nach dem Konsum kann das Individuum die Qualität des Ökostroms nicht feststellen, es unterliegt dem Charakteristikum eines Glaubens- bzw. Vertrauensgutes.

Akerlof thematisierte das Marktversagen auf Grund von Informationsasymmetrien. Asymmetrische Informationen liegen dann vor, wenn die beiden Marktseiten nicht über die gleiche Informationsmenge verfügen. Kann beispielsweise die Qualität eines Gutes von der Nachfrageseite nicht direkt beobachtet werden, so wird diese die Zahlungsbereitschaft an der durchschnittlich zu erwartenden Qualität ausrichten und einen dementsprechenden Preis anbieten. Anbieter von überdurchschnittlich hoher Qualität, die auch mit einer höheren Kostenstruktur verbunden ist, werden somit diese Güter nicht mehr absetzen können, da die Zahlungsbereitschaft der Nachfrager zu gering ist. Anbieter guter Qualitäten werden somit gezwungen, die Qualität einzuschränken. Wird dies wiederum von den Nachfragern antizipiert, wird die durchschnittlich zu erwartende Qualität und damit auch die Zahlungsbereitschaft sinken. Dieser Prozess setzt sich spiralartig fort und schließlich bricht der Markt für gute Qualitäten zusammen. Daher wird dieser Prozess auch als adverse Selektion bezeichnet. Die Information über die Qualität wird dadurch, dass sie nicht für alle Marktteilnehmer zu gleichen Teilen zu Verfügung steht, zu einem ökonomischen Gut. Da es nicht mehr wie ein freies Gut kostenlos verfügbar ist, muss es durch Ressourceneinsatz produziert werden (Akerlof 1970).

Die Information über die Eigenschaft eines Gutes ist nicht zwangsläufig entweder vollständig oder gar nicht vorhanden, gemäß einer 0/1-Variable, sondern kann nach dem Aufwand differenziert werden, welcher verwendet werden muss, um eine vollständige Information zu erhalten. Dabei wird in der Literatur zwischen drei Kategorien unterschieden. Zunächst wurden von Nelson (1970) die Kategorien der Such- und Erfahrungsgüter eingeführt. Darby und Karni (1973) beziehen sich auf die Kategorisierung von Nelson und fügen diesen zweien noch die Kategorie der Vertrauensgüter hinzu. Werden die drei Kategorien nach dem aufsteigenden Grad der nötigen Informationssuche geordnet, ergibt sich folgende Reihung:

1. Suchgüter,
2. Erfahrungsgüter und
3. Vertrauensgüter.

Sucheigenschaften eines Gutes können schon vor dem Kauf durch Sammeln von Informationen festgestellt werden. Erfahrungsguteigenschaften werden jedoch erst nach dem Konsum bzw. Verbrauch eines Gutes preisgegeben und Vertrauensguteigenschaften werden für den Konsumenten nie ersichtlich werden. Nelson betont, dass die nötige Information teilweise durch die Erfahrung des Gutes günstiger erlangt werden kann als durch die Informationssuche vor dem Kauf. Das ist insbesondere dann der Fall, wenn die Transaktionskosten der Informationssuche hoch und der Kaufpreis des betreffenden Gutes niedrig ist. Vertrauensguteigenschaften treten entweder dann auf, wenn sich der Konsument seiner eigenen Bedürfnisse nicht bewusst ist oder wenn der Konsument nicht das nötige Wissen hat, um die Eigenschaft zu ermitteln (Maute und Forrester 1991). Ziel ist es nicht, vollständige Informationen zu erlangen, sondern gemäß der bekannten Marginalbedingung so lange Informationen zu suchen, bis die Kosten einer zusätzlichen Einheit Information dem zusätzlich gewonnenen Nutzen entsprechen (Meyer 1990). Ursprünglich wandte Nelson seine Kategorisierung auf Güter an (1970), später jedoch auf Gütereigenschaften (1974). Diese letztere Typisierung ist sicherlich treffender, denn ein Gut kann natürlich in seinen verschiedenen Aspekten unter Umständen in alle drei Kategorien eingeteilt werden (Kaas und Busch 1996).

Beim Beispiel Ökostrom ist der Preis eine Sucheigenschaft; durch Informationen im Internet[34] kann für das jeweilige Liefergebiet schnell der günstigste Anbieter gefunden werden. Servicequalitäten des Stromanbieters wie die Übersichtlichkeit der Rechnung oder Erreichbarkeit eines Servicecenters sind Erfahrungseigenschaften, welche sich erst herausstellen, wenn der Kundenstatus bei einem Stromanbieter erlangt wurde. Die Qualität des Ökostroms im Sinne der

34 Im Internet bieten verschiedene Portale die Möglichkeit, die verfügbaren Stromtarife für das jeweilige Versorgungsgebiet zu vergleichen. Diese bieten oftmals ebenfalls einen einfachen Anbieterwechsel und eine kostenfreie Beratung an, z.B. www.verivox.de, www.tarifvergleich.de oder www.preisvergleich.de.

erzeugten CO_2-Vermeidung durch Verdrängung herkömmlicher Erzeugungsanlagen ist jedoch ein Vertrauensgut. Der Konsument wird diese Eigenschaft nie selbst überprüfen können und somit auf die glaubwürdige Informationsvermittlung vollständig angewiesen sein.

Bech-Larsen und Grunert (2001) zeigen auf, dass eine glaubwürdige Kommunikation durch etablierte Markennamen, glaubwürdige Absatzmittler und Warenkennzeichnung durch unabhängige Institutionen erreicht werden kann. Kaas und Busch (1996) zeigen, dass ein etablierter Markenname oder Testurteile, wie der Stiftung Warentest, die Informationsasymmetrien bei Erfahrungs- und Vertrauensgütern beseitigen oder abmildern können.[35] Eine Lösung im Bereich des Ökostrommarktes bietet Signaling in Form von Zertifikaten für verschiedene Qualitäten des Ökostroms und die Einführung einer generellen Informationspflicht für Strom (Wüstenhagen und Bilharz 2006). Größtes Vertrauen kann dabei durch Zertifizierung von neutralen Institutionen (3rd party labelling) erreicht werden (EPA 1998; Blend und Ravenswaay 1999; Matthes und Timpe 2000; Timpe et al. 2002; Intelligent Energy Europe 2006). Auch experimentelle Untersuchungen zeigen, dass eine unabhängige Zertifizierung ökologischer Produkte die Risikoeinstellung der Konsumenten am nachhaltigsten beeinflusst (Kirchhoff 2000). Durch ein Auditing System und durch Zertifizierungsinstitutionen kann weiterhin das Phänomen der Doppelvermarktung ausgeschlossen werden (RECS 2005). Ökostrom erschwert die Übermittlung der Glaubwürdigkeit im Gegensatz zu anderen „grünen" Produkten wie Lebensmitteln. Zum einen ist Ökostrom kein klassisches Markenprodukt, da die entstandenen Produkte seit der Strommarktliberalisierung erst langsam den Markt durchdringen und zum anderen ist Strom ein homogenes Gut, da die Elektrizität an sich immer die gleiche physikalische Beschaffenheit hat. Produktdifferenzierungen können somit nur durch „Zusatznutzen" differenziert werden, welche wie z.B. die Servicequalität, Erfahrungsgüter sind oder, wie die CO_2-Vermeidung bei Ökostrom, Vertrauensguteigenschaften besitzen. Maute und Forrester (1991) haben jedoch gezeigt, dass der Anreiz zur Informationssuche sinkt, je mehr Eigenschaften des Gutes durch Erfahrungs- und Vertrauenseigenschaften gekenneichnet sind.

Untersuchungen von Zertifizierungen auf dem Lebensmittelmarkt (Bech-Larsen und Grunert 2001) zeigen, dass Zertifikate dann ein größeres Vertrauen der Konsumenten erzielen, wenn es lediglich ein einzelnes Label anstatt einer Vielzahl von konkurrierenden gibt. Das vorherige Kapitel zeigte die verschiedenen Stromlabels auf und vermittelte einen Eindruck, wie unübersichtlich die Kennzeichnung von Ökostrom in Deutschland ist. Denn bevor der Konsument

35 Einen guten Überblick über die Instrumente, die die Informationsasymmetrien verringern bieten Shapiro (1983) und Meyer (1990).

eine Zahlungsbereitschaft für zertifizierten grünen Strom ausbildet, muss der Konsument die Zertifizierung zunächst bemerken, dann verstehen und ihr schließlich vertrauen. Der Erfolg einer Zertifizierung ist somit einerseits abhängig von den Präferenzen der Konsumenten und andererseits von der Ausgestaltung des Zertifizierungsprogramms (Teisl et al. 2007).

Ein weiterer Aspekt, der mit der Zertifizierung von Vertrauensgütern zusammenhängt, betrifft die lokale Herkunft eines Gutes. Diese Eigenschaft, kombiniert mit der ökologischen Qualität eines Gutes, wurde bislang vor allem im Bereich der Lebensmittelbranche untersucht. Dort haben sich teilweise Label herausgebildet, die neben der ökologischen Qualität auch die lokale Herkunft des Produktes garantieren. Auch Bio-Lebensmittel stellen Vertrauensgüter dar, da deren ökologische Produktionsweise auch nach dem Konsum nicht zu überprüfen sind (Banik und Simons 2008). Für den Strommarkt wurde dieser Zusammenhang zwischen ökologischer Qualität und lokaler Bereitstellung bislang in dieser Form nicht untersucht. Es besteht in der wissenschaftlichen Diskussion Konsens darüber, dass die Bedeutung der Region für das Konsumentenverhalten zunimmt (Leitow und Jader 2005). Wissenschaftliche Untersuchungen des Herkunftsaspekts auf das Konsumentenverhalten begannen in der zweiten Hälfte des 20. Jahrhunderts und wurden erstmals von Schooler (1965) analysiert. Zunächst lag jedoch der Schwerpunkt auf der Untersuchung der Nationalen Herkunft, da zu diesem Zeitpunkt der Einfluss der Internationalisierung immer mehr zunahm und somit eine Qualitätsauskunft durch die Herkunftsangabe induziert werden sollte. Dieser Effekt wurde *Country-of-Origin*-Effekt (COE) genannt. Die Untersuchungen zeigen, dass die Auswirkungen auf das Konsumentenverhalten mit dem jeweiligen Entwicklungsstandes eines Landes variieren. Erst später entwickelte sich der Untersuchungsbegriff *Region-of-Origin*-Effekt (ROE) (von Ittersum 2001; von Alvensleben 2000). Gerade die Globalisierung brachte die Rückbesinnung auf regionale Identifikation mit sich und machte es möglich, Produktdifferenzierungen in diesem Aspekt herbeizuführen. Region wird ganz verschieden definiert, im Konsens jedoch normalerweise verstanden als eine „historisch gewachsene Einheit, ein wirtschaftlich und kulturell verflochtener geografischer Raum, der sich auch unabhängig von Landes-, Kreis- und Stadtgrenzen herausbildet und Bestand hat, also ein historisch gewachsenes Territorium beliebiger räumlicher Ausdehnung.“ (Meyer 1999).

Die Präferenz und die damit verbundene höhere Zahlungsbereitschaft für Produkte aus der eigenen Region basiert in erster Linie auf dem Zugehörigkeitsgefühl zu dieser. Leitow (2005) stellt heraus, dass räumliche Nähe, kulturelle Zugehörigkeit und der historische Bezug wichtige Wurzeln der menschlichen Existenz darstellen und somit jedem Individuum immanent sind. Auch von Alvensleben (2000, 2001) betont, dass Emotionen bei der Bildung von Präferenzen für regionale Produkte eine sehr wichtige Rolle spielen. Die meisten Menschen haben eine positive emotionale Beziehung zu ihrer Region aufgebaut und übertragen diese auf die

Produkte, die aus dieser Region stammen. Untersuchungen in Form von Befragungen haben gezeigt, dass bestimmte Aspekte mit dem Kauf von Produkten aus der Region assoziiert werden. Dabei stehen umweltschonende Produktionsweisen und heimische Existenz sichernde Aspekte im Vordergrund. Es wird davon ausgegangen, dass mit dem Kauf eines regionalen Produktes die heimische Struktur und Wirtschaftskraft gefördert wird. Das Risiko (in Bezug auf die Vertrauensguteigenschaft) wird als geringer eingestuft, da den Produkten insgesamt mehr Vertrauen entgegengebracht wird, weil die räumliche Nähe scheinbare Transparenz schafft (Ganzert et al. 2004; Leitow 2005 und Banik 2007). In einigen Untersuchungen, die Fokusgruppendiskussionen durchführen, wird immer wieder das „gute Gefühl, etwas für die Region zu tun", geäußert; dies kann sicherlich auch als eine Art *warm glow*-Effekt verstanden werden. Leitow zeigt zudem in seiner empirischen Untersuchung (Entscheidungsexperiment und Fragebogen), dass die Motive Frische, Arbeitsplatzsicherung und Sympathie mit der Region in allen untersuchten Entscheidungssituationen verantwortlich für eine signifikant höhere Zahlungsbereitschaft für das regionalen Produkt sind. Von Alvensleben (2000, 2001) zeigt auf, dass zwei Drittel der Personen bereit sind, für ein Produkt aus der eigenen Region mehr zu zahlen als für eins aus einer anderen Region oder ohne Herkunftskennzeichnung. Die deutliche Kennzeichnung spielt dabei eine entscheidende Rolle (von Alvensleben 2001). Buchardi und Thiele (2006) zeigen in einem Untersuchungsdesign mit kontingenter Bewertung und einem ökonomischen Entscheidungsexperiment,[36] dass ein deutlicher Preisspielraum für regional erzeugte Öko-Lebensmittel in verschiedenen Regionen Deutschlands vorhanden ist. Im experimentellen Design liegen dabei geringere Zahlungsbereitschaften vor als im Design mit kontingenter Bewertung, trotzdem ist die höhere Zahlungsbereitschaft auch im Experiment signifikant. Die Differenz kann, wie im folgenden Abschnitt noch erläutert wird, auf den hypothetischen Charakter von reinen Befragungssituationen, wie bei der kontingenten Bewertung, zurückgeführt werden. Neben diesen direkten Effekten stellen verschiedene Untersuchungen auch Zusammenhänge zwischen soziookonomischen Variablen der Untersuchungen her. Besch und Hausladen (2003) zeigen unter anderem, dass bei älteren Personen eine höhere Zahlungsbereit-

36 Das Design wurde mit einem Teil der Versuchspersonen mit kontingenter Bewertung und mit dem anderen Teil in Form eines ökonomischen Entscheidungsexperimentes durchgeführt. Das Design war identisch, nur war das Experiment zusätzlich mit einem ökonomischen Anreizmechanismus, und zwar mit dem Becker-DeGroot-Maschak-Mechanismus (Becker et al. 1964), verknüpft.

schaft vorliegt. Das kann mit der tieferen Verbundenheit zur Region erklärt werden. Weiterhin führt eine höhere Bevölkerungsdichte sowie das Bestehen von Familienhaushalten zu einer höheren Zahlungsbereitschaft für regionale Produkte.

Nachdem in den letzten beiden Abschnitten auf die Bereitstellung Öffentlicher Güter und den Einfluss von Informationsaspekten auf die Zahlungsbereitschaft eingegangen wurde, wird in den folgenden Abschnitten dieses Kapitels auf das Erhebungsverfahren, die experimentelle Ökonomie, der vorliegenden Forschungsarbeit eingegangen.

3.3 Erhebung der Zahlungsbereitschaft

Zur Ermittlung der privaten Zahlungsbereitschaft für Ökostrom wurden empirische Untersuchungen (Moon et.al. 2002), unter anderem auch mit der contingent valuation method (CVM) (Byrnes 1999; Nyborg 2000; Batley et.al. 2001; Roe et.al. 2001; Wiser 2007), durchgeführt. Diese ergaben je nach Design der Untersuchung unterschiedliche Resultate. Gerade bei der Ermittlung der Zahlungsbereitschaft der Bürger in Bezug auf einzelne Produkte weist die experimentelle Ökonomie im Vergleich zu einer rein hypothetischen Befragung, die lediglich die Einstellungen der Teilnehmer ermittelt, erhebliche Vorteile auf.

Es besteht Konsens darüber, dass bei einer reinen Befragung die wahre Zahlungsbereitschaft für ein Gut überschätzt wird. Bohm führte (1971) einen erstmaligen Test durch, welcher die hypothetische Verzerrung bestätigte. Vielfache Forschungsliteratur belegt diesen Zusammenhang bei CVM Studien (Cummings et al. 1986, Carson 1996, Blumenschein et al. 1997, Carson et al. 1999).[37] Die aufgrund der hypothetischen Frage nach der maximalen Zahlungsbereitschaft auftretende Verzerrung besteht, da es sich in der Entscheidungssituation nicht um eine wirkliche Kaufentscheidung handelt. Cummings und Taylor (1999) sowie List (2001) haben jedoch gezeigt, dass *cheap talk* die Verzerrung verringern kann. *Cheap talk* meint dabei, dass durch Kommunikation die mögliche Verzerrung in die Entscheidungssituation internalisiert wird, indem sie konkret thematisiert wird. Whitehead und Cherry (2007) zeigen in einem detaillierten Design, dass sowohl ex-ante als auch ex-post, *cheap talk* die hypothetische Verzerrung vermindern kann. Ex-ante *cheap talk* ist in vier Ausprägungen vorhanden:

37 Eine gute Übersicht zur Historie von CVM Studien bieten Carson et al. 2001.

1. Die Teilnehmer werden darüber informiert, dass ein Substitut zu der vorgeschlagenen Politik vorhanden ist.
2. Die Teilnehmer werden daran erinnert, dass sie einer Budgetrestriktion unterliegen.
3. Die Teilnehmer werden gebeten, sich so zu verhalten, als ob sie sich in einer realen Auszahlungsentscheidung befinden würden.
4. Die Teilnehmer werden darüber informiert, dass die Verzerrung in hypothetischen Entscheidungssituationen ein signifikantes Problem darstellt und dass sie sich möglichst nicht so verhalten sollen.

Der ex-post *cheap talk* internalisiert die Verzerrung nachdem die eigentliche Frage nach der maximalen Zahlungsbereitschaft gestellt wurde. Nachdem diese ermittelt wurde, sollen die Teilnehmer angeben, mit welcher Wahrscheinlichkeit sie die vorher angegebene Zahlungsbereitschaft tatsächlich so äußern werden. Auch Champ und Bishop (2001) bestätigen in einer Studie, dass der ex-post *cheap talk* eine wirksame Methode zur Internalisierung der Verzerrung darstellt.[38]

Neben der CVM, welche eine direkte Methode darstellt, um Präferenzdaten der Individuen zu erfassen, gibt es weitere Methoden zur Erfassung der Zahlungsbereitschaft. Eine detaillierte Übersicht bieten Menges et al. (2004b). Abbildung 13 bietet dazu einen Überblick. Die direkteste Methode, um Rückschlüsse auf die Zahlungsbereitschaft der Individuen zu erhalten, besteht darin, echte Marktdaten zu ermitteln. Das kann entweder durch einen Testmarkt oder ein Feldexperiment geschehen oder durch einfache Marktbeobachtung. Da es sich um tatsächliche Käufe der Individuen handelt, kann von Unverzerrtheit im zuvor beschriebenen Sinn ausgegangen werden. Da die tatsächlichen Marktpreise in der Regel eine geringe Varianz aufweisen, kann ggf. über die Elastizität der Zahlungsbereitschaft nur eine geringe Aussage getroffen werden; zudem ist diese Erhebungsmethode vergleichsweise teuer. Eine weitere Möglichkeit besteht darin, die Präferenzdaten entweder durch direkte Befragung, wie durch CVM, oder durch indirekte Befragung zu ermitteln. Bei der indirekten Befragung, wird nicht direkt die Frage nach der maximalen Zahlungsbereitschaft gestellt, sondern es werden Rückschlüsse aus anderen Verhaltensweisen auf die Zahlungsbereitschaft gezogen, wie z.B. bei der Reisekostenmethode.

38 Es sei an dieser Stelle angemerkt, dass es durchaus kritische Stimmen dazu gibt, das cheap talk dazu in der Lage ist, die Verzerrungen zu vermeiden. So zeigen z.B. Blumenschein et al. (2008) auf, dass cheap talk allein kein generell effizientes Mittel ist um die hypothetische Verzerrung zu eliminieren.

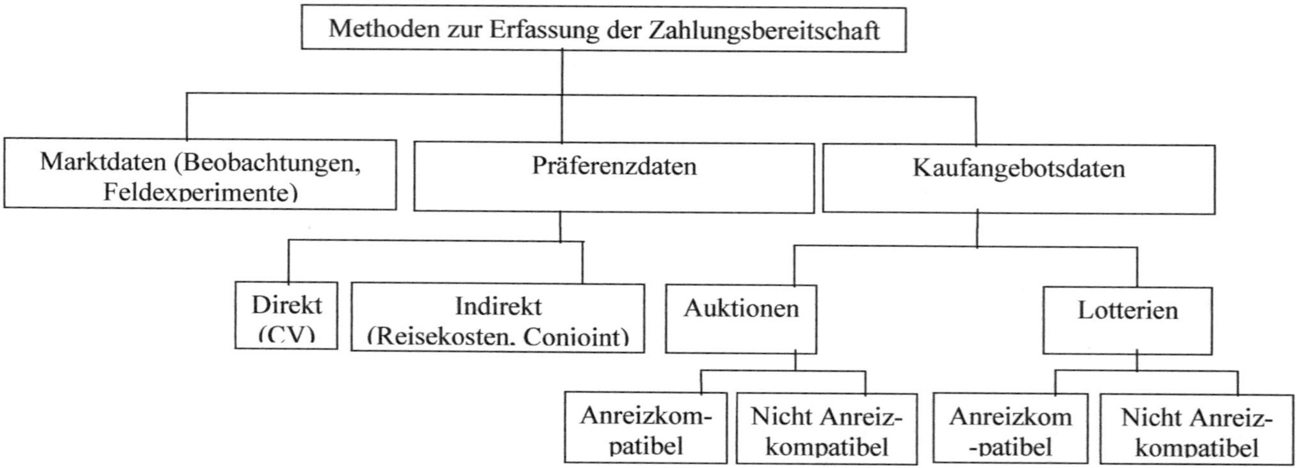

Abbildung 13: Methoden zur Erfassung der Zahlungsbereitschaft

Quelle: Eigene Darstellung gemäß Menges et al. (2004b)

Eine letzte Methodik bezieht sich auf die Ermittlung von Kaufangebotsdaten; diese können in Form von Auktionen oder Lotterien gewonnen werden, wobei diese entweder anreizkompatibel ausgestaltet sein können oder nicht. Anreizkompatibilität meint dabei, für die Teilnehmer einen Mechanismus zu implementieren, welcher den Anreiz liefert, „wahre“ Aussagen zu treffen. Wahre Aussagen meinen in diesem Zusammenhang, dass die Aussagen nicht von anderen als ökonomischen Effekten geleitet sein sollen, um konfundierende Effekte bzw. Verzerrungen auszuschließen. Das nachfolgende Kapitel wird sich unter anderem diesem zentralen Aspekt detaillierter widmen.

Das kontrollierte Laborexperiment kann in diese Übersicht zwischen der Erfassung von Marktdaten und Präferenzdaten eingeordnet werden, wobei es in der Lage ist, auf die Nachteile der oben beschriebenen Methoden eine effiziente Antwort zu geben. Zwar werden keine echten Kaufentscheidungen beobachtet, doch kann *cheap talk* und ein implementierter Anreizmechanismus für interne und externe Validität der experimentellen Ergebnisse sorgen. Ein Laborexperiment ist vergleichsweise günstig und kann mit einer hochen Varianz von Preisen die Zahlungsbereitschaft der Individuen robust erfassen. Das kontrollierte Laborexperiment stellt die jeweilige Entscheidungssituation in abstrakter Form dar, um störende Einflüsse nicht beobachtbarer Variablen weitgehend auszuschließen. Die unterschiedliche Zahlungsbereitschaft der verschiedenen Treatments (Versuchsaufbauten) kann somit genau auf die veränderte Treatmentvariable zurückgeführt werden.

Die Probanden erhalten eine Aufwandsentschädigung für ihre Teilnahme. Darüber hinaus verknüpft ein Anreizmechanismus die Entscheidungen der Versuchspersonen mit realen finanziellen Konsequenzen, d.h. bessere Entscheidungen sind mit höherer Entlohnung verbunden. So wird erreicht, dass die Versuchsteilnehmer ihre Zahlungsbereitschaft nicht über- oder unterschätzen, wie es in einer rein hypothetischen Befragung der Fall wäre, insbesondere wenn das betrachtete Gut oder Eigenschaften des Gutes, wie der Umweltnutzen, nicht direkt auf Märkten handelbar oder beobachtbar sind.

Es zeigt sich, dass die geäußerte Zahlungsbereitschaften in ökonomischen Experimenten mit adäquater Anreizstruktur zur Offenbarung der wahren Präferenzen geringer ausfallen als in CV-Studien. Sie sind somit in der Lage, die Verzerrungen, die aus dem hypothetischen Charkter der reinen Befragungssituation entstehen, zu elimieren. Ökonomische (Labor-)Experimente zur Erhebung der Zahlungsbereitschaft von Ökostrom sind zwar auch eher hypothetischer Natur, da die Individuen i.d.R. nicht dazu bewegt werden, einen realen Stromliefervertrag zu unterschreiben, jedoch können Experimente im beschriebenen *cheap talk* design mögliche Verzerrungen mindern.

Die Auswahl der Versuchspersonen erfolgt in der Regel zufällig und muss auch nicht wie bei empirischen Erhebungen repräsentativ sein, da sich die Verhaltens-Hypothesen allein auf den Vergleich der unterschiedlichen Treatments beziehen (Treatmenteffekte). Vielmehr wird angestrebt, eine größtmögliche Homogenität der Teilnehmer herzustellen, damit jedes Treatment mit einer gleichen Durchmischung der sozioökonomischen Eigenschaften der Versuchsteilnehmer besetzt ist. Die Gruppe der Studierenden bietet sich daher als Probanden sehr gut an. Sie sind leicht als Probanden zu gewinnen, haben geringe Opportunitätskosten, was den finanziellen Aufwand für die Untersuchung im Vergleich zu anderen Methoden gering hält, und sie erfassen die Fragestellungen und Entscheidungssituationen zügig und zuverlässig.

Im Folgenden wird auf die Geschichte der experimentellen Ökonomie eingegangen und die Methodik und die allgemein akzeptierten Anforderungen an ökonomische Experimente werden dargestellt. Zum Abschluss dieses Kapitels wird das Design des Experimentes „Zahlungsbereitschaft für Ökostrom" näher erläutert.

3.4 Experimentelle Ökonomie

Die experimentelle Ökonomie ist eine noch relativ junge Methode der empirischen Wirschaftsforschung. Obwohl ihre Anfänge in der Mitte des letzten Jahrhunderts liegen, brauchte es einige Zeit, bis sich diese Methode in der Ökonomie durchsetzte und akzeptiert wurde. Traditionell wurden ökonomische Theorien mit empirischen Daten von existierenden Märkten getestet und bewiesen. Ein Problem liegt dabei jedoch häufig in der Verzerrung der Daten, denn diese sind nicht frei von externen Einflüssen, welche durch das zu untersuchende Modell nicht erklärt werden können. Nicht immer können die externen Einflüsse kontrolliert werden. Dieses Problem wurde um so deutlicher, je präziser die Modelle wurden. Zudem gibt es für einige Untersuchungsbereiche der Ökonomie wenige empirische Daten, wie für den Bereich der Spieltheorie. In diesen Bereichen haben Ökonomen zunächst Theorien entwickelt, welche allein auf innerer Logik beruhten, wie z.B. die interne Konsistenz oder Plausibilität. Diese mussten sich jedoch immer der Kritik aussetzen, dass die untersuchten Modelle letztendlich nicht bewiesen wurden. Das ist jedoch in kontrollierten Laborexperimenten möglich. Im Experiment können genau die ceteris-paribus-Annahmen des Modells übernommen werden. Gerade Annahmen über Präferenzen, Erwartungen und Informationen können im Gegensatz zur Feldforschung im Labor kontrolliert werden (Gächter 2009). In den späten 40er und frühen 50er Jahren des 19.Jh. entwickelten verschiedene Ökonomen ganz unabhängig voneinander Methoden, um Modelle im Labor zu testen.[39] Dabei können drei Zweige ausgemacht werden:

Edward Chamberlin (1948) entwickelte erste Marktexperimente und belegte damit die neoklassische Preistheorie. Er konzipierte diese als Klassenraumexperimente mit seinen Studierenden. Diese erhielten Preiskarten, auf denen Werte und Kosten der zu handelnden „Produkte" verzeichnet waren und agierten mit diesen als Anbieter und Nachfrager. Die Studierenden bewegten sich frei im Klassenraum und suchten durch Kommunikation einen passenden Marktteilnehmer der Gegenseite. Der Erlös bildete sich jeweils aus der Differenz der Verhandlungslösung und den jeweiligen Kosten. Das Experiment besaß noch keine Anreizstuktur, d.h. die Verdienste aus dem Experiment waren rein hypothetisch.[40] Auf diesem experimentellen Markt bildeten sich steigende Angebots- und fallende Nachfragekurven. Die Erlöse wichen jedoch systematisch vom effizienten Marktgleichgewicht ab. Die gehandelten Mengen waren jeweils höher, als es der Schnittpunkt der theoretischen Angebots- und Nachfragekurve voraussagen würde, und die Preise waren geringer als der Gleichgewichtspreis.

Vernon Smith, der damals als Student an dem Experiment teilnahm, postulierte später, dass dies auf die dezentralisierte Struktur des Experimentes zurückzuf ühren sei. Viel passender sei es, diesen Markt zentral zu organisieren (wie bei einem Walrasianischen Auktionator), um das Gleichgewicht bei vollkommener Konkurrenz zu testen. Smith führte dieses Experiment 1962 zunächst als Pilotexperiment und später in einem Hauptexperiment (1964) durch. Diese waren als eine *double auction* angelegt, durch welche alle Gebote und Preise als öffentliche Information zu Verfügung standen. Er bewies, dass der Markt so zu einem effizienten Gleichgewicht konvergiert.

Der zweite Zweig erster ökonomischer Experimente siedelt sich im Bereich der Spieltheorie an und entstand in den 50er und 60er Jahren des 19. Jahrhunderts. Die überwiegende Anzahl beschäftigen sich mit dem Gefangenendilemma, zuerst 1950 schriftlich erwähnt von Tucker (Rasmusen 2001). Das Gefangenendilemma kann einerseits auf die Duopoltheoric übertragen werden, in der es für beide Seiten vorteilhaft ist anzubieten, für jede Seite individuell jedoch die dominante Strategie vorherrscht, aus dieser Gemeinschaft bzw. diesem Kartell auszubrechen und somit den eigenen Gewinn zu maximieren.[41] Andererseits kann das Gefangenendilemma auf die Bereitstellungsentscheidung von Öffentli-

---

39 Ausführliche Einführungen und Übersichten zur experimentelle Ökonomie finden sich beispielsweise in Hey (1991); Davis und Holt (1993); Friedman und Sunder (1994); Kagel und Roth (1995); Friedman und Cassar (2004) und Guala (2005).

40 Auf diesen zentralen Begriff wird im nächsten Abschnitt eingegangen.

41 Erste Untersuchungen zu Kooperation und Defektion bei Duopolen finden sich z.B. bei Sauermann und Selten (1959).

chen Gütern angewandt werden. Sozial optimal ist es, das Öffentliche Gut gemeinschaftlich bereitzustellen, individuell dominant ist jedoch, Trittbrett zu fahren und von der Bereitstellung anderer zu profitieren, was auf diesem Markt durch die Charakteristika der Nichtausschließbarkeit und Nichtrivalität Öffentlicher Güter möglich ist. Das Untersuchungsdesign des Gefangenendilemmas ist breit erforscht worden und die Veröffentlichungswelle ist immer noch nicht abgerissen. Den Reiz dieses Untersuchungsdesigns macht sicherlich einerseits das einfache Umfeld des Gefangenendilemmas aus, welches dazu führt, dass es spezifiziert genug ist, um klare Aussagen zu einzelnen Untersuchungsvariablen zu treffen. Andererseits reizt es durch die Möglichkeit, in das psychologisch / ethisch getriebene Entscheidungsverhalten der Marktteilnehmer zu blicken, daher ist es auch aus psychologischer Sicht reichhaltig untersucht worden.

Der dritte Zweig beschäftigt sich mit der von Neumann-Morgenstern- Erwartungsnutzentheorie, diese betrachtet die Entscheidungsfindung unter Risiko bzw. Unsicherheit. In diesen Untersuchungen treten insbesondere systematische Verletzungen der Axiome der Erwartungsnutzentheorie, wie das *Allais-Paradoxon*, auf. Dieses *Allais Paradoxon* ist ein experimentell zu beobachtender Verstoß gegen das Unabhängigkeitsaxiom des Bernoulli-Prinzips, welches ein zentrales Konstrukt der Entscheidungstheorie ist. Es zeigt sich, dass die Hinzunahme von gemeinsamen Konsequenzen einer Entscheidung in einer Lotterie die Präferenz des Entscheiders verändert und zwar bei unveränderten Eintrittswahrscheinlichkeiten. Die Schlussfolgerung aus der Erkenntniss ist, eine allgemeinere Entscheidungstheorie zu begründen, welche nicht nur aus den erwarteten Auszahlungen verschiedener Umweltzustände resultiert, sondern auch inkonsistentes Entscheidungsverhalten der Individuen in Bezug auf die sechs Axiome des Bernoulli-Prinzips einbezieht.[42] Aus diesem Zweig hat sich eine Reihe deskriptiver Theorien wie auch die Prospect Theory entwickelt.

Diese Anfänge experimenteller Ökonomie haben sich im Laufe der letzten 50 Jahre immer weiter verzweigt, so dass mittlerweile zu vielen Bereichen der ökonomischen Theorie kontrollierte Laborexperimente durchgeführt werden. Eine Reihe von Nobelpreisen für Wirtschaftswissenschaften wurden in diesem Bereich vergeben.[43] Neuere Entwicklungen bewegen sich hin zur Neuroökono-

42 Weiterführende Experimente haben auch eine Verletzung der übrigen fünf Axiome: Vergleichbarkeit, Transitivität, Stätigkeit, Beschränkung und Dominanz des individuellen Entscheidungsverhalten gezeigt.

43 Reinhard Selten, John Forbes Nash und John Harsanyi (1994) für die Untersuchung von Gleichgewichten in der nichtkooperativen Spieltheorie. Vernon Smith zusammen mit Daniel Kahnemann (2002). Smith für den Einsatz von Laborexperimenten als Werkzeug in der empirischen ökonomischen Analyse insbesondere in Studien zu unterschiedlichen Marktmechanismen und Kahnemann für die Einführung der Einsichten aus der psycho-

mie, in der hinter die psychologischen und auch medizinischen Aspekte der Entscheidungsfindung aus „neuronaler“ Sicht geblickt wird. Betrachtet wird dabei, welche Gehirnregionen in bestimmten Entscheidungssituationen aktiviert werden. Ein weiterer Zweig beschäftigt sich mit Experimenten in virtuellen Welten wie *second life* oder *world of warcraft*, welche die Möglichkeit bieten, auch ohne ein bestehendes Experimentallabor Experimente durchzuführen. Anonymität der Versuchsteilnehmer ist hier bereits per definitionem virtueller Welten gegeben. Ein Ausklingen der experimentellen Methode ist somit nicht in Sicht, denn sie hat sich vielmehr neben empirischen Untersuchungen als zweite Methode etabliert, um ökonomische Theorien zu testen.

In ihren Anfängen wurde die experimentelle Ökonomie auch in der Community der Ökonomen stark kritisiert. In ihrem Lehrbuch Economics führen Samuelson und Nordhaus noch 1985 an: „Economists (...) cannot perform the controlled experiments of chemists or biologists because they cannot easily control other important factors. Like astronomers or meterologists, they generally must be content largely to observe“ (Samuelsen und Nordhaus 1985, S. 5). Zwei Auflagen später hat sich die Meinung der Autoren grundlegend geändert und sie halten die experimentelle Ökonomie für eine spannende neue Entwicklung (Samuelson und Nordhaus 1992).

Neben dem zuvor gegebenen historischen Überblick über die Anfänge experimenteller Ökonomie, sind in den 60er Jahren des 19. Jahrhunderts auch viele Beiträge zur Methodik ökonomischer Experimente entstanden, um mikroökonomische Systeme im Labor untersuchen zu können. Dafür kann die mikroökonomische Standardtheorie auf das Laborumfeld konzeptionell übertragen werden. Smith (1982) stellte dafür die mikroökonomische Umgebung des Laborexperimentes formal dar. Das mikroökonomische System beinhaltet erstens die Umgebung, in welcher Agenten Entscheidungen treffen und zweitens eine Institution, welche die Sprache, Allokationsregeln, Kostenzurechnungsregeln und die Prozessregeln festlegt, also die Regeln bestimmt, unter welchen die Agenten die Entscheidungen in der Umwelt treffen. Die nachfolgende formale Darstellung folgt Smith (1982).

Ein mikroökonomisches System S:

$$S = (e, I) \tag{28}$$

logischen Forschung in die Wirtschaftswissenschaften und der besondere Bezug bei Beurteilungen und Entscheidungen unter Unsicherheit. Robert J. Ammann und Thomas C. Schelling (2005) für ihre Beiträge zur Spieltheorie, insbesondere bei Konflikten und Kooperationen. Leonid Hurwicz, Eric S. Maskin und Roger B. Myerson (2007) für die Entwicklung der Grundlagen im Mechanismusdesign.

wird definiert durch das Zusammenspiel von Umfeld e und Institution I. Das Umfeld beinhaltet dabei eine Reihe $(1, ..., N)$ von Agenten i, welche sich einerseits durch den Besitz von Gütern und Ressourcen $(1, ... K)$ auszeichnen und andererseits bestimmte Charakteristika besitzen, wie deren Nutzenfunktion u^i, Ausstattung durch technologisches Wissen W^i und ihre jeweilige Güterausstattung, gekennzeichnet durch den Vektor ω^i. Somit wird jeder Agent i durch einen Vektor dieser drei Charakteristika:

$$e^i = \left(u^i, W^i, \omega^i\right) \tag{29}$$

in einem K+1-dimensionalen Güterraum beschrieben. Die mikroökonomische Umgebung wird somit definiert durch alle diese Charakteristika der Agenten:

$$e = \left(e^1, ..., e^N\right). \tag{30}$$

Der Index zeigt dabei an, dass diese Charakteristika privat sind, d.h. jeder Agent entscheidet selbst über dessen Ausgestaltung. In einfachen Worten trifft jedes Wirtschaftssubjekt seine eigenen Konsumentscheidungen mit den ihm eigenen Präferenzen, Wissen und Arbeit.

Die institutionelle Ausgestaltung der Umgebung I legt dabei die Regeln über die Eigentumsrechte fest. Diese finden durch die Kommunikation der Agenten oder über den Tausch von Gütern statt und schaffen somit die Möglichkeiten, aber auch die Grenzen der Umgebung e. Kommunikation ist notwendig, um einen Austausch zu ermöglichen. Die institutionelle Sprache für die Kommunikation, die Nachrichtenmenge:

$$L = \left(L^1, ..., L^N\right) \tag{31}$$

beinhaltet dabei die Nachrichtenelemente:

$$l = \left(l^1, ..., l^N\right). \tag{32}$$

L^i ist somit die Nachrichtenmenge, die der Agent i senden kann. Die Institution beinhaltet auch eine Menge von Allokationsregeln für jeden Agenten:

$$h = \left(h^1(l), ..., h^N(l)\right). \qquad (33$$

$H^i(l)$ ist dabei die finale Güterallokation jedes Agenten, dargestellt als eine Funktion der Nachrichten, die von allen Agenten gesendet werden.

Die Menge der Kostenzurechnungsregeln:

$$K = \left(k^1(l),...,k^N(l)\right) \tag{34}$$

setzt sich für jeden Agenten aus $k^i(l)$ zusammen. Diese Kostenregel legt die Zahlung fest, welche für jeden Agenten, geleistet werden muss. Sie wird bestimmt durch die gesendeten Nachrichteneinheiten aller Agenten. Die Güterallokation von i wird somit beschrieben durch einerseits $h^i(l)$ und andererseits $k^i(l)$. Darüber hinaus definiert die Institution auch eine Menge von Anpassungsregeln, welche allen Agenten bekannt sind:

$$R = r\left(t_0, t, T\right). \tag{35}$$

Der erste Term t_0 ist die Startregel, die festlegt, unter welchen Bedingungen die Nachrichten gesendet werden dürfen. Die Wirkungsregel t regelt die Nachrichtensequenz und den Austausch der Nachrichten der Agenten und die Stoppregel T, legt die Bedingung für ein Ende des Nachrichtenaustausches fest und beschließt somit auch die endgültige Allokation. Nachdem alle Merkmale der institutionellen Ausgestaltung eines mikroökonomischen, experimentellen Systems erläutert wurden, können die Eigentumsrechte in Kommunikation und Austausch eines jeden Agenten folgendermaßen definiert werden:

$$I^i = \left(L^i, h^i(l), k^i(l), g(t_0, t, T)\right). \tag{36}$$

Eine mikroökonomische Institution ist somit definiert durch die Menge der individuellen eigentumsrechtlichen Charakteristika:

$$I = \left(I^1,...,I^N\right). \tag{37}$$

Dieses System wird aktiviert durch das gewählte Verhalten (Entscheidungsverhalten) der Agenten aus der Menge L. Das Verhalten der Agenten kann definiert werden als eine Funktion:

$$L^i = \in^i \left(e^i | I\right). \tag{38}$$

Diese transformiert die Charakteristika e^i des Agenten i in die Nachricht l^i abhängig von der eigentumsrechtlichen Ausgestaltung der operierenden Institution I für alle Agenten. Wenn alle für die Transaktion relevanten Charakteristika in e^i enthalten sind, dann gilt $\in \equiv \in^i$ für alle i. Sind diese Annahmen gegeben, generiert das System die Ergebnisse:

$$h^i(l) = \mathrm{h}^i\left(\in \left(e^1|I\right),...,\left(e^N|I\right)\right) \tag{39}$$

und

$$c^i(l) = c^i\left(\in\left(e^1|I\right),\ldots,\left(e^N|I\right)\right). \tag{40}$$

Es ist somit ersichtlich, dass die Agenten die Allokation nicht direkt wählen, sondern im Gegensatz dazu Nachrichten wählen, welche dann unter einer bestimmten Institution Allokationen implizieren. Mit anderen Worten ausgedrückt: können Wirtschaftssubjekte in einer Auktion nicht ein bestimmtes Gut direkt kaufen, sondern lediglich ihr Gebot dafür abgeben; dieses kann dann gegebenenfalls zu dem späteren Besitz des Gutes führen. Sowohl die Allokation als auch die damit ausgelösten Kosten haben einen Anreiz auf das Verhalten der Agenten und beeinflussen ihn generell. Es gibt zwei zentrale Punkte, welche durch das Experiment erreicht werden sollen. Auf der einen Seite sollen die Elemente des mikroökonomischen Systems $S = (e, I)$, d.h. $(u^i, T^i, \omega^i; l^i, h^i, k^i, g^i)$ kontrolliert werden, auf der anderen Seite soll das Nachrichten- und damit Entscheidungsverhalten der Agenten beobachtet und gemessen werden, d.h. interessant sind die Elemente (l^i), h^i und c^i und somit $\in^i (e^i|I)$. Da diese Elemente, wie erwähnt, aus dem anreizgesteuerten Verhalten der Agenten resultieren, übernimmt der Anreiz in einem ökonomischen Experiment eine zentrale Rolle, denn der Verhaltensmechanismus muss anreizkompatibel sein, um den Wirkungsmechanismus des Modells auf die handelnden Individuen im Experiment übertragen zu können.

Das führt direkt zu der von Smith eingeführten *induced-value theory* (1976, 1982), in welcher fünf Anforderungen an ökonomische Experimente die interne und externe Validität von ökonomischen Experimenten sicherstellen. Im Mittelpunkt steht dabei die Anreizkompatibilität. Hauptaugenmerk liegt darauf, Daten von realistischen und unverzerrten Entscheidungen der Individuen zu gewinnen. Sein Anforderungskatalog ist unter Experimentalökonomen allgemein akzeptiert und somit auch Voraussetzung, um in diesem Forschungsgebiet akzeptable Resultate zu präsentieren und zu veröffentlichen. Die nachfolgende Auflistung folgt Smith (1982) sowie Friedman und Sunder (1994):

1. *nonsatiation (monotonicity)*: Die Versuchspersonen müssen eine höhere Entlohnung aus dem Experiment höher bewerten als eine niedrigere, zudem sollen sie im Hinblick auf ihr Einkommen nicht gesättigt sein. Formal lässt sich dieser Zusammenhang folgendermaßen darstellen: $P(b, f)$ beschreibt die nicht zu beobachtenden Präferenzen der Individuen in Bezug auf die Auszahlung aus dem Experiment b und die restlichen Einflussfaktoren f. Die partielle Ableitung P_b existiert und ist möglich für jede Güterkombination (b, f) d.h. es gilt: $\partial P(b,f)/\partial b > 0$. $P(b, f)$ ist somit eine monoton ansteigende Funktion der monetären Auszahlung aus dem

Experiment. Dieser Anforderung kann im Experiment damit nachgekommen werden, dass die lokale Währung als Auszahlung verwendet wird. Eine weitere Möglichkeit ist die Verwendung von Credit Points, diese Art der Bezahlungen von Studierenden ist jedoch nicht unumstritten.[44]

2. *saliency*: Die Auszahlung aus dem Experiment hängt lediglich von der eigenen Entscheidung der Versuchsteilnehmer und den Entscheidungen der anderen ab. Die Auszahlung steigt also mit dem Ergebnis des Experimentes an. Es besteht somit ein direkter Zusammenhang zwischen Ergebnis im Experiment und späterer Auszahlung. Wie dieser Zusammenhang realisiert wird, muss den Versuchteilnehmern deutlich und transparent dargestellt werden.[45] Die Auszahlung aus dem Experiment resultiert somit aus einer Auszahlungsfunktion, die allen Experimentalteilnehmern erklärt wird, es gilt somit: $\partial b / \partial d \neq 0$, wobei d die Entscheidung des Individuums ist. Dieser Anforderung wird i.d.R. durch eine ausführliche Erklärung des Experimentalablaufs, des Auszahlungsmechanismus sowie anhand von Kontrollfragen Folge geleistet.
3. *dominance*: Nutzenveränderungen der Individuen resultieren einzig aus der Auszahlung aus dem Experiment. Andere Einflüsse, die nicht monetärer Natur sind, werden von den monetären Einflüssen dominiert und sind somit zu vernachlässigen. Es gilt somit: $|\partial b / \partial d| > |\partial f / \partial d|$. Die Auszahlung sollte somit hoch genug sein, um einen stärkeren Anreiz gegenüber den sonstigen Einflüssen zu setzen. Eine möglichst unbesetzte, neutrale Sprache im Experiment kann zusätzlich die Erfüllung dieser Anforderung fördern.
4. *privacy*: Jeder Versuchsteilnehmer erhält ausschließlich seine eigenen Auszahlungsalternativen und erfährt nicht, welche Auszahlungen die anderen Teilnehmer erhalten. Dadurch wird vermieden, dass sich das Individuum nicht nur an seinen eigenen Auszahlungen orientiert. Interpersonell verknüpfte Nutzenfunktionen würden ansonsten die gesetzte Anreizstruktur verwässern und konfundierende Ergebnisse liefern. Auch in

44 Hauptkritikpunkt ist, dass bei monetärer Entlohnung eine Nichtsättigung gegeben ist, bei Entlohnung, in z.B. Credit Points oder Schokolade, jedoch nicht (Hertwig und Ortmann 2001).

45 Nicht jede Bezahlung erfüllt diese Bedingung, i.d.R. wird zusätzlich ein fester Betrag an jeden Teilnehmer ausgezahlt (*show up fee*). Diese entlohnt die Teilnahme am Experiment an sich. Auch wenn der Versuchsteilnehmer im Experiment Entscheidungen trifft, die zu einer Auszahlung von Null führen, verbleibt ihm zumindest dieser Betrag, um ihn für den entstandenen Zeitaufwand zu entschädigen. Weiterhin schafft eine solche Auszahlung den Anreiz, pünktlich zum Experiment zu erscheinen.

realen mikroökonomischen Systemen sind die Wirtschaftssubjekte nicht über die Präferenzstruktur anderer informiert. Die Auszahlung findet anonym statt, getrennte Kabinen während des Experimentes und die Auszahlung in einem separaten Raum stellen diese Anforderung sicher.

5. *parallelism*: Diese Bedingung stellt sicher, dass die Annahmen über das Verhalten der Individuen und der getestete Wirkungsmechanismus des Experimentes auch in einer nicht experimentellen Mikroökonomie stattfinden, in welcher die gleichen ceteris-paribus-Bedingungen gelten. Diese letzte Anforderung behandelt somit die externe Validität ökonomischer Experimente. Das experimentelle Design sollte dabei der Fragestellung angepasst sein. Es findet dabei i.d.R. ein *tradeoff* zwischen einer möglichst formalen Darstellung auf der einen Seite und Realitätsnähe auf der anderen Seite statt.

Weitere Standards und operative Umsetzungen bei der Durchführung ökonomischer Entscheidungsexperimente haben sich herausgebildet, um die hier beschriebenen Anforderungen zu erfüllen. Eine Bezahlung in bar, bei der die durchschnittlich erwartete Auszahlung über den Opportunitätskosten der Versuchspersonen liegen, kann die Anforderungen *monotonicity* und *salience* unterstütztzen. Teilnehmer mit geringen Opportunitätskosten und steilen Lernkurven (z.B. Studierende) können dies zu geringen Kosten sicherstellen. Ökonomische Theorien gelten im Allgemeinen nicht für spezielle Personengruppen. Da kleine Fallzahlen üblich und homogene Gruppen erwünscht sind, sind die Ergebnisse nicht repräsentativ (Falk et al. 2009). Das Experiment dient jedoch dazu, das aufgestellte Modell mit den ihm immanenten Annahmen zu testen und nicht dazu, die Realität abzubilden. Das Prinzip, ehrlich zu den Teilnehmern zu sein, unterstützt die langfristige Glaubwürdigkeit und sichert sowohl *dominance* als auch *salience*. Dieses Vorgehen, dass die Versuchsteilnehmer gleich zu Beginn wahrheitsgetreu über den Ablauf und den Auszahlungsmechanismus aufgeklärt werden, ist neben der erfolgsabhängigen Auszahlung an sich der Hauptunterschied zu psychologischen Entscheidungs- und Verhaltensexperimenten.

Die ersten beiden Anforderungen *nonsatiation* und *salience* stellen ein mikro ökonomisches System im Experiment sicher. Sie führen dazu, dass die Versuchsteilnehmer in einem festgelegten, institutionellen Rahmen agieren. Dies ist jedoch noch kein kontrolliertes mikroökonomisches Experiment. Das wird erst durch die nächsten zwei Anforderungen *dominance* und *privacy* sichergestellt.

Alle vier Anforderungen stellen gemeinsam sicher, dass ein kontrolliertes mikro ökonomisches Umfeld geschaffen wird, in welchem reale ökonomische Agenten anhand von realen Informationen durch reale institutionell festgelegte Regeln ein Einkommen erzielen, dieses wird in realen Geldeinheiten ausgezahlt

(Smith 1982), gleich so, wie es in der zuvor erfolgten Darstellung mikroökonomischer Laborsysteme formal dargestellt wurde. Sie stellen die interne Validität des Experimentes sicher, d.h. es wird garantiert, dass die zu untersuchenden Wirkungen des Experimentes induziert werden. Wenn beispielsweise Treatmentvariable A verändert wird, hat dies Auswirkungen auf die zu untersuchende Variable B und keine weiteren Konfundierungseffekte auf andere Variablen (Schmidt 2009). Die letzte Anforderung *parallelism* stellt zudem sicher, dass das Experiment nicht nur das aufgestellte mikroökonomische Modell bestätigen oder widerlegen kann, sondern stellt auch eine Übertragung in die reale Welt sicher. Damit wird der Sprung von der reinen Theorie hin zur empririschen Relevanz vollzogen. Es wird angenommen, wie auch in jedem naturwissenschaftlichen Experiment, dass die Gesetze, die im Labor getestet werden, nicht nur dort vorherrschen, sondern auch in der realen Welt.

Jede wissenschaftliche Untersuchung unterwirft sich diesen zuvor genannten Anforderungen, um eine Unverzerrtheit der Ergebnisse sicherzustellen. Wie zuvor beschrieben, muss natürlich beachtet werden, dass allein die ermittelten Treatmenteffekte, die auf die zu untersuchenden Variablen zurückgeführt werden können, übertragen werden, denn das Experiment kann auf Grund der restriktiven Annahmen nicht 1:1 in die Realität übertragen werden. Somit kann zumeist eine Aussage über die qualitativen Treatmenteffekte, nicht aber über die quantitativen Effekte getroffen werden (Falk et al. 2009).

3.5 Hypothesen

Aus dem in den vorherigen drei Unterkapiteln dargestellten theoretischen Hintergrund werden im Folgenden die Forschungshypothesen abgeleitet.

Nichtausschließbarkeit und Nichtrivalität bei Öffentlichen Gütern führt zu Unterbereitstellung des Öffentlichen Gutes bzw. Trittbrettfahren. Ein Ökostrommarkt, welcher in Form eines Umlageverfahrens finanziert wird, sollte dagegen zu einer höheren Bereitstellung führen, da in einer Mehrheitsabstimmung die dominante Strategie ist, die wahren Präferenzen zu offenbaren. Weiterhin ist durch den *warm glow*-Effekt davon auszugehen, dass es nicht zu einem vollständigen Trittbrettfahrerverhalten kommt, sondern auch in einem wettbewerblich ausgestaltenen Markt Ökostrom konsumiert wird.

H 1a Ein wettbewerblich ausgestalteter Ökostrommarkt führt zu einer geringeren Zahlungsbereitschaft der Individuen als ein Ökostrommarkt, der durch ein Umlageverfahren finanziert wird.

H 1b Es kommt nicht zu einem vollständigen Trittbrettfahren in einem wettbewerblich ausgestalteten Ökostrommarkt.

Führt zusätzliche Ökostromnachfrage zu weiterer CO_2-Vermeidung, also zu einem Ausbau in Erneuerbare-Energien-Anlagen und damit zu einer Verdrängung herkömmlicher Erzeugungstechnologien, ist das eine Additivitätseffekt. Dieser spricht, wie beschrieben, die wahrgenommene Effektivität des eigenen Handelns der Individuen an und führt über das Werte-Verhaltens-System zu einem zusätzlichen Konsum von Ökostrom. Weiterhin orientieren sich die Individuen an der in der Gesellschaft wahrgenommenen Umweltmoral und passen daraufhin ihr eigenes Verhalten dem gesellschaftlichen an.

H 2a Haben Individuen die Möglichkeit, über ein zuvor gesellschaftlich festgelegtes Niveau hinaus, privat zusätzlich Ökostrom nachzufragen und damit direkt zu einer CO_2-Vermeidung beizutragen, führt das zu einer höheren Zahlungsbereitschaft für Ökostrom.

H 2b Weniger umweltbewusste Individuen, die ein geringeres Ökostromniveau präferieren, sind nach einer Abstimmung ebenfalls bereit, zu zusätzlich Ökostrom zu kaufen, da sie ihr Verhalten dem beobachteten Verhalten der anderen Individuen anpassen.

Die Produkteigenschaft des Öffentlichen Gutes CO_2-Vermeidung kann beim Konsum des Ökostroms vom Konsumenten selbst nicht beobachtet werden. Diese Vertrauensguteigenschaft führt zu zusätzlichen Transaktionskosten beim Konsumenten. Ohne Zertifizierung ist für das Individuum vollständig ungewiss, wieviel CO_2 durch den Bezug einer zusätzlichen kWh Ökostrom vermieden wird. Der Erwartungwert der CO_2-Vermeidung sinkt somit und führt zu einer Reduktion der Zahlungsbereitschaft.

H 3 Unsicherheit über die Qualtität des Ökostroms führt zu geringerer Zahlungsbereitschaft bei den Versuchspersonen.

Präferenzen für Produkte aus der eigenen Region entstammen einerseits aus einem Zugehörigkeitsgefühl zu dieser, andererseits werden mit dem Bezug von regionalen Produkten ökologische Vorteile und die Stärkung der Region verbunden.

H 4a Ein regionales Ökostromprodukt mit sicherer CO_2-Vermeidung führt zu einer höheren Zahlungsbereitschaft.

H 4b Umweltbewusste Individuen werden durch ein lokales Ökostromprodukt besonders angesprochen, das führt zu einer noch höheren Zahlungsbereitschaft dieser Personengruppe.

Die hier aufgestellten Hypothesen werden in den folgenden Kapiteln vier und fünf aufgegriffen. Das folgende Kapitel zur Additivität von Ökostrom behandelt die Forschungsfragen zu den Hypothesen 1 und 2, das sich anschließende Kapitel die Fragen zur Qualität von Ökostrom, wendet sich den Hypothesen 3 und 4 zu. In den jeweiligen Kapiteln werden zunächst die Modelle, die durch das Experiment getestet werden, erläutert, um dann auf den konkreten Ablauf des Experimentes und die daraus resultierenden Ergebnisse einzugehen.

3.6 Grundsätzliche Überlegungen zum Design des Experimentes „Zahlungsbereitschaft für Ökostrom"

Im Experiment werden insgesamt sechs verschiedene Variablen getestet; drei beziehen sich auf die Art der Bereitstellung. d.h. kollektiv, privat oder eine Kombination aus beiden und drei beziehen sich auf die Art bzw. Qualität des grünen Stroms, d.h. sichere CO_2-Vermeidung, unsichere CO_2-Vermeidung und grüner Strom aus einem lokalen Laufwasserkraftwerk. Die Kombination dieser neun Variablen ergibt ein Treatmentdesign gemäß der Tabelle 3.

Die kombinierten Treatments T3, T6 und T9 sind im Vergleich zu den anderen Treatments in der Lage den Effekt der Additivität zu testen. Zunächst stimmen die Individuen in einer Gruppenentscheidung über das gemeinschaftlich bereitzustellende Ökostromniveau ab, welches sodann in einer zweiten Stufe als Referenzsituation bewertet werden kann.

Tabelle 3: Treatmentdesign des Experimentes „Zahlungsbereitschaft für Ökostrom"

	Abstimmung	Kauf	Abstimmung und Kauf
sichere CO_2-Vermeidung	T1	T2	T3
unsichere CO_2-Vermeidung	T4	T5	T6
lokales Laufwasserkraftwerk	T7	T8	T9

In der zweiten Stufe ist es möglich privat Ökostrom für den individuellen Strommix zusätzlich über das gemeinschaftlich festgelegte Ökostromniveau hinaus zuzukaufen. Diese zusätzliche Nachfrage verdrängt annahmegemäß

Stromerzeugung aus herkömmlichen Stromerzeugungsanlagen und sorgt für Additivität in der CO_2-Vermeidung.

Vor der Durchführung des Hauptexperimentes wurde zunächst das Design in einem Pilotexperiment getestet. Dabei wurde der Test auf die Treatments T1 bis T3 beschränkt, da im Mittelpunkt stand, den zentralen Aspekt des Additivitätsmechanismusses zu testen. Das Pilotexperiment wurde im Januar 2008 im Rahmen der Vorlesung „Finanzwissenschaft", gehalten von Herrn Prof. Dr. Stefan Traub, durchgeführt. An dem Experiment nahmen 60 Studierende[46] teil, welche zufällig drei Treatments zugeteilt wurden. Vor der Durchführung gab es sowohl mündliche als auch schriftliche Instruktionen, alle Teilnehmer hatten die Möglichkeit, bei Unklarheit Rückfragen zu stellen, welche für alle beantwortet wurden.

Jedes Treatment bestand somit aus 20 Studierenden, die sich jeweils in einer 5er-Gruppe befanden. In Treatment 1 gaben die Studierenden in einer Mehrheitsentscheidung ihr favorisiertes Niveau von Strom aus Erneuerbaren Energien an. In Treatment 2 konnten sie dagegen lediglich privaten Ökostrom für ihren eigenen Strommix erwerben. Das dritte Treatment war eine Kombination aus beiden: Zunächst fand eine Mehrheitsentscheidung statt. Daraufhin wurden die Bögen eingesammelt und das Ergebnis der Abstimmung ermittelt. Danach wurden die Bögen wieder ausgeteilt und jeder konnte zusätzlich Strom aus Erneuerbaren Energien im Rahmen des privaten Strommixes erwerben.

Die Entscheidungen fanden in fünf Runden mit verschiedenen Preisen für Ökostrom statt, die jeweilig entstehenden Kosten sowie die CO_2-Vermeidung konnte bei allen Entscheidungen von den Teilnehmern in einer Tabelle abgelesen werden. Abbildung 14 zeigt beispielhaft die Entscheidungssituation für das Treatment 1 in der dritten Runde, das heisst für 5 ct/kWh Ökostrom.

Wollte der Teilnehmer des Experimentes den Ökostromanteil von derzeit 0% in der Gesellschaft erhöhen, so konnte er den gewünschten Anteil in das dafür vorgesehende Feld eintragen. Die Abbildung steht für das Treatment 1, d.h. in einer Mehrheitsentscheidung wird das Medianniveau verbindlich für alle Mitglieder der jeweiligen Gruppe umgesetzt. Wünscht beispielsweise ein Gruppenmitglied 40% Ökostrom in der Gesellschaft und würde dieses in einem Mehrheitsentscheid umgesetzt, so verbliebe ihm lediglich ein Budget von 84,- EUR, da er von seinem zugeteilten Budget von 108,- EUR, 24,- EUR für Ökostrom verwenden müsste. Gleichzeitig werden 1636,80 kg CO_2 in der Gruppe insgesamt vermieden.

---

46 Im Folgenden wird vereinfachend, wenn von den Teilnehmern des Experimentes die Rede ist, immer die männliche Form verwendet, obwohl fast zu gleichen Teilen männliche und weibliche Studierende an den Experimenten teilgenommen haben.

T1 Kennung:__________________________________

Grüner Strom kostet 25 ct/kWh, grauer Strom kostet 20 ct/kWh. Die Veredelung von Strom (Preisdifferenz) beträgt somit 0,05 €/kWh.

Wie hoch soll das Niveau der erneuerbaren Energien in Ihrer Gruppe sein? Bitte tragen Sie dies in das nachfolgende Feld ein, beachten Sie dazu die untenstehende Information über die Ihnen dadurch entstehenden Kosten und die Menge der CO_2-Vermeidung.

Das von mir gesellschaftlich gewünschte Niveau an erneuerbaren Energien beträgt:____%

Information:

Sie haben ein Budget von 348,- €. Für Strom geben Sie 240,- € aus. Somit verbleibt Ihnen ein Budget von 108,-€. Möchten Sie das Niveau an erneuerbaren Energien von derzeit 0% erhöhen, wird sich dies gemäß folgender Tabelle auf Ihr verbleibendes Budget auswirken. Das Budget, welches Sie für Strom aus erneuerbaren Energien verwenden, wird im Experiment an eine Umweltorganisation ihrer Wahl gespendet um CO_2 zu vermeiden. Das verbleibende Budget wird an Sie ausgezahlt. Bitte beachten Sie, dass die Mehrheit über das endgültige Niveau entscheidet und somit Ihr verbleibendes Budget und die vermiedenen CO_2 Emissionen festlegt.

Niveau in %	verb. Budget in €	vermiedenes CO2 in kg	Niveau in %	verb. Budget in €	vermiedenes CO2 in kg	Niveau in %	verb. Budget in €	vermiedenes CO2 in kg
0	108,00	0,00	34	87,60	1391,28	68	67,20	2782,56
1	107,40	40,92	35	87,00	1432,20	69	66,60	2823,48
2	106,80	81,84	36	86,40	1473,12	70	66,00	2864,40
3	106,20	122,76	37	85,80	1514,04	71	65,40	2905,32
4	105,60	163,68	38	85,20	1554,96	72	64,80	2946,24
5	105,00	204,60	39	84,60	1595,88	73	64,20	2987,16
6	104,40	245,52	40	84,00	1636,80	74	63,60	3028,08
7	103,80	286,44	41	83,40	1677,72	75	63,00	3069,00
8	103,20	327,36	42	82,80	1718,64	76	62,40	3109,92
9	102,60	368,28	43	82,20	1759,56	77	61,80	3150,84
10	102,00	409,20	44	81,60	1800,48	78	61,20	3191,76
11	101,40	450,12	45	81,00	1841,40	79	60,60	3232,68
12	100,80	491,04	46	80,40	1882,32	80	60,00	3273,60
13	100,20	531,96	47	79,80	1923,24	81	59,40	3314,52
14	99,60	572,88	48	79,20	1964,16	82	58,80	3355,44
15	99,00	613,80	49	78,60	2005,08	83	58,20	3396,36
16	98,40	654,72	50	78,00	2046,00	84	57,60	3437,28
17	97,80	695,64	51	77,40	2086,92	85	57,00	3478,20
18	97,20	736,56	52	76,80	2127,84	86	56,40	3519,12
10	06,60	777,48	53	76,20	2168,76	87	55,80	3560,04
20	96,00	818,40	54	75,60	2209,68	88	55,20	3600,96
21	95,40	859,32	55	75,00	2250,60	89	54,60	3641,88
22	94,80	900,24	56	74,40	2291,52	90	54,00	3682,80
23	94,20	941,16	57	73,80	2332,44	91	53,40	3723,72
24	93,60	982,08	58	73,20	2373,36	92	52,80	3764,64
25	93,00	1023,00	59	72,60	2414,28	93	52,20	3805,56
26	92,40	1063,92	60	72,00	2455,20	94	51,60	3846,48
27	91,80	1104,84	61	71,40	2496,12	95	51,00	3887,40
28	91,20	1145,76	62	70,80	2537,04	96	50,40	3928,32
29	90,60	1186,68	63	70,20	2577,96	97	49,80	3969,24
30	90,00	1227,60	64	69,60	2618,88	98	49,20	4010,16
31	89,40	1268,52	65	69,00	2659,80	99	48,60	4051,08
32	88,80	1309,44	66	68,40	2700,72	100	48,00	4092,00
33	88,20	1350,36	67	67,80	2741,64			

Abbildung 14: Entscheidungsaufgabe innerhalb des 1. Treatments bei 5 ct/kWh Ökostrom

Tabelle 4: Treatmenteffekte des Pilotexperiments

	1ct/kWh	3ct/kWh	5ct/kWh	7ct/kWh	9ct/kWh
Abstimmung T1					
Mittelwert	68,10	36,75	26,50	19,70	15,25
Median	66,00	31,50	20,00	15,00	11,00
Kauf T2					
Mittelwert	75,25	49,85	37,95	32,20	28,05
Median	66,00	41,50	26,50	19,50	17,00
Abstimmung + Kauf T3					
Mittelwert	84,05	52,50	39,40	32,05	26,95
Median	82,50	50,50	41,00	33,00	26,00
Kruskal-Wallis-Test					
Chi^2	6,470	6,043	4,966	4,641	5,455
Signifikanz	0,039**	0,049**	0,083*	0,098*	0,065*

Für alle Tests gilt, n=20. Kruskal-Wallis-Test auf Gleichheit der Verteilungen. Der jeweilige Index *, ** und *** drück Signifikanz auf dem 10%, 5% und 1%-Niveau aus.

Bereits im Pilotexperiment war ersichtlich, dass starke Treatmenteffekte vorliegen. Der Median des dritten Treatments liegt in allen Runden am höchsten und zwar trotz der geringen Teilnehmerzahl, signifikant auf einem 5%- bzw. 10%-Niveau. Tabelle 4 zeigt die Ergebnisse des Kruskal-Wallis-Tests auf die Unterschiede zwischen den drei Treatments. Die Signifikanz wird vor allem mit dem Unterschied zwischen dem 3. Treatment im Vergleich zu den anderen beiden Treatments begründet und kann durch den Additivitätseffekt erklärt werden.

Das Pilotexperiment bestätigte das gewählte Design. Für das Hauptexperiment wurde lediglich die Gruppengröße von fünf auf drei Teilnehmer reduziert, um mehr Daten für die Auswertung zu generieren. Außerdem wurde das Experiment um die weiteren sechs Treatments erweitert, um zwei zusätzliche Variablen Unsicherheit und Ökostrom aus einem lokalen Laufwasserkraftwerk zu testen.

Insgesamt haben 270 Teilnehmer am Hauptexperiment teilgenommen, hauptsächlich Studierenden des Fachbereichs Wirtschaftswissenschaft der Universität Bremen.[47] Diese wurden zufällig einem der neun Treatments zugeordnet und zu einer bestimmten Zeit ins Labor bestellt. Das Experiment ist somit als *between subjects design*[48] konzipiert.

47 Bei 270 Teilnehmern insgesamt, kamen 90% (247) der Studierenden aus dem Fachbereich Wirtschaftswissenschaften, 4,1% (11) aus dem Fachbereich Wirtschaftsingenieurwesen und die restlichen 5,9% (16) aus neun weiteren Fachbereichen der Universität Bremen.

48 In einem *within subjects design* nimmt jeder Versuchsteilnehmer an jedem Treatment teil. Nachteile dabei sind, dass Lerneffekte nicht ausgeschlossen werden können, dafür

Zu Beginn zog jeder Teilnehmer ein Los, welches gleichzeitig die anonymisierte Teilnehmernummer darstellte, und suchte sich dann einen Platz im Labor. Dort wurde durch abgetrennte Kabinen die Privatsphäre während des Experimentes für jeden Versuchsteilnehmer sichergestellt. Dies entspricht der Anforderung *privacy*. Jeweils 18 Teilnehmer wurden gleichzeitig eingeladen und bildeten zufallsgesteuert und anonym sechs Gruppen à drei Versuchspersonen. Sobald alle eingeladenen Teilnehmer eingetroffen waren, konnte das Experiment starten. Es begann mit einem Audiobeitrag[49] zur Einführung in die Spielregeln des Experimentes. Dieser war für alle 270 Teilnehmer identisch. Das Experiment wurde vollständig computerisiert durchgeführt, dazu wurden das Experiment und der abschließende Fragebogen mit Hilfe des Programms z-Tree programmiert.[50]

Danach erschienen die ersten Erklärungen des Experimentes auf den Bildschirmen der Teilnehmer. Diese waren unterschiedlich, je nachdem, in welchem Treatment sie sich befanden. Es wurden der Anreizmechanismus und der Ablauf des Experimentes erläutert; auch wurde darauf hingewiesen, dass noch ein anschließender Fragebogen ausgefüllt werden musste. Um sicher zu gehen, dass alle Versuchspersonen den Anreizmechanismus und den Ablauf des Experimentes verstanden hatten, wurden ihnen am Bildschirm Kontrollfragen gestellt. Die Auswertung der Kontrollfragen ergibt, das nur rund 4%, d.h. 11 von 270 Teilnehmern lediglich zwei der fünf Kontrollfragen richtig beantwortet haben, davon liefern jedoch nur 8 Teilnehmer (3%) inkonsistente Entscheidungen.[51] Vor allem die Frage zu dem Anreizmechanismus wurde von rund 80% der Teilnehmer richtig beantwortet, Fragen zum Ablauf des Experimentes zu fast 100%. Die zuvor beschriebenen Anforderungen *nonsatiation*, *saliency* und *dominance* können durch diese sorgfältigen Maßnahmen als sichergestellt angenommen werden. Die beiden letztgenannten Anforderungen sollten zudem mit der Auszahlungsfunktion an sich erfüllt werden. Wie im nachfolgenden Abschnitt aus-

---

ist es möglich, über die persönlichen Charakteristika der Versuchspersonen zu kontrollieren. Bei homogenen Gruppen ist jedoch ein *between subjects design* vorzuziehen, da dadurch auch ein *crossover design* zur Kontrolle von Ordnungseffekten umgangen werden kann.

49 Siehe Anhang A für eine Transkription.

50 z-tree (Zurich Toolbox for Readymade Economic Experiments) ist eine Software, um ökonomische Experimente zu programmieren und durchzuführen. Sie wurde von Urs Fischbacher entwickelt und dankenswerterweise allen Interessenten als freeware zu Verfügung gestellt (Fischbacher 2007).

51 Als inkonsistent wurden solche Entscheidungen gewertet, welche in den verschiedenen Runden stark schwankende Ökostromniveaus aufwiesen oder auf steigende Preise mit einer erhöhten Zahlungsbereitschaft reagierten.

führlich erläutert, liegt der zu erlösende Betrag aus dem Experiment bei maximal 108,- EUR mit einer zusätzlich für alle Teilnehmer fixen *show up fee* von 5,- EUR. Die durchschnittlich zu erwartende Auszahlung von 17,- EUR für eine Experimentdauer zwischen 25 und 45 Minuten je nach Treatment liegt über den Opportunitätskosten der studentischen Teilnehmer.[52] Für die Teilnahme am Experiment erhielt jede Versuchsperson 5,- EUR. Darüber hinaus erhielt jeder Neunte 108,- EUR. Dieser Betrag spaltete sich einerseits in die Umweltspende auf, welche an eine Umweltorganisation seiner Wahl gezahlt wurde, und andererseits den verbleibenden Betrag, welcher im Anschluss an das Experiment direkt an den jeweiligen Teilnehmer anonym in bar ausgezahlt wurde. Die Treatments T1, T2, T4, T5, T7 und T8, gemäß Tabelle 2, bestanden aus jeweils 18 Teilnehmern in 6 Gruppen und die Treatments T3, T6 und T9 aus 54 Teilnehmern. Jede Versuchsperson wurde einer Dreiergruppe zugeordnet, quasi eine Mikrogesellschaft, innerhalb derer sie die Entscheidungsaufgabe löste. Diese Treatmentbesetzung wurde gewählt, da in den zweistufigen Treatments T3, T6 und T9 zunächst eine Gruppenentscheidung generiert wird. Bei einer Gruppengröße von drei und 54 Teilnehmern in diesen Treatments ergeben sich wiederum 18 Gruppenergebnisse auf denen aufbauend zusätzlich Ökostrom zugekauft werden konnte.

Direkt im Anschluss folgten die jeweiligen Entscheidungsaufgaben und der Fragebogen wurde beantwortet. Schließlich wurden die Teilnehmer durch einen Hinweis auf dem Bildschirm darum gebeten, das Labor zu verlassen und sich ihren Teilnahmebetrag in einem separaten Raum vor dem Labor abzuholen. Jeder Teilnehmer betrat den Auszahlungsraum einzeln, so wurde die Anforderung privacy sichergestellt. Dort wurde anhand der Losnummer festgestellt, ob eine Versuchsperson gewonnen hatte. Im Gewinnfall wurde der Gewinn anonym in einem separaten Raum ausgezahlt. Hier konnte der Teilnehmer anhand einer Liste von neun Umweltorganisationen[53] diejenige auswählen, an die der Betrag gespendet werden sollte, den er im Experiment für Ökostrom verwendet hatte (siehe dazu auch die Erläuterung der Treatments weiter unten).

Um die Anforderung *parallelism* zu erfüllen, wird das Experiment in einen Kontext gesetzt, der sich auf Erneuerbare Energien bezieht. Es handelt sich somit nicht um ein abstrahiertes Öffentliches-Gut-Spiel. Da das Charakteristikum

---

52 Das Budget wurde aus Mitteln des Drittmittelprojekts „Zahlungsbereitschaft für Ökostrom: Zusätzlichkeit, Unsicherheit und lokale Präferenzen“ finanziell gefördert.

53 Folgende Umweltorganisationen standen zur Auswahl: Umweltstiftung WWF Deutschland, Greenpeace e.V., NABU - Naturschutzbund Deutschland e.V., Bund für Umwelt und Naturschutz Deutschland e.V. (BUND), Robin Wood e.V., Deutsche Umwelthilfe e.V., Bundesverband Grüne Liga e.V., Earthwatch Institute, Deutsche Bundesstiftung Umwelt (DBU).

der Additivität das Umweltbewusstsein der Individuen ansprechen soll, ist eine kontextbezogene Sprache notwendig. Diese wird natürlich über alle Treatments hinweg konstant gehalten und auch nur soweit notwendig verwendet. Insgesamt ist die Sprache sachlich und informativ gehalten, was der Transparenz des Experimentes förderlich ist.

Die Untersuchung gliedert sich in zwei Teilbereiche: zum einen in ein ökonomisches Entscheidungsexperiment und zum anderen in einen mit der Entscheidungsaufgabe verknüpften Fragebogen. Zunächst wird ausführlich, in den Kapiteln vier und fünf das Design des Experimentes beschrieben, um dann in dem darauffolgenden Abschnitt auf den Fragebogen einzugehen.

4 Additivität von Ökostrom

Die Rolle der Additivität für die Zahlungsbereitschaft der Versuchspersonen wird mit einem nutzentheoretischen Modell erklärt und im Experiment beobachtet und getestet. Dazu wird im Folgenden zunächst das Modell aufgestellt. Dieses gliedert sich in drei Bereiche:

1. Privater Beitrag zum Öffentlichen Gut.
2. Durch Umlageverfahren finanzierter Beitrag zum Öffentlichen Gut.
3. Wirkung der Additivität auf den privaten Beitrag zum Öffentlichen Gut.

Im Anschluss daran wird das experimentelle Design, gemäß dieser Dreiteilung ausführlich beschrieben. Abschließend werden die experimentellen Ergebnisse vorgestellt.

4.1 Theoretisches Modell

Aufbauend zu dem vorgestellten Modell von Cornes und Sandler wird im Folgenden das Modell vorgestellt, um über den *warm glow* Effekt hinausgehende Spenden zum Öffentlichen Gut erklären zu können. Nicht nur das Motiv des Spenden an sich sollte zu einem privaten Beitrag führen, sondern auch das dem Individuum immanente Umweltbewusstsein. Dieses wird vor allem dann angesprochen, wenn die Wirkung des privaten Beitrages durch Additivität des Ökostrombezugs offensichtlich wird. Entgegen der Annahme des Trittbrettfahrens fühlt sich das Individuum angesprochen, durch einen eigenen Beitrag das Niveau des Öffentlichen Gutes zu erhöhen. In dem in Kapitel 2 vorgestellten Kontext des Strommarktes bedeutet dies, dass die Individuen an dem weiteren Ausbau Erneuerbarer Energien interessiert sind und mit dem privaten Kauf von Ökostrom über das durch das festgeschriebene EEG-Niveau, welches durch ein Umlageverfahren finanziert ist, aktiv zu einer Verbesserung der Umweltqualität in Form von CO_2-Vermeidung interessiert sind.

4.1.1 Private Beiträge zum Öffentlichen Gut

Der Modellaufbau zum privaten Beitrag für das Öffentliche Gut der CO_2- Vermeidung durch privaten Kauf von Ökostrom folgt dem Standardmodell von Cornes und Sandler mit einem nutzentheoretischen Modell, welches drei Elemente in der Nutzenfunktion beinhaltet. Da das Modell von Cornes und Sandler allgemeinerer Natur ist als das Andreoni Modell, ist es in der Lage, auch zusätzliche Effekte auf das Spendenverhalten, die über den *warm-glow*-Effekt hinausgehen, abzubilden. In diesem ersten Schritt gilt es lediglich die Spendenbereitschaft (*willingness to donate* WTD) der Individuen aufzuzeigen. Im darauf folgenden Unterkapitel wird auf die Darstellung der Zahlungsbereitschaft für Ökostrom der Individuen eingegangen. Die allgemeine Nutzenfunktion wird folgendermaßen dargestellt:

$$U_i = u(c_i, y_i, G). \tag{41}$$

Der Nutzen wird somit erstens durch den Konsum des privaten Gutes c_i erzeugt, welcher für den gesamten verbleibenden Konsum des Individuums steht und ein Hicksches Gut (zusammengesetztes Gut) ist, das in Geldeinheiten gemessen wird. Das zweite Element in der Nutzenfunktion ist der private Beitrag zum Öffentlichen Gut y_i; dieser hängt einerseits vom Preis und andererseits von der Menge an Energie ab, für die Zertifikate erworben werden, $y_i = p_t g_i$. Die Preise p_t sind exogen gegeben,[54] das Individuum entscheidet jedoch über die präferierte Menge für Strom aus Erneuerbaren-Energien-Anlagen g_i. Die Preise sind in ct/kWh notiert, die Menge Ökostrom in kWh, somit wird der Beitrag für das Öffentliche Gut in Cent gemessen. Als letztes Element in der Nutzenfunktion erscheint der gesamte Beitrag des Öffentlichen Gutes G, welcher durch die insgesamt von allen Haushalten nachgefragte Menge an Ökostrom g_i erzeugt wird, d.h. $G = \sum y_i$.[55]

Das Individuum unterliegt zudem einer Budgetrestriktion. Das vorhandene Budget m kann entweder für Einheiten von c_i oder y_i verwendet werden:

$$m = c_i + y_i. \tag{42}$$

---

54 Es sei angemerkt, dass im Zusammenhang mit Additivität Preise endogen werden können, da bei ansteigenden Grenzkosten eine zusätzliche Nachfrage nach Ökostrom automatisch über den Marktmechanismus zu steigenden Marktpreisen für Ökostrom führt. Von diesem Zusammenhang wird in der vorliegenden Untersuchung jedoch abstrahiert.

55 Obwohl das Öffentliche Gut die vermiedenen CO_2-Emissionen darstellt, ist in dieser Nutzenfunktion lediglich der dafür insgesamt aufgewendete Geldbetrag enthalten. Eine einfache Transformation durch Multiplikation der nachgefragten kWh Ökostrom mit den vermiedenen CO_2-Emissionen je kWh in kg würde den Umweltnutzen je vermiedener kWh herkömmlichen Stroms und somit die internalisierten externen Kosten je erworbenem Zertifikat, verdeutlichen. Da dieser Parameter jedoch exogen und für die betrachtete Periode fix ist, wird auf diese Darstellung verzichtet, um die Parameter in der Nutzenfunktion auf Geldbeträge normiert zu halten.

Unter Berücksichtigung dieser Annahmen kann die Nutzenfunktion auch wie folgt, alleinig durch die eigene Spende für das Öffentliche Gut y_i, bzw. $p_t g_i$, dargestellt werden:

$$U_i = u[m - p_t g_i, p_t g_i, p_t (g_{-i} + g_i)]. \tag{43}$$

Der Nutzen des Individuums besteht, unter Annahme additiver Seperabilität der Nutzenfunktion in ihren drei Elementen[56], weiterhin, wie zuvor beschrieben, aus $u_i = u_1 + u_2 + u_3$, wobei gilt:

1. Konsum der privaten Güter $u_1 = u(m - ptg_i)$,
2. Beitrag zum Öffentlichen Gut $u_2 = u(ptg_i)$ und
3. Niveau des Öffentlichen Gutes $u_3 = u(pt(g_{-i} + g_i))$.

Die direkte Nutzenfunktion der Haushalte ist unbekannt, kann aber indirekt durch den getätigten Beitrag zum Öffentlichen Gut beobachtet werden. Zur Ermittlung des aus individueller Sicht optimalen Beitrags zum Öffentlichen Gut ist die Maximierung der Nutzenfunktion unter Berücksichtigung der Budgetrestriktion und in Bezug zum privaten Beitrag g_i vorzunehmen. Als notwendige Bedingung ergibt sich dann:

$$-\frac{\partial u_1}{\partial c_i}\frac{\partial c_i}{\partial y_i}\frac{\partial y_i}{\partial g_i} + \frac{\partial u_2}{\partial y_i}\frac{\partial y_i}{\partial g_i} + \frac{\partial u_3}{\partial G}\frac{\partial G}{\partial g_i} \overset{!}{=} 0. \tag{44}$$

bzw.:

$$-\frac{\partial u_1}{\partial c_i} p_t + \frac{\partial u_2}{\partial y_i} p_t + \frac{\partial u_3}{\partial g_i} p_t = 0. \tag{45}$$

Division durch p_t ergibt somit:

$$-u_1' + u_2' + u_3' = 0. \tag{46}$$

In einfachen Worten ausgedrückt, kompensiert im Optimum der Nutzenverlust aus dem Konsumverzicht des privaten Gutes gerade den Grenznutzen aus der eigenen privaten Bereitstellung des Öffentlichen Gutes Umweltqualität, dem

56 In einer separablen Nutzenfunktion ist die Präferenzordnung über die einen Güter unabhängig davon, welche Gütermengen von den anderen Gütern vorhanden sind, d.h. die Grenzrate der Substitution zwischen den verschiedenen Gütern ist unabhängig voneinander. Durch die zusätzliche Annahme einer additiven Nutzenfunktion können Extremwerte ermöglicht werden; somit sind auch reiner *warm glow* und reiner Altruismus möglich.

warm glow und dem resultierenden Grenznutzen aus der größeren Menge der Umweltqualität, dem Altruismus. Die resultierende Nash-Reaktionsfunktion r^*_i ist somit abhängig vom Preis des Ökostroms, dem vorhandenen Budget, aber auch von den Beiträgen der anderen Gruppenmitglieder. Zudem wird ein Parameter a_i eingeführt, der die empfundene Additivität des Ökostroms kennzeichnet.

$$r_i^* = g_i\left(p_t, m \middle| g_{-i}, a_i\right). \tag{47}$$

Es wird angenommen, dass Additivität in dieser Betrachtung einen positiven Einfluss auf die Spendenbereitschaft induziert. Für die Treatments mit induzierter Additivität ist der resultierende Nutzen aus der eigenen Spende größer als ohne induzierte Additivität, da der Nutzen eine stärkere Gewichtung erhält. Die Beiträge der anderen und der eigene Beitrag zum Öffentlichen Gut stellen somit imperfekte Substitute dar, da der zusätzliche Nutzen des *warm glow* in g_i enthalten ist, nicht jedoch bei Spenden der anderen. In der hier zunächst betrachteten reinen Spendenbereitschaft für das Öffentliche Gut spielt Additivität noch keine Rolle, diese wird im übernächsten Abschnitt 4.1.3 näher betrachtet. Bei einem individuellen Grenznutzen von null aus den eigenen Beiträgen sollte das Nash Gleichgewicht bei privaten Beiträgen von oder nahe bei Null liegen. Ist jedoch ein Beitrag für das Öffentliche Gut zu beobachten, kann dies auf einen *warm-glow*-Effekt und somit vorliegen von unreinem Altruismus, zurückgeführt werden. Ist das der Fall, kann Hypothese 1b bestätigt werden, dass es in einem wettbewerblichen Markt zu keinem vollständigen Trittbrettfahren kommt.

4.1.2 Durch Umlageverfahren finanzierte Beiträge zum Öffentlichen Gut

Entgegen dem privaten Beitrag zum Öffentlichen Gut der CO_2-Vermeidung durch Kauf von Strom aus Erneuerbaren Energien, erfolgt bei einer Mehrheitsentscheidung die spätere Finanzierung per Umlageverfahren gemäß der geäußerten Präferenz des Medianwählers. Hierbei ist dominante Strategie eines jeden Individuums, die wahren Präferenzen zu offenbaren und somit die wahre Zahlungsbereitschaft anzugeben.[57] Durch den Mehrheitsentscheid kann somit die

57 Das Medianwählermodell kann als Erklärungsansatz für kollektive Entscheidungen über Öffentliche Güter betrachtet werden. In einer direkten Demokratie wird nach einer hinreichend großen Zahl von Abstimmungen der Medianwähler über die tatsächliche Bereitstellung des Öffentlichen Gutes entscheiden (Blankart 2008; Mueller 2006). Gleichzeitig ist bei einer solchen Abstimmung die dominante Strategie, immer die wahren Prä-

Zahlungsbereitschaft (*willingness to pay* WTP) der Individuen ermittelt werden. Der private Beitrag wird in diesem Design durch eine Mehrheitsentscheidung bestimmt.

Der abgestimmte Beitrag g_i ist bei Angabe der wahren Präferenzen der aus individueller Sicht optimale Beitrag. Das Individuum maximiert somit seinen Nutzen unter der Prämisse, dass es selbst der Medianwähler sein wird. Der später im Umlageverfahren realisierte Beitrag y_{med} ergibt sich jedoch durch die angegebene Präferenz des Medianwählers $y_{med} = g_{med}p_t$. Im Vergleich zu den Gleichung 38 ergibt sich somit nachfolgende Nutzenfunktion im Falle der WTP. Die Menge des Öffentlichen Gutes G setzt sich hier aus der Summe der per Umlage finanzierten Beiträge Np_tg_i zusammen.

$$U_i = u(m - p_t g_i, p_t g_i, Np_t g_i) \tag{48}$$

Auch in diesem Mechanismus teilt sich der Nutzen des Individuums in folgende drei Bestandteile auf:

1. Konsum der privaten Güter $u_1 = u(m - p_tg_i)$,
2. Beitrag zum Öffentlichen Gut $u_2 = u(p_tg_i)$ und
3. Niveau des Öffentlichen Gutes $u_3 = u(Np_tg_i)$.

Gilt für die erste Ableitung des letzten Terms $u'_3 > 0$, da die Beiträge höher sind als bei der zuvor beschriebenen Spendenbereitschaft (WTD), so ist dies auf den Umstand zurückzuführen, das bei dieser Ausgestaltung kein Trittbrettfahren möglich ist. Dieser Zusammenhang wird nach Ermittlung der Optimalitätsbedingung einleuchtend.

$$-\frac{\partial u_1}{\partial c_i} p_t + \frac{\partial u_2}{\partial y_i} p_t + \frac{\partial u_3}{\partial g_i} p_t N \stackrel{!}{=} 0 . \tag{49}$$

Da jetzt der Grenznutzen aus dem Öffentlichen Gut mit der Gruppengröße multipliziert wird, somit die Grenzrate der Transformation (GRT) größer ist, da N > 1 ist, ist der resultierende Grenznutzen bei WTP aus dem Öffentlichen Gut größer als bei der zu vorigen Modellierung der WTD. Als optimale Marschallsche Nachfrage nach Ökostrom aus individueller Sicht ergibt sich somit:

---

ferenzen zu offenbaren. Denn eine untertriebene Angabe der gewünschten Menge führt im Zweifelsfall zu einer geringeren Bereitstellungsmenge als der gewünschten (wenn man selbst der Medianwähler ist) und impliziert somit eine Nutzeneinbuße in der Art, wie die Übertreibung der eigenen Präferenzen im Zweifelsfall zu einer individuell gesehen zu hohen Bereitstellungsmenge führen würde.

$$g_i^* = g_i(p_t, m|N, a_i). \tag{50}$$

Führt die Angabe der wahren Präferenz dazu, dass $G_{WTP} > G_{WTD}$, so kann die Hypothese H 1a als bestätigt angesehen werden. Die Nachfrage im Umlageverfahren sollte größer als bei privater Finanzierung sein.

4.1.3 Wirkung von Additivität auf den privaten Beitrag zum Öffentlichen Gut

Der Additivitätseffekt kann gemessen werden, wenn die Individuen nach erfolgter Abstimmung und Finanzierung per Umlageverfahren motiviert sind, zusätzlichen Strom aus Erneuerbaren Energien nachzufragen und dies auch tun.

Als Referenzszenario gilt in dieser Modellierung das abgestimmte Bereitstellungsniveau, so wie es im zu vorigen Abschnitt dargestellt wurde. Nach Ermittlung des Referenzszenarios können die Individuen, in einer zweiten Stufe, zusätzlich Strom für ihren privaten Strommix nachfragen, analog dem im vorletzten Abschnitt modellierten WTD-Szenario. Die Additivität dieser Handlung macht sich den Individuen durch die zusätzliche CO_2-Vermeidung deutlich. Ihr Nutzenzuwachs aus dem Spenden durch Umlageverfahren und der dadurch induzierte Nutzenzuwachs aus der CO_2-Vermeidung der Gruppe wurde bereits durch die Abstimmung ermittelt. Findet darüber hinaus Kauf von Ökostrom statt, kann dies auf die Additivität dieser Handlung zurückgeführt werden. Wenn Individuen, die für einen geringeren oder gleich hohen Beitrag, wie der Medianwähler stimmten, einen Zukauf in der zweiten Stufe tätigen ist das Kriterium der Additivität erfüllt und Hypothese H2b: Weniger umweltbewusste Individuen, die ein geringeres Ökostromniveau präferieren, sind nach einer Abstimmung ebenfalls bereit zusätzlich Ökostrom zu kaufen; kann bestätigt werden.

Die Menge an CO_2-Vermeidung setzt sich somit sowohl aus dem Umlageverfahren g_{med} und den privat finanzierten Beiträgen $\tilde{r}_i$ zusammen.

$$G = Ng_{med} + \sum \tilde{r}_i. \tag{51}$$

Dabei beschreibt $\tilde{r}_i$ die zweite Entscheidung über den privaten Kauf von Ökostrom. Zusammengefasst ergibt sich folgendes Nutzenkalkül:

$$U_i = u(m - p_t(g_{med} + \tilde{r}_i), p_t(g_{med} + \tilde{r}_i), Ng_{med} + \tilde{r}_{-i} + \tilde{r}_i). \tag{52}$$

Auch in dieser zweiten Entscheidungsstufe generiert das Individuum einen Nutzen aus folgenden drei Bestandteilen:

1. Konsum der privaten Güter $u_1 = u(m - p_t(g_{med} + \tilde{r}_i))$,
2. Beitrag zum Öffentlichen Gut $u_2 = u(p_t(g_{med} + \tilde{r}_i))$ und
3. Niveau des Öffentlichen Gutes $u_3 = u(Ng_{med} + \tilde{r}_{-i} + \tilde{r}_i)$.

Zu beachten ist, dass sich das Individuum einem verkleinerten Budget gegenüber sieht, da das per Umlageverfahren beschlossene Bereitstellungsniveau auf jeden Fall finanziert werden muss, und dass der Nutzenzuwachs aus der privaten Bereitstellung von dem bereits finanzierten Bereitstellungsniveau unabhängig ist, d.h. es wird lediglich über die Höhe von $\tilde{r}_i$ entschieden. Bei dieser Entscheidung ist wiederum Trittbrettfahren möglich. Das heißt, Gruppenmitglieder die für ein höheres Ökostromniveau gestimmt haben als der Medianwähler, werden ggf. nicht vollständig gemäß ihrer zuvor geäußerten Präferenzen zukaufen. Da jetzt Additivität zum Referenzszenario möglich ist, wird der Nutzenzuwachs aus dem zweiten Term der Optimalitätsbedingung größer, da Annahmegemäß a_i in diesem erhalten ist. Als optimale Nachfrage ergibt sich somit:

$$g_i^* = r_i\left(p_t, m \middle| \tilde{r}_{-i}, g_{med}, a_i\right). \tag{53}$$

Alle drei Einflüsse, Abstimmung in der ersten Stufe, Additivität in der zweiten Entscheidung und die Bereitstellung der anderen Teilnehmer, spielen jetzt für die individuell optimale Nachfrage eine Rolle. Da das Individuum als rationaler Akteur mit vollständiger Information über diese beiden Entscheidungssituationen im Vorhinein informiert ist, wird es rekursiv die beiden Entscheidungen optimal lösen. Zusätzliche Nachfrage wird also in Bezug auf das zuvor abgestimmte Niveau (Referenzszenario) getätigt, gleich so, wie es die Definition der Additivität fordert. Spielt Additivität keine Rolle, werden Individuen, die einen geringeren oder gleich hohen Beitrag wie der Medianwähler präferierten, keinen Zukauf tätigen, d.h.

$$g_{med} \geq g_i \rightarrow \tilde{r}_i = 0. \tag{54}$$

Findet jedoch ein Zukauf statt, kann Hypothese H 2b bestätigt werden.

Für die Individuen, die für ein höheres Niveau als das später realisierte stimmten, sieht dies anders aus, diese können dazu motiviert werden, das per Umlageverfahren finanzierte Niveau an Ökostrom zu dem von ihnen präferierten aufzuf üllen, d.h.

$$g_{med} < g_i \rightarrow \tilde{r}_i > 0. \tag{55}$$

Da die Individuen über beide Entscheidungssituationen im Vorhinein Bescheid wissen, ist es rational zu erklären, dass sich das Gefangenen-Dilemma der zweiten Stufe bereits in die erste Stufe verschiebt. Unter der Annahme, dass das Individuum davon ausgeht, das es selbst der Medianwähler ist, kann davon ausgegangen werden, dass auf jeden Fall ein Zukauf in der zweiten Stufe von dem Individuum stattfindet, welches zuvor ein höheres als das realisierte präferierte. Aus Sicht des Medianwählers ergibt sich somit folgendes Nutzenmaximierungskalkül in der zweiten Stufe:

$$U_i = u_1(m - p_t g_{med}) + u_2(p_t g_{med}) + u_3(N g_{med} + \tilde{r}_3). \tag{56}$$

Der Ausdruck $\tilde{r}_3$ ist hier das oder die Individuen, welche ein höheres Bereitstellungsniveau als das des Medianwählers präferieren. So ist es rational für die anderen Individuen, die Präferenzen in der Abstimmung zu reduzieren, wissend, dass das Individuum mit den höchsten Präferenzen für Ökostrom in der zweiten Stufe noch zukaufen wird.

Ist die Menge der CO_2-Vermeidung jedoch größer als beim WTP-Szenario, so kann Hypothese H 2a: Haben Individuen die Möglichkeit über ein zuvor gesellschaftlich festgelegtes Niveau hinaus, privat zusätzlich Ökostrom nachzufragen und damit direkt zu einer CO_2-Vermeidung beizutragen, führt das zu einer höheren Zahlungsbereitschaft für Ökostrom; bestätigt werden.

Hier sei nochmals angemerkt, dass es sich hier aus Sicht des Individuums um Additivität im psychologisch empfundenen Sinne handelt, da keine technische Überprüfbarkeit des Ausbaus zusätzlicher „grüner" Erzeugungsanlagen und der damit einhergehenden CO_2-Vermeidung möglich ist. Additivität ist somit ein absolutes Vertrauensgut, wie es in Unterkapitel 3.2 ausführlich dargestellt wurde. Weiterhin kann es möglich sein, dass durch den externen Eingriff durch das Umlageverfahren ein moralisches *crowding-in* oder *-out* stattfinden kann, so wie im theoretischen Teil dieser Arbeit erläutert, welcher Einfluss auf die intrinsische Motivation nimmt. Ob und in wie weit das der Fall sein kann, wird im Rahmen der Ergebnisse genauer erläutert.[58]

Das soeben beschriebene Modell wurde durch ein Experiment empirisch getestet. Auch hier wird der soeben vorgenommenen Dreiteilung gefolgt. Da das Design unter Abstimmung (WTP-Szenario) komplexer ist als das mit reinem Kauf (WTD-Szenario), wird im Folgenden ersteres Design ausführlich beschrieben, im Anschluss daran kurz das Kauftreatment und zuletzt jenes mit induzier-

58 Siehe hierzu Unterkapitel 4.3 der vorliegenden Arbeit.

ter Additivität. Im Anschluss daran werden die empirischen Ergebnisse vorgestellt.

4.2 Experiment

Ein ökonomisches Entscheidungsexperiment wird die zuvor aufgestellten Hypothesen und die Erklärungsansätze des Modells testen. Im Folgenden werden die drei dafür notwendigen Treatments ausführlich beschrieben.

Abstimmung: Die Entscheidungsaufgabe wird im Folgenden zunächst für die Abstimmungstreatments T1, T4 und T7 erläutert. Die Gruppenmitglieder wurden gebeten, sich in folgende Situation hineinzuversetzen (Die Dokumentation des Experimentes mit dem detailgetreuen Wortlaut finden sich im Anhang B dieser Arbeit): Sie gehören einer Gruppe von 3 Personen an. Jedes Gruppenmitglied hat einen Stromverbrauch von 1.200 kWh/Jahr (dieser entspricht dem Durchschnittsverbrauch eines Ein-Personen-Haushaltes). Die Energie, für die Zertifikate erworben werden können g_i, liegt somit im Intervall [0, 1200]. Eine kWh grauer Strom (fossil und atomar) kostet 20 ct/kWh, eine kWh grüner Strom (Strom aus Erneuerbare-Energien-Anlagen) dagegen 21 ct/kWh. Von der sonst marktüblichen Aufteilung in einen Grund- und einen Verbrauchspreis wird hier abgesehen. Die Preisdifferenz beträgt somit 1 ct/kWh in der ersten Runde des Experiments. Alle Teilnehmer durchlaufen jedoch fünf Runden, in denen der Preis für grünen Strom jeweils um 2 ct/kWh steigt. Der Preis in der fünften und letzten Runde beträgt somit 29 ct/kWh. Die Zertifikatspreise für die Runden t = 1...5 lauten somit p_t = {0,01; 0,03; 0,05; 0,07; 0,09}. Jeder Teilnehmer hat in jeder Runde ein freies Budget von 108,- EUR zur Verfügung, welches er für den Bezug von grünem Strom anstelle von grauem Strom verwenden kann. Das Budget ist gerade so festgelegt, dass bei Bezug von 100% grauen Strom ein Budget von m = 108,– EUR je Teilnehmer verbleibt und bei Bezug von 100% grünem Strom in der fünften Runde kein Restbudget übrig ist. Dementsprechend verbleibt in den Runden 1-4 jeweils ein freies Budget, selbst wenn sich die Teilnehmer für 100% Strom aus Erneuerbare-Energien-Anlagen entscheiden.[59]

Die Teilnehmer werden gebeten, wie Abbildung 15 zu entnehmen ist, das von ihnen gewünschte Ökostromniveau - also den prozentualen Anteil von grünem Strom am gesamten Stromverbrauch - mit Hilfe des Schiebereglers festzulegen. Den Teilnehmern wurde ergänzend auf dem Bildschirm erläutert, dass es

59 In der ersten Runde verbleiben 96,-EUR, in der zweiten Runde 72,- EUR, in der dritten Runde 48,- EUR, in der vierten Runde 24,- EUR und in der letzten Runde verbleibt wie beschrieben kein Budget, wenn jeweils ein Niveau von 100% Ökostrom gewählt wird.

sich um eine Gruppenentscheidung handelt, bei der die Mehrheit das letztendlich zu realisierende Ökostromniveau festlegt. Somit ist das durch die Abstimmung festgelegte Niveau an Ökostrom gleichzeitig Drohpunkt für alle Teilnehmer und verdeutlicht das für alle Teilnehmer zu realisierende EEG-Niveau. Somit legt der Medianwähler die Gruppenspende fest. Wünschten sich die drei Gruppenmitglieder z.B. 10%, 20% und 40% (gleichbedeutend mit einer Nachfrage von 120, 240 und 480 kWh bei einem Preisaufschlag von 1 ct/kWh), so wurde am Ende per Mehrheitsentscheid ein Gruppenniveau von 240kWh·3 =720kWh erzielt. Dieser Wahlentscheid simulierte in abstrakter Form das EEG-Ökostromniveau, das von allen Gruppenmitgliedern bzw. Bürgern per Umlageverfahren finanziert wird. Wie Abbildung 17 zu entnehmen ist, ermöglichte der Schieberegler die freie Wahl zwischen 0% und 100% Strom aus Erneuerbaren Energien. Während der Regler mit dem Mauszeiger bewegt wurde, konnten die Teilnehmer die Kosten des grünen Stroms im Feld Umweltspende (unter der Annahme, dass dieses Niveau die Mehrheit finden würde) und die Einsparung an CO_2 durch die gesamte Gruppe kontrollieren. Die CO_2-Vermeidung in kg ergibt sich durch Multiplikation von 0,682 g mit der gewünschten Menge Ökostrom. Dieser Wert entspricht dem Bundesdurchschnitt an erzeugtem CO_2 je kWh Strom im Jahr 2007.[60]

Für Strom aus Erneuerbaren Energien ergeben sich lediglich beim Bau der Kraftwerke CO_2-Emissionen; da diese jedoch gering sind (umgerechnet auf die später erzeugte kWh Strom), wird davon abstrahiert. Nachdem sich die Teilnehmer ihrer Entscheidung sicher waren, konnten sie diese durch Drücken des OK-Buttons bestätigen und legt damit g_i fest. Das Feld Umweltspende ist Teil des Anreizmechanismus: Erhöhte ein Proband seine Ökostromnachfrage für ein gegebenes Preisniveau, so stiegen die Kosten des Strombezugs und diese zusätzlichen Kosten wurden im Feld Umweltspende ausgewiesen, genau so wie das verbleibende Budget entsprechend sank. Am Ende des Experiments wurde, wie im vorangegangenen Kapitel erläutert, per Losentscheid festgestellt, ob eine Versuchsperson gewonnen hatte und welche Runde tatsächlich ausgezahlt wurde. In Abbildung 15 hat die Versuchsperson sich für ein Ökostromniveau von

60 Da das Experiment im Frühjahr 2008 durchgeführt wurde und die durchschnittlich vermiedenen CO_2-Emissionen erst nach Ablauf des vorherigen Jahres rückwirkend ermittelt werden können, bezieht sich der verwendete Betrag von 0,682 g auf das Jahr 2007. Je erzeugter kWh wurde diese Menge CO_2 in Deutschland emittiert. Wird also zusätzlich Strom aus Erneuerbaren Energien erzeugt und dadurch die bisherige Erzeugung verdrängt, kann angenommen werden, dass diese Menge an CO_2 durch den Konsum von Ökostrom vermieden wird. Unterstützt wird dies zudem durch die Vorrangregelung durch das EEG gegenüber herkömmlichen Erzeugungsanlagen.

79% entschieden; dies entspricht 948 kWh Ökostromnachfrage bei 1 ct Preisaufschlag pro kWh Ökostrom.

Würde die gewählte Nachfrage durch Mehrheitsentscheid für die Gruppe bindend, so müsste jede Versuchsperson 9,48 EUR als Spende an eine Umwelt-

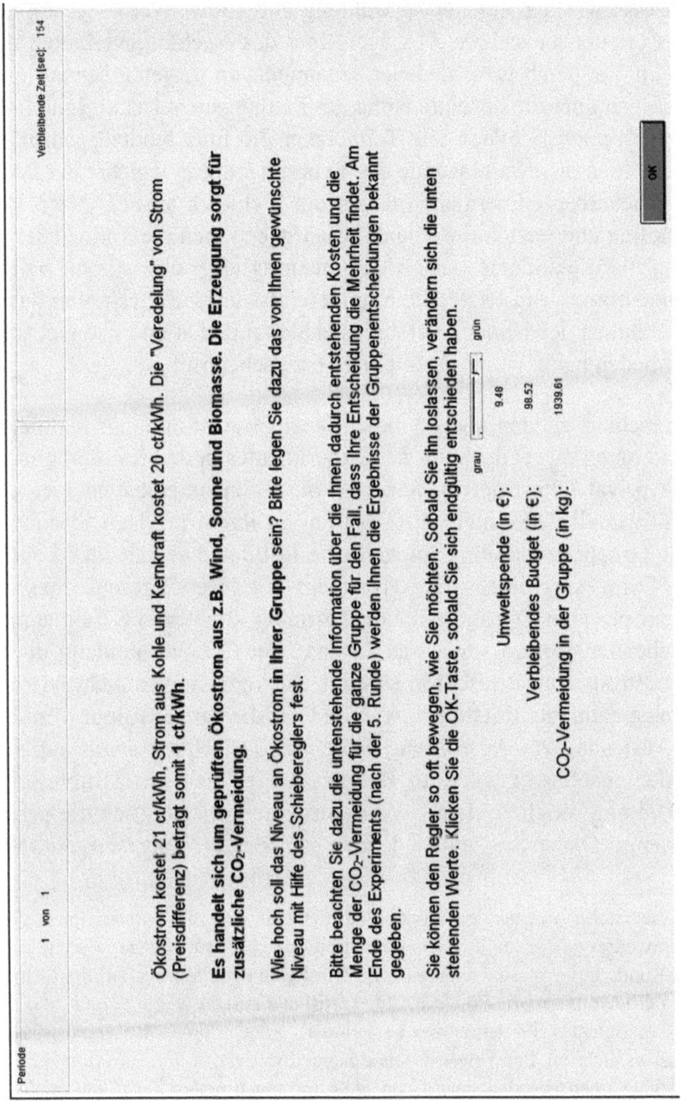

Abbildung 15: Erste Entscheidungsaufgabe in Treatment T1

organisation abführen und erhielte das verbleibende Budget von 99,52 EUR in bar ausbezahlt. Die gesamte Umweltspende von 28,44 EUR diente als Stellvertreter für die im Experiment nicht direkt simulierbare CO_2-Vermeidung in Höhe von rund 1940 kg. Mit dem Anreizmechanismus wurde also ein realer Abwägungsprozess zwischen eigener Auszahlung und Umweltverbesserung geschaffen, der es erlaubt, belastbare Aussagen über das Nachfrageverhalten der Versuchperson im Vergleich verschiedener Treatments zu treffen (aber nur eingeschränkt Aussagen über die absolute Höhe der Zahlungsbereitschaft innerhalb eines Treatments gestattet).[61] Wenn alle Teilnehmer die Entscheidung getroffen hatten, gelangten sie in die zweite Runde des Experimentes, in welcher der Preis für Strom aus Erneuerbare- Energien-Anlagen um 2 ct/kWh anstieg. Nach Beendigung der fünften und letzten Entscheidungsaufgabe sahen die Teilnehmer in einer Übersicht, wie die anderen beiden Gruppenmitglieder abgestimmt hatten und welches Ökostromniveau letztendlich umgesetzt wurde. Sie erfuhren auch, wie viel sie im Rahmen des Umlageverfahrens zahlen mussten und wie viel CO_2 die Gruppe vermieden hatte, wie in Abbildung 16 zu sehen ist.

Kauf: Im Unterschied zu den soeben beschriebenen Abstimmungstreatments T1, T4 und T7 konnten die Teilnehmer des Experimentes in den Kauftreatments T2, T5 und T8 privat Ökostrom kaufen, d.h. die Teilnehmer hatten hier die Möglichkeit, individuell den Anteil an Ökostrom an ihrem privaten Strommix festzulegen. Die Gruppenzuordnung spielte keine Rolle und es gab auch keinen Wahlentscheid. Damit simulieren diese Treatments die Nachfrageseite eines liberalisierten, rein privaten Ökostrommarktes. Analog konnten die Teilnehmer die ihnen entstehenden Kosten sowie das Ausmaß der CO_2-Vermeidung durch den privaten Ökostrom vom Bildschirm ablesen. Sie konnten also nicht wie bei den Abstimmungstreatments feststellen, wieviel CO_2 die ganze Gruppe vermeiden wird. Bei Auslosung zur Auszahlung zahlte ein Teilnehmer somit nur den grünen Strom, den er selbst hinzukaufte. Bei diesen Treatments ist Trittbrettfahren in vollem Umfang möglich, da die Versuchsteilnehmer lediglich die privat nachgefragte Menge Ökostrom zahlen, jedoch von der gesamtgesellschaftlich

61 Es sei an dieser Stelle angemerkt, dass natürlich nicht sichergestellt werden kann, dass durch die Umweltspende genau die CO_2-Reduktion erreicht wird, wie sie in der jeweils ausgelosten Runde des Experimentes realisiert wurde, da naturgegeben auf dem Markt nur zufällig der jeweils gleiche Preis für CO_2-Zertifikate besteht wie in der ausgelosten Runde des Experimentes. Es wurde den Teilnehmern jedoch durch *cheap talk* deutlich gemacht, dass es sich um eine Umweltspende handelt, welche an die zur Auswahl stehenden Organisationen gespendet wird und nicht um einen realen Zertifikatskauf. Innerhalb des Experimentes war der Betrag, welcher für Strom aus Erneuerbaren Energien ausgegeben wurde, auch immer als „Umweltspende" gekennzeichnet.

vermiedenen Menge CO_2 profitieren. Führen die zuvor beschriebenen Treatments 1,4 und 7 zu Abgabe der wahren Präferenzen, sollten in diesem Desing die wahren Präferenzen untertrieben werden.

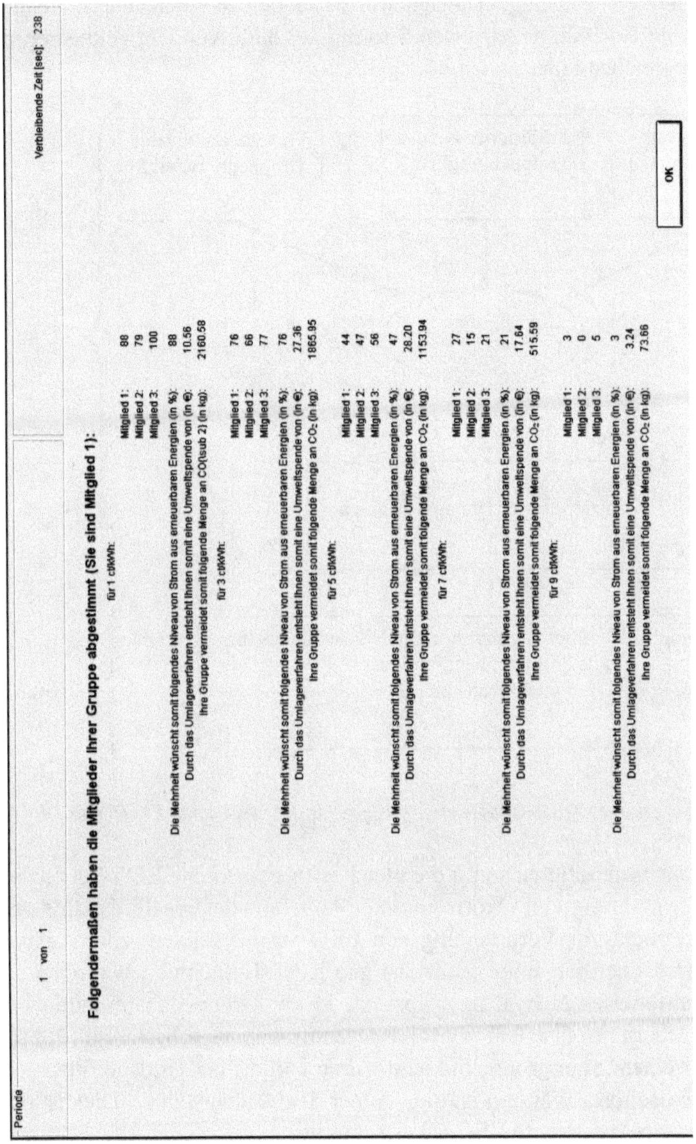

Abbildung 16: Information über die Abstimmungsergebnisse in Treatment T1

Abstimmung und Kauf: Das Design der zweistufigen Treatments T3, T6 und T9 stellt eine Kombination der ersten beiden dar; zunächst wurde ebenfalls kollektiv durch Wahlentscheid das gesellschaftlich gewünschte Niveau an Erneuerbaren Energien festgelegt. Danach war es jedoch möglich, durch Zukauf von Ökostrom im Rahmen des privaten Strommixes additiven Umweltnutzen zu generieren; vergleichend hierzu Abbildung 17.

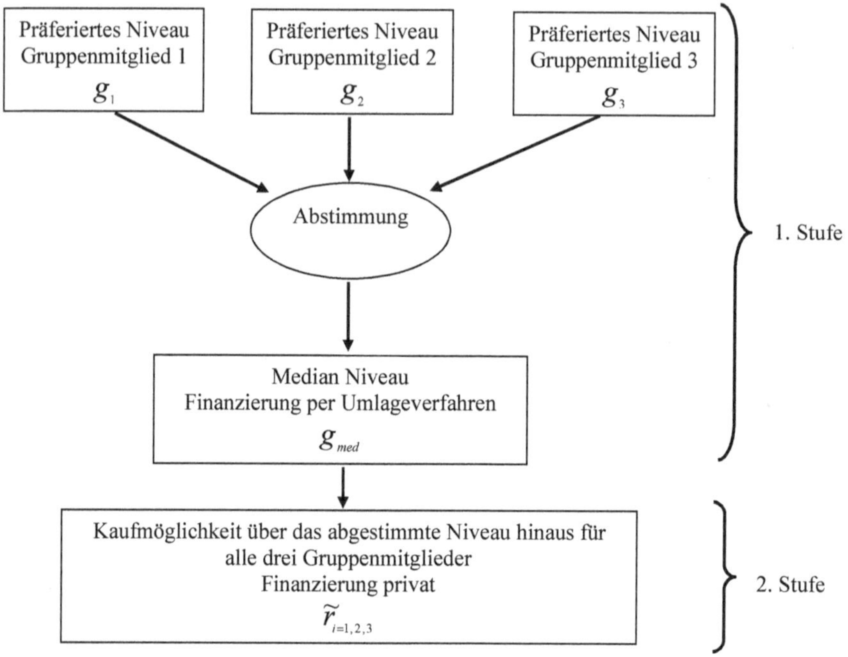

Abbildung 17: Zweistufiges Treatmentdesign je Gruppe für die Treatments T3, T6 und T9

Die Treatments simulieren somit die gleichzeitige staatliche EEG-Förderung und private Vermarktung von Ökostrom unter Annahme des Idealfalls, dass private Nachfrage nicht zur Verdrängung von EEG-Strom, sondern zum Ausbau der Erneuerbaren Energien führt. Zunächst gab jeder Teilnehmer, wie oben erläutert, sein präferiertes Niveau an Ökostrom in der Gruppenabstimmung bekannt. Durch Mehrheitsentscheid wurde die Nachfragemenge bestimmt, die für alle Mitglieder einer Dreiergruppe bindend wurde und die per Umlage finanziert werden musste. Bei drei Wählern ist dies immer der Medianwähler. Dies ist das im Umlageverfahren realisierte EEG-Ökostromniveau.

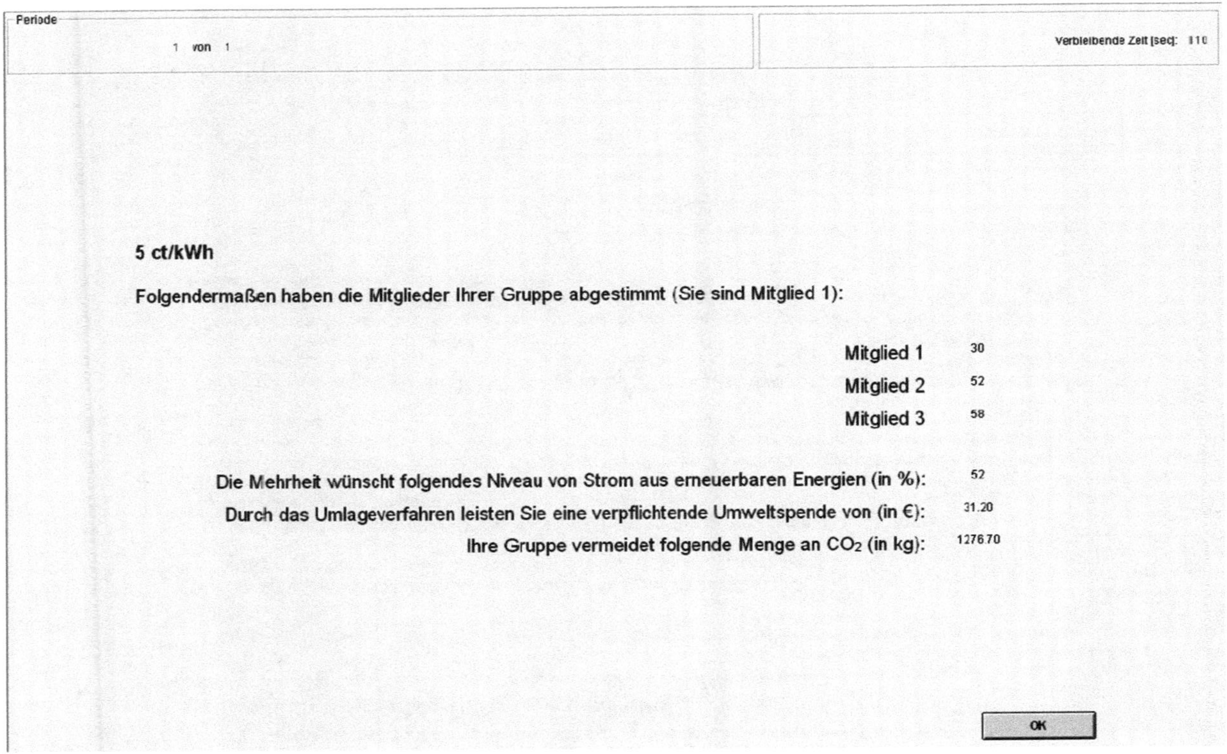

Abbildung 18: Information über das Abstimmungsergebnis vor der 2. Stufe der Treatments T3, T6 und T9

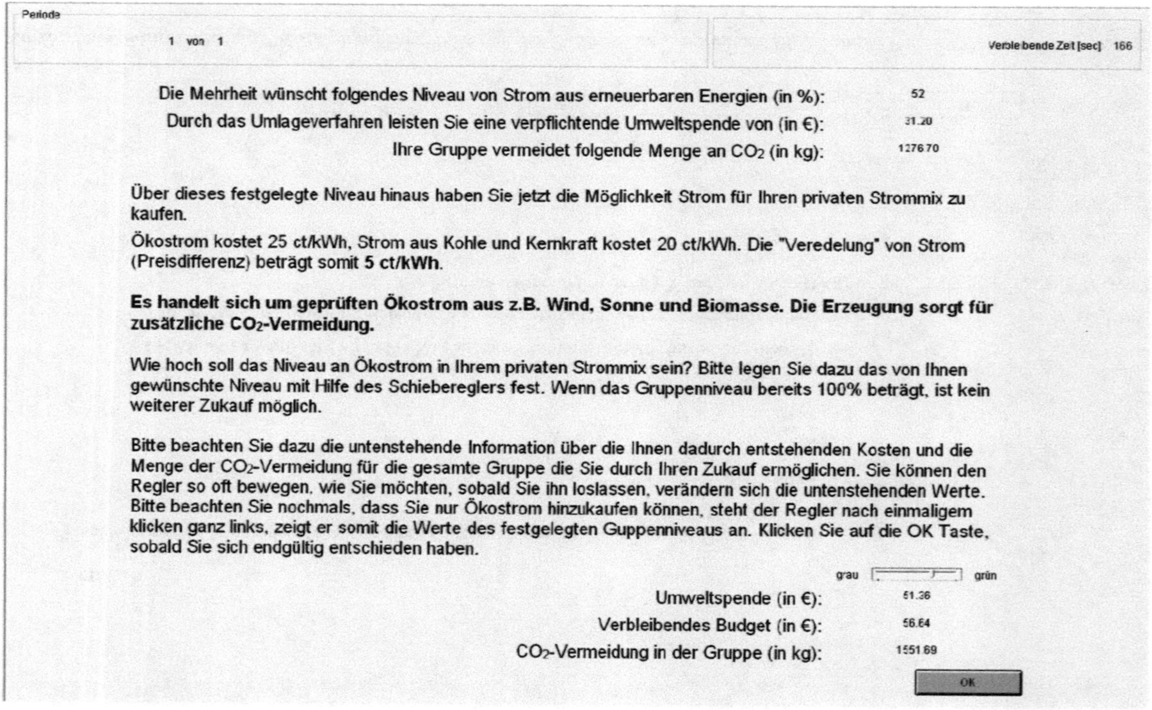

Abbildung 19: Kaufmöglichkeit in der 2. Stufe der reatments T3, T6 und T9

In der zweiten Stufe des Experimentes konnten die Gruppenmitglieder über das Umlageniveau hinaus privaten Ökostrom zukaufen. Sie legten somit die Ausprägung der Variable $\tilde{r}_i$ fest. Zunächst erhielten die Gruppenmitglieder, wie aus Abbildung 18 ersichtlich, Informationen über die Abstimmung, den Mehrheitsentscheid (das EEG-Niveau) und die vermiedene Menge an CO_2.

Auf dem nächsten Bildschirm (Abbildung 19) hatten die Versuchsteilnehmer die Möglichkeit, zusätzlich über das abgestimmte Niveau hinaus, Ökostrom für ihren privaten Strommix zu kaufen. Um die Additivität der Ökostromnachfrage zu visualisieren, wurde den Teilnehmern die vermiedene Menge an CO_2 je zusätzlich nachgefragten kWh Ökostrom dargestellt.

Der Effekt der Additivität auf die Ökostromnachfrage ermittelt sich aus der Messung des Zukaufs an Ökostrom in der zweiten Stufe. Das heißt, es wird der private Kauf von Strom aus Erneuerbaren Energien untersucht, der über das abgestimmte (EEG) Niveau hinaus stattfindet. Den Versuchsteilnehmern wird die Additivität ihrer Ökostromnachfrage durch die über das EEG-Niveau hinaus induzierte CO_2-Vermeidung visualisiert. Dazu wird, wie in Abbildung 20 ersichtlich, transparent dargestellt, wie einerseits das Abstimmungsergebnis in Bezug auf den prozentualen Anteil von Strom aus Erneuerbaren Energien und wie hoch die Umweltspende und die vermiedenen CO_2 Emissionen sind und andererseits, wie sich individuell diese Daten verändern, wenn die Versuchsteilnehmer privat zusätzlich Ökostrom nachfragen. Dazu kann wieder der Schieberegler, so oft wie gewünscht, bewegt werden, bis die entgültige Entscheidung durch Drücken des OK-Knopfes gegeben wird.

Nachdem auf das zugrundeliegende Modell sowie auf den Ablauf des Experimentes eingegangen wurde, werden im Folgenden die sich daraus ergebenden Ergebnisse vorgestellt.

4.3 Ergebnisse

Die Datenanalyse erfolgt in drei Schritten. Zunächst werden die Treatmenteffekte des Experimentes untersucht, d.h. es wird statistisch getestet, ob sich die Zahlungsbereitschaft für Ökostrom zwischen den Treatments unterscheidet. Im Anschluss werden die Ergebnisse des Befragungsteils vorgestellt (Kapitel 6). Abschließend wird durch die Verknüpfung des Fragebogens mit dem Experiment dargestellt, welche individualspezifischen Variablen einen Einfluss auf die Zahlungsbereitschaft der Versuchspersonen besitzen (Kapitel 7).

Nach der Durchführung des Experimentes werden die gewonnen Datensätze mit statistisch-ökonometrischen Methoden aufbereitet und analysiert. Zur Auswertung von Daten aus ökonomischen Experimenten bedarf es i.d.R. auch nichtparametrischer Tests.[62] Auch die nachfolgenden Tests basieren auf nichtparametrischen Testverfahren, da die Daten nicht normalverteilt sind.[63] Der verwendete Kruskal-Wallis-Test testet, ob zwei oder mehr Stichproben derselben Grundgesamtheit entstammen.

Tabelle 5: Treatmenteffekte nach Art der Bereitstellung

		1ct/kWh	3ct/kWh	5ct/kWh	7ct/kWh	9ct/kWh
Abstimmung	Mittelw.	51,28	32,20	24,46	19,98	17,30
	St.fehler	4,63	3,66	2,93	2,43	2,34
T1, T4, T7	Median	50,50	23,00	14,50	14,00	9,00
Kauf	Mittelw.	49,48	32,74	22,31	20,57	16,65
	St.fehler	4,55	3,94	2,74	2,84	2,50
T2, T5, T8	Median	60,50	22,00	17,00	16,00	13,50
Abstimmung	Mittelw.	60,73	38,38	30,89	25,41	22,02
und Kauf	St.fehler	2,23	2,02	1,92	1,67	1,57
T3, T6, T9	Median	65,00	34,00	26,00	21,00	16,00
Test	$\chi 2$ (2)	6,74**	5,19*	7,22**	4,67*	5,86*
	p	0,034	0,075	0,027	0,097	0,051

Hinweise: In den Treatments „Abstimmung“ und „Kauf“ gilt n=54 in den Treatments „Abstimmung und Kauf“ n=162. Kruskal-Wallis-Test auf Gleichheit der Verteilungen. Der jeweilige Index *, ** und *** drückt die Signifikanz auf dem 10%, 5% und 1%-Niveau aus.

Bei näherer Betrachtung der Zahlungsbereitschaft für unterschiedliche Arten der Bereitstellung sind die Unterschiede zwischen den Treatments sehr deutlich. Tabelle 5 stellt die Mittelwerte, Standardfehler und Mediane der gewünschten Ökostromniveaus der einzelnen Treatments in der ersten Stufe des Experiments dar, d.h. für die kombinierten Treatments T3, T6 und T9 wird nur die im Umlageverfahren realisierte Nachfrage der ersten Stufe angegeben.

Die Preisaufschläge für Ökostrom der fünf Runden des Experimentes sind in den Spalten der Tabelle aufgeführt. Die Gruppenmedianwerte repräsentieren das durch das mittlere Individuum präferierte Ökostromniveau der jeweiligen Treatmentgruppe. Der Median bezieht sich auf das individuell präferierte Niveau an Strom aus Erneuerbaren Energien. So lag der Median des gewünschten EEG-Niveaus (Treatments T1, T4 und T7) in der zweiten Runde bei 23%. Bei individuellem Kauf von Ökostrom ergab sich dagegen ein etwas geringerer Median von 22%. Über alle Runden ist das gewählte Ökostromniveau in den zweistufi-

62 Zu nichtparametrischen Testverfahen siehe Büning und Trenkler (1994); Backhaus et.al. (2006); Bühl (2006); Kähler (2006).

63 Der Kolmogorov-Smirnov-Test auf Normalverteilung fällt für alle Preisrunden und alle Treat ments: „Abstimmung“, „Kauf“ sowie „Abstimmung und Kauf“ signifikant aus, die Daten sind somit nicht normalverteilt.

gen Treatments T3, T6 und T9 am höchsten. Es sei an dieser Stelle nochmals angemerkt, dass in der Analyse lediglich die individuelle Zahlungsbereitschaft für Ökostrom untersucht wird. In der zweiten Stufe dient das resultierende Gruppenergebnis dazu, das Referenzszenario für Additivität festzulegen.

Auch bei Ermittlung der Zahlungsbereitschaft in der zweiten Sufe wird diese auf individueller Ebene untersucht, da der Additive Umweltnutzen als individuelles Enscheidungskriterium für die Wahl von Ökostrom zentrales Moment dieser Arbeit ist.

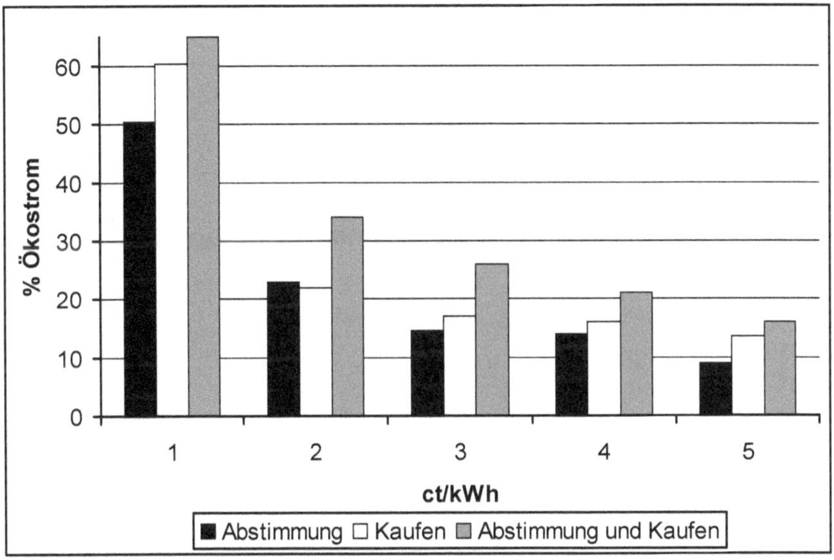

Abbildung 20: Mediane der individuellen Zahlungsbereitschaft nach Art der Bereitstellung der Treatments T1 bis T9

Einen übersichtlicheren Eindruck bietet das Balkendiagramm in Abbildung 20. Jeweils gleichfarbige Balken können als Nachfragefunktion der Gruppen interpretiert werden. Deutlich ist der fallende Verlauf bei höheren Preisen zu erkennen, d.h. Ökostrom ist erwartungsgemäß ein normales Gut, das bei steigenden Preisen substituiert wird.

Der Vergleich der Treatments Abstimmung und Kaufen zeigt, dass die Zahlungsbereitschaft gemessen an den in den Gruppen im Median realisierten Ökostromniveaus sehr ähnlich ist. Eine genauere Betrachtung in Abbildung 21 der präferierten Niveaus über alle Runden zeigt jedoch, dass gerade Bereitstellungsmengen von 0% und 1% bei den Kauf-Treatments am häufigsten auftreten.

Die Abbildung stellt somit die Häufigkeit dar, wie oft Individuen $g_i = 0$ bis $g_i = 60$ (5% von 1.200 kWh) entweder bei Abstimmung oder bei Kauf jeweils in der ersten Stufe des Experimentes angegeben haben.

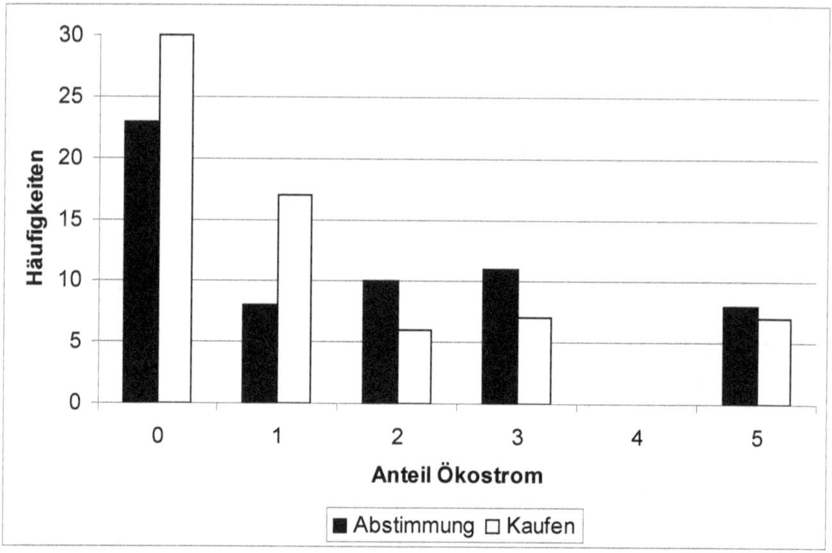

Abbildung 21: Häufigkeit der präferierten Ökostromniveaus von 0% bis 5% für alle Stufen und Preise je nach Art der Bereitstellung

Diese Beobachtung kann mit dem Gefangenendilemma erklärt werden: Die Finanzierung des privaten Ökostrombezugs bleibt privat, jedoch kann der Nutzen aus der CO_2-Vermeidung von der Gesellschaft insgesamt konsumiert werden. Die Versuchspersonen haben somit einen Anreiz, sich als Trittbrettfahrer zu verhalten und ihre Zahlungsbereitschaft zu untertreiben. Dieses Verhalten ist bei einem Umlageverfahren wie im Abstimmungstreatment nicht möglich, denn hier werden alle Gruppenmitglieder dazu verpflichtet, in gleichem Maße zur Finanzierung beizutragen. Insgesamt ist das Trittbrettfahren aber deutlich schwächer ausgeprägt, als in ähnlichen Untersuchungen von Menges et al. (2005) und Menges und Traub (2008). Es gibt zwei plausible Gründe für diesen Unterschied. Erstens konnten die Teilnehmer in diesem Experiment auf dem Bildschirm klar sehen, wie viel CO_2 durch ihren Beitrag vermieden wurde. Trittbrettfahren war somit nur unter Akzeptanz höherer CO_2-Emissionen möglich. Dies spricht für die Wichtigkeit einer klaren Zertifizierung von Ökostromprodukten, wie auch im folgenden Kapitel weiter ausgeführt wird. Zweitens ist aus theoretischer und praktischer Sicht das Trittbrettfahren umso wahrscheinlicher, je größer die Gruppe ist. Dieser Zusammenhang ist in der Reaktionsfunktion $r_i^* = g_i(p_t, m|g_{-i}, a_i)$ offensichtlich. Der kumulierte Einfluss auf die Bereitstellungsmenge des Öffentlichen Gutes aller anderen Gruppenmitglieder findet sich in der Variable g_{-i} in der Reaktionsfunktion wieder. In der vorliegenden Untersuchung wurde jedoch bewusst eine sehr kleine Gruppengröße von drei gewählt, um kostengünstig möglichst viele Gruppenbeobachtungen für die Beantwortung der anfangs genannten Fragestellungen generieren zu können.

Die Zahlungsbereitschaft ist in der Abstimmungsentscheidung der zweistufigen Treatments eindeutig höher, wie der Tabelle 5 und der Abbildung 20 zu entnehmen ist. Dieser Effekt ist statistisch signifikant. Somit induziert eine Kombination aus obligatorischer Umlagefinanzierung und freiwilligen privaten Bezugsm öglichkeiten eine bereits auf der Abstimmungsstufe höhere Zahlungsbereitschaft. Dieser Zusammenhang ist auf den ersten Blick überraschend, denn im modelltheoretischen Teil dieses Kapitels wurde herausgestellt, dass die Wirtschaftssubjekte die Situation des Gefangenendilemmas in die erste Entscheidungssituation verlagern und für ein geringeres Bereitstellungsniveau votieren, wissend, dass derjenige, der ein höheres Niveau als das Medianniveau präferiert, in der zweiten Stufe Ökostrom privat hinzukaufen wird. Doch das Gegenteil ist der Fall: Durch ein höheres EEG-Niveau verpflichten sich die Gruppenmitglieder wechselseitig zu einem Mindestbeitrag und beugen Trittbrettfahrerverhalten vor. Das Ergebnis läßt zudem auf starke *crowding-in* Effekte schließen, ähnlich, wie es bei Menges und Traub (2009) festgestellt wurde. Das heißt, der Grenznutzen der eigenen Zahlungsbereitschaft steigt durch den positiven Effekt der Co-Finanzierung. Die Ergebnisse des Fragebogens stützen diesen Zusammenhang. Wie später in der Auswertung des Fragebogens zu sehen sein wird, befürworten über 75% der Teilnehmer die Co-Finanzierung durch die Konsumenten und den Staat. Das derzeitige deutsche System mit dem gemeinschaftlich finanzierten EEG Niveau und der Möglichkeit, privat Ökostrom im Rahmen des eigenen Strommixes zu erwerben, findet durch das Experiment also eine starke Befürwortung. Dabei kann es sich zu einem Teil auch um einen Status-Quo-Effekt handeln, d.h. die Teilnehmer wollen an einem vertrauten System festhalten.

Nach der Betrachtung der Treatmenteffekte der ersten Stufe wird jetzt näher auf den zusätzlichen Ökostrombezug in der zweiten Stufe in den Treatments T3, T6 und T9 eingegangen. Die Fragestellung lautet somit: Wie viel Strom aus Erneuerbaren Energien wird jetzt zusätzlich zum verpflichtenden Umlageverfahren für den privaten Strommix gekauft? Eine erste Vermutung legt nahe, dass nur diejenigen Mitglieder einer Gruppe zusätzlichen Ökostrom für ihren privaten Strommix erwerben, welche in der ersten Stufe für ein höheres als das umgesetzte Niveau stimmten. Der Effekt der Additivität ist auf individueller Ebene der private Zukauf über das zuvor gewählte Gruppeniveau hinaus, Tabelle 6 verdeutlicht dies für die verschiedenen Wählergruppen „Niedrig“, „Median“ und „Hoch“.[64] Der Test zeigt, dass die drei Wählergruppen unterschiedlich viel zukaufen: die „Niedrige“ Grupper am wenigesten und die „Hohe“ Gruppe am meisten. Es ist offensichtlich, dass der Zukauf von Ökostrom für alle Wählergruppen signifikant vorhanden ist. Dieser Zusammenhang ist in Abbildung 22 in Form eines Balkendiagramms dargestellt.

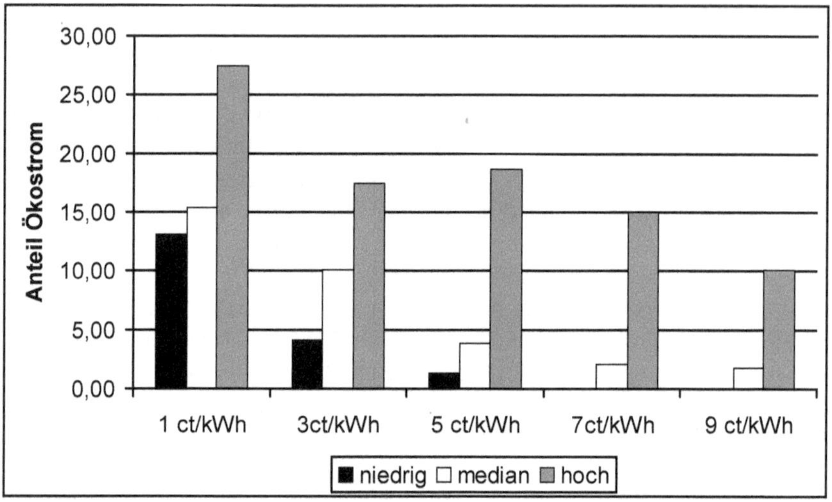

Abbildung 22: Mediane der individuellen Zahlungsbereitschaft in der zweiten Stufe der Treatments T3, T6 und T9 nach Wählergruppe

Diejenigen Versuchspersonen, die in der Abstimmung (der ersten Stufe) das höchste Ökostromniveau in ihrer Gruppe wünschten (hohe Wählergruppe), tätigten den stärksten Zukauf (in der zweiten Stufe). Sie ergänzen somit das EEG-Niveau mit dieser Menge. Darauf folgt die Gruppe der Medianwähler, welche ebenfalls zusätzlich Ökostrom privat hinzukaufen, obwohl das präferiertes Ökostromniveau genau umgesetzt wurde. Am deutlichsten wirkt die Additivität in der niedrigen Gruppe. Diese werden durch das Umlageverfahren gezwungen, mehr Ökostrom als in ihren zuvor geäußerten Präferenzen entsprechend zu fi-

64 „Niedrig“ beschreibt dabei die Gruppenmitglieder, die ein geringeres Bereitstellungsniveau als das des Medianwählers präferierten, „Median“ beschreibt genau den Medianwähler und „Hoch“ repräsentiert die Individuen, welche das höchste Bereitstellungsniveau in ihrer Gruppe präferieren.

nanzieren. Trotzdem kaufen sie zusätzlich privaten Ökostrom und tragen zu weiterer CO_2-Vermeidung bei.

Tabelle 6: Test auf Additivität nach Wählertypen

	Niedrig			Median			Hoch			Test	
ct/kWh	Mittelw.	St.fehler	Median	Mittelw.	St.fehler	Median	Mittelw.	St.fehler	Median	$\chi 2$ (2)	p
1	15,67	2,52	13,12	16,38	1,89	15,35	29,30	2,52	27,45	22,03***	0,000
3	9,47	1,59	4,15	14,52	1,94	10,12	20,70	2,29	17,43	19,03***	0,000
5	5,08	1,01	1,32	8,55	1,45	3,88	21,97	2,36	18,62	44,34***	0,000
7	4,83	1,40	0,00	7,07	1,24	2,06	18,11	2,29	15,03	37,78***	0,000
9	4,64	1,31	0,00	5,12	1,04	1,78	14,68	2,25	10,17	24,13***	0,000

Hinweise: Für alle Tests gilt, n=162. Kruskal-Wallis-Test auf Gleichheit der Verteilungen.
Der jeweilige Index *, ** und *** drückt die Signifikanz auf dem 10%, 5% und 1%-Niveau aus.

Einen sehr detaillierten Einblick in das individuelle Entscheidungsverhalten liefert Abbildung 23. In dieser Abbildung sind bespielhaft alle Teilnehmer einer Session des Treatments T3 aufgeführt; da immer 18 Versuchspersonen teilgenommen haben, sind die Nummern 1 bis 18 vergeben.

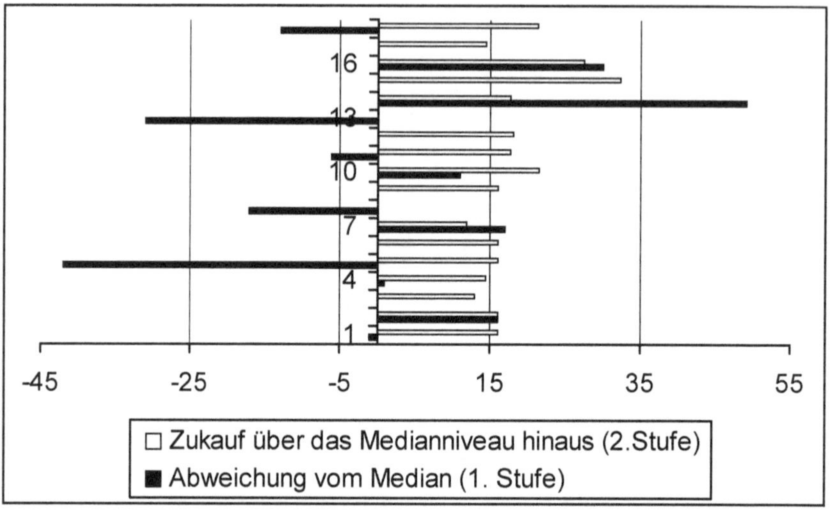

Abbildung 23: Darstellung der individuellen Entscheidungen in der ersten und in der zweiten Stufe des Treatment T3 für einen Preis von 1 ct/kWh in Bezug auf den Medianwähler

Die Abbildung verdeutlicht die Entscheidung sowohl der ersten als auch der zweiten Stufe zu einem Preis von 1 ct/kWh für Ökostrom. Die schwarzen Balken zeigen, inwieweit das gewünschte Ökostromniveau (in der ersten Stufe) vom Medianniveau abweicht. Ausschläge nach links symbolisieren somit Individuen, die ein niedrigeres Niveau als das Medianniveau präferieren und Ausschläge nach rechts verdeutlichen Präferenzen, die über dem Medianniveau liegen. Versuchsteilnehmer ohne schwarzen Balken sind somit der jeweilige Medianwähler. Bei Betrachtung der Gruppe der niedrigen Wähler zeigt sich, dass zwei Personen (8 und 13) keinen Zukauf tätigen; auf diese wirkt der Effekt der Additivität somit nicht. Vier Personen (1, 5, 11 und 18) tätigen jedoch einen Zukauf, obwohl sie ohnehin durch das Umlageverfahren gezwungen sind, mehr als ihr präferiertes Niveau an Ökostrom zu finanzieren. Bei der Gruppe der Medianwähler (3, 6, 9, 12, 15 und 17) zeigt sich ein eindeutiges Bild. Obwohl sie sich in der Position befinden, in der exakt ihr präferiertes Bereitstellungsniveau umgesetzt wurde, fragen sie alle zusätzlich Ökostrom nach. Die Gruppe der hohen

Wähler zeigt in dieser Session drei Ergebnisse: Sie kaufen entweder ein wenig Ökostrom hinzu, jedoch nicht so viel, wie es ihrer ursprünglich geäußerten Präferenz entsprechen würde (1, 14 und 16). Sie füllen wie Person 2 genau gemäß ihrer ursprünglich geäußerten Präferenzen den privaten Strommix mit grünem Strom auf oder wie zwei Personen dieser Gruppe (4 und 10) sogar mehr als es ihrer ursprünglich geäußerten Präferenz entspricht. Letzterer Fall ist insofern beachtenswert, als das sie erstens bereits registriert haben, dass die anderen Personen weniger zu zahlen bereit sind und zweitens kein weiterer Abgleich möglich sein wird, d.h. ihr sehr hoher Zukauf wird von der Gruppe nicht bemerkt werden. Dieser Zukauf muss also vollständig auf einer intrinsischen Motivation, wie *warm glow* und Additivität, beruhen. Wobei bei den anderen Versuchspersonen angemerkt sein soll, dass der Zukauf auch zum Teil ein Effekt der sozialen Motivation beinhalten kann.[65]

Diese Effekte sind sicherlich nicht genau zu trennen. Da jedoch das Experiment sehr anonym war und ein starker Anreizeffekt von den vermiedenen CO_2-Emissionen ausging, das Abstimmungsergebnis aber lediglich als Information ohne weitere monetäre Sanktion der anderen Gruppenmitglieder zu Verfügung gestellt wurde, ist davon auszugehen, dass diese Effekte untergeordneter Natur sind. Eine Bestätigung findet diese Annahme durch eine Frage im Fragebogenteil des Experimentes.[66] Dort wurde in Form einer offenen Frage nach der Motivation für das Lösen der Entscheidungsaufgabe gestellt. Keine Versuchsperson hatte dort angegeben, sich an dem Entscheidungsverhalten der anderen Versuchsteilnehmer orientiert zu haben.

Die bisherige Analyse des Additivitätseffektes auf die individuelle Zahlungsbereitschaft wurde als eine *within subjects* Analyse durchgeführt. Interessant ist aber vor allem der insgesamt zu betrachtende Treatmenteffekt der Additivität als *between subjects* Analyse. Diese ist in Tabelle 7 dargestellt. In der Tabelle finden sich für die Treatments Abstimmung T1, T4 und T7 sowie Kauf T2, T5 und T8 die jeweils gleichen Daten wie in Tabelle 5. Für die Treatments Abstimmung und Kauf T3, T6 und T9 sind jeweils die Mittelwerte, Standardfehler und Mediane für das per Umlageverfahren finanzierte Bereitstellungsniveau zuzüglich des privaten Zukaufs in der zweiten Stufe dargestellt. Es ist ersichtlich, dass der Effekt der Additivität im höchsten Maße signifikant vorhanden ist.

---

65 Einerseits kann dies ein Effekt einer sozialen Gruppenmotivation sein, d.h. eine Orientierung an dem Abstimmungsverhalten der anderen Gruppenmitglieder oder ein moralisches crowding-in bei der Gruppe der niedrigen Wähler. Andererseits sorgt das höhere Niveau im Umlageverfahren als extrinsisches Signal, für eine zusätzliche intrinsische Motivation durch einen verhaltensbestätigenden Effekt.

66 Ausführlicher wird darauf noch im 6. Kapitel dieser Arbeit eingegangen.

Tabelle 7: Treatmenteffekte nach Art der Bereitstellung (between subjects)

		1ct/kWh	3ct/kWh	5ct/kWh	7ct/kWh	9ct/kWh
Abstimmung	Mittelw.	51,28	32,20	24,46	19,98	17,30
	St.fehler	4,63	3,66	2,93	2,43	2,34
T1, T4, T7	Median	50,50	23,00	14,50	14,00	9,00
Kauf	Mittelw.	49,48	32,74	22,31	20,57	16,65
	St.fehler	4,55	3,94	2,74	2,84	2,50
T2, T5, T8	Median	60,50	22,00	17,00	16,00	13,50
Abstimmung	Mittelw.	79,94	53,01	39,75	34,12	27,77
und Kauf	St.fehler	1,59	1,98	1,81	1,75	1,58
T3, T6, T9	Median	83,00	51,00	38,50	30,50	23,00
Test	$\chi2$ (2)	56,14***	38,51***	34,46**	29,55***	25,36***
	p	0,000	0,000	0,000	0,000	0,000

Hinweise: In den Treatments „Abstimmung“ und „Kauf“ gilt n=54 in den Treatments „Abstimmung und Kauf“ n=162. Kruskal-Wallis-Test auf Gleichheit der Verteilungen. Der jeweilige Index *, ** und *** drückt die Signifikanz auf dem 10%, 5% und 1%-Niveau aus.

Abbildung 24 verdeutlicht diesen Zusammenhang noch einmal grafisch aufbereitet.

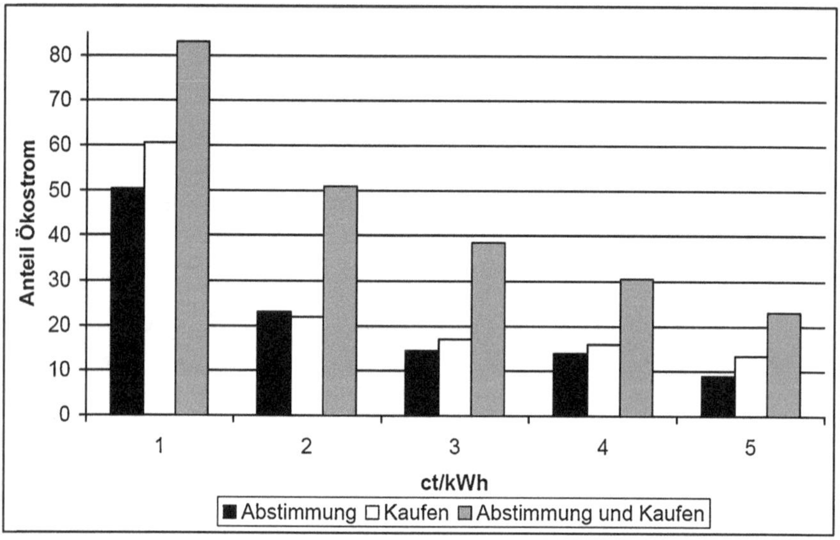

Abbildung 24: Mediane der individuellen Zahlungsbereitschaft nach Art der Bereitstellung der Treatments T1 bis T9 (between subjects)

Zusammenfassend ergeben sich folgende Ergebnisse bezüglich der aufgestellten Forschungshypothesen:

H 1a *(Ein wettbewerblich ausgestalteter Ökostrommarkt führt zu einer geringeren Zahlungsbereitschaft der Individuen als ein Ökostrommarkt, der durch ein Umlageverfahren finanziert wird.)* kann durch das Experiment nicht bestätigt werden, da kein signifikanter Unterschied zwischen den Treatments „Abstimmung" und „Kauf" gefunden werden konnte.

H 1b *(Es kommt nicht zu einem vollständigen Trittbrettfahren in einem wettbewerblich ausgestalteten Ökostrommarkt.)* kann eindeutig bestätigt werden. Im Median werden je nach Preis zwischen 14% und 61% Ökostrom durch private Finanzierung bereitgestellt.

Additivität spricht die Effektivität des eigenen Handelns an und sorgt für einen zusätzlichen Konsum von Ökostrom über das zuvor abgestimmte Niveau hinaus. Zu diesem Ergebnis kommen sowohl die within subjects als auch die between subjects Analyse.

H 2a *(Haben Individuen die Möglichkeit, über ein zuvor gesellschaftlich festgelegtes Niveau hinaus, privat zusätzlich Ökostrom nachzufragen und damit direkt zu einer CO_2-Vermeidung beizutragen, führt das zu einer höheren Zahlungsbereitschaft für Ökostrom.)* kann somit ebenfalls bestätigt werden. Das trifft auch auf die Gruppe der Individuen zu, die ein geringeres Niveau als das durch Abstimmung implementierte präferieren.

Somit findet auch H 2b *(Weniger umweltbewusste Individuen, die ein geringeres Ökostromniveau präferieren, sind nach einer Abstimmung ebenfalls bereit, zusätzlichen Ökostrom zu kaufen.)* Bestätigung durch das Experiment.

Die bisherige Beschreibung bezog sich auf sichere CO_2-Vermeidung, bei der Analyse in Kapitel 5 wird zwischen den verschiedenen Qualitäten sichere CO_2-Vermeidung, unsichere CO_2-Vermeidung und Strom aus einem lokalen Laufwasserkraftwerk unterschieden.

5 Qualität von Ökostrom

In diesem Kapitel wird die Zahlungsbereitschaft für Ökostrom für unterschiedliche Qualitäten des Stroms untersucht. Qualität bedeutet in diesem Zusammenhang das Ausmaß an induzierter CO_2-Vermeidung durch den Bezug von Ökostrom. Im Folgenden wird zunächst in die Modelle für sichere CO_2-Vermeidung, unsichere CO_2-Vermeidung und schließlich Ökostrom, welcher sichere CO_2-Vermeidung garantiert und zudem lokal erzeugt wird, unterschieden. Danach werden analog zum vorigen Kapitel das Design des Experiments dieser drei Aspekte erläutert sowie abschließend die Ergebnisse vorgestellt.

5.1 Theoretisches Modell

Die Modelle der drei zu untersuchenden Variablen sichere CO_2-Vermeidung, unsichere CO_2-Vermeidung und lokales Öffentliches Gut ergeben sich aufbauend auf das Modell, wie es zu Beginn des vorangegangenen Kapitels eingeführt wurde.

5.1.1 Sicherheit der CO_2-Vermeidung

Die Qualität der sicheren CO_2-Vermeidung impliziert, dass je nachgefragter Menge Ökostroms, Strom aus herkömmlichen Erzeugungsanlagen verdrängt wird und es somit zu einer CO_2-Vermeidung kommt.

Dieser Zusammenhang wurde detailliert im vorangegangenen Kapitel erläutert. Es ergeben sich somit als nutzenmaximierende Entscheidungssituationen für die Individuen die Gleichungen 38, 43 und 47, abhängig davon, wie der Finanzierungsmechanismus in der Gesellschaft ausgestaltet ist. Dieses Szenario entspricht einem Markt, in welchem nur zertifizierter Ökostrom gehandelt wird.

5.1.2 Unsicherheit der CO_2-Vermeidung

Ist Ökostrom nicht zertifiziert, ist die induzierte CO_2-Vermeidung durch den Kauf von Ökostrom unsicher. Da es sich um ein absolutes Vertrauensgut handelt und die Individuen selbst nach dem Konsum die Qualität des Ökostroms nicht überpr üfen können, müssen sie auf die Glaubwürdigkeit und die Transparenz des Anbieters vertrauen. Die erfolgte CO_2-Vermeidung ist somit nicht durch das Individuum zu beobachten. Folglich ist auch das Niveau des Öffentlichen Gutes nicht zu beobachten und vollständig ungewiss. Die Individuen können aufgrunddessen lediglich einen Erwartungsnutzen über die erfolgenden Umwelteffekte bilden.

$$EU_i = \int_0^1 u_i\left[m - p_t g_i, p_t g_i, (g_{-i} + g_i)\alpha\right] f(\alpha) d\alpha . \tag{57}$$

Da die CO_2-Vermeidung unsicher ist, wird hier die Wahrscheinlichkeitsverteilung *f(α)* für den auf das Intervall [0,1] normierten Umwelteffekt α angenommen. Die ersten beiden Parameter der Nutzenfunktion bleiben identisch, denn die Auszahlung ist weiterhin sicher, die unsichere CO_2-Vermeidung hat weder eine direkte Wirkung auf den Konsum privater Güter noch auf die Spende für das Öffentliche Gut und die daraus resultierenden *warm glow*- und Additivitätseffekte. Lediglich der Nutzen aus der nicht zu beobachtenden CO_2-Vermeidung ist ungewiss.

Der Nutzen des Individuums besteht weiterhin, unter Annahme additiver Seperabilität der Nutzenfunktion in ihren drei Argumenten, wie zuvor beschrieben, aus den drei Elementen:

1. Konsum der privaten Güter $u_1 = u(m - p_t g_i)$,
2. Beitrag zum Öffentlichen Gut $u_2 = u(p_t g_i)$ und
3. Erwartetes Niveau des Öffentlichen Gutes $u_3 = \int_0^1 u[(g_{-i} + g_i)\alpha] f(\alpha) d\alpha$.

Die Spenden- und Zahlungsbereitschaft sowie der Additivitätseffekt sollten geringer ausfallen als unter dem Aspekt der Sicherheit, da der Erwartungsnutzen einer unsicheren Alternative mit gleicher Auszahlung geringer ist. Die Optimalitätsbedingung drückt jetzt die Veränderung der letzten Nutzenkomponente folgendermaßen aus:

$$-\frac{\partial U}{\partial x_i} p_t + \frac{\partial U}{\partial c_i} p_t + \int \frac{\partial U}{\partial g_i} f(\alpha) d\alpha \overset{!}{=} 0 . \tag{58}$$

Die unsichere CO_2-Vermeidung beeinflusst somit auch die individuell optimale Nachfrage nach g_i:

$$g_i^* = g_i\left(\mathrm{p_t}, m \middle| f(\alpha), a_i\right). \tag{59}$$

Unabhängig davon, welche Annahmen über die Verteilung von α getroffen werden, wird u'_3 unter Unsicherheit kleiner ausfallen als in der Referenzsituation unter Sicherheit, da die Nutzenfunktion, unter der Annahme von Risikoaversion, konkav ist. Da jetzt die Grenzrate der Transformation geringer ausfällt als unter

Sicherheit, wird die Spendenbereitschaft zurückgehen und mehr vom privaten Gut konsumiert werden. Somit sollte gelten:

$$WTP,WTD_{sicher} > WTP,WTD_{unsicher}.$$

Zeigt sich dieses Ergebnis im Experiment, so ist Hypothese H 3, das Unsicherheit über die Qualität des Ökostroms zu einer geringeren Zahlungsbereitschaft der Versuchspersonen führt, zu bestätigen.

5.1.3 Lokale Produktion

Die sechste Variable bezieht sich auf die Lokalität des grünen Stroms. Das lokale Ökostromprodukt ist zugleich sicher in der CO_2-Vermeidung. Die Gleichungen aus Kapitel 4 verändern sich in diesem Fall nicht. Da jedoch, wie im Theorieteil beschrieben wurde, die Lokalität eines Produktes auf die Emotionalität des Konsums wirkt, sollte der Nutzenzuwachs aus dem zweiten Teil der Optimalitätsbedingung höher ausfallen als in dem Fall ohne lokale Produktion des Öffentlichen Gutes.

Fallen die Spenden- und Zahlungsbereitschaft sowie der Additivitätseffekt höher aus als unter sicherer CO_2-Vermeidung ohne lokales Produkt, ist somit:

$$WTP,WTD_{lokal} > WTP,WTD_{nichtlokal}$$

so kann Hypothese H 4a, das ein regionales Ökostromprodukt mit sicherer CO_2- Vermeidung zu einer höheren Zahlungsbereitschaft führt, bestätigt werden.

Weisen im zweistufigen Design, gemäß Gleichung 55 umweltbewusste Individuen, bei denen $g^*_i > g_{med}$ gilt, eine höhere Zahlungsbereitschaft auf im Vergleich zu einem Ökostromprodukt, welches nicht lokal ist, so kann Hypothese H 4b, das Umweltbewusste Individuen bei einem lokalen Ökostromprodukt eine noch höhere Zahlungsbereitschaft generieren als die anderen Personengruppen, bestätigt werden.

5.2 Experiment

Im Experiment wurden die drei Qualitäten des Ökostroms, wie sie im vorangestellten Modell erläutert wurden, durch drei Treatments getestet.

Sichere CO_2-Vermeidung: Bei sicherer CO_2-Vermeidung (Treatments 1-3) ist eine garantierte CO_2-Vermeidung je kWh Ökostrom sichergestellt. Sie beträgt je gekaufter kWh Ökostrom, wie im vorigen Kapitel dargestellt, 0,682g. Weiterhin kann die Versuchsperson die vermiedenen CO_2-Emissionen, die entweder durch den Gruppenentscheid, den privaten Kauf oder den Zukauf in der zweiten Stufe entstehen, direkt unter dem Schieberegler ablesen. Es besteht somit ein direkter und transparenter Zusammenhang zwischen dem Ökostrombezug und der CO_2-Vermeidung. Weiterhin wurde dieser Zusammenhang durch folgenden Satz verstärkt, welcher in fetter Schrift abgebildet war:

Es handelt sich um geprüften Ökostrom aus z.B. Wind, Sonne und Biomasse. Die Erzeugung sorgt für zusätzliche CO_2-Vermeidung.

Es wird kein Zweifel daran gelassen, dass eine 1:1 Umsetzung der CO_2-Vermeidung stattfindet. Der Entscheidungsbildschirm bei sicherer CO_2-Vermeidung ergibt sich wie in Abbildung 25 gezeigt.

Unsichere CO_2-Vermeidung: In den Treatments T4 bis T6 ist die CO_2-Vermeidung, durch den Kauf von Ökostrom, nicht sicher. Dies wurde durch den folgenden Satz auf den jeweiligen Entscheidungsbildschirmen kenntlich gemacht: **Beachten Sie, dass erst nach Ablauf eines Jahres durch ein unabhängiges Institut ermittelt wird, wie viel CO_2 durch den Ausbau von Erneuerbare-Energien-Anlagen vermieden wird.**

Dementsprechend konnten die Versuchsteilnehmer nicht mehr die vermiedene Menge an CO_2 beobachten. Die Zeile über die CO_2-Vermeidung der Gruppe bzw. der Privaten fehlte auf jedem der Entscheidungsbildschirme. Zu keiner Zeit konnte somit während des Experimentes beobachtet werden, wieviel CO_2 vermieden wird. Auch am Ende wurde keine Auskunft darüber erteilt. Der Anteil der vermiedenen CO_2-Emissionen war jedoch für die Überweisung an die Umweltorganisation entscheidend und wurde als eine Zufallszahl zwischen 0 und 100 nach dem Experiment ermittelt. Der jeweilige Versuchsteilnehmer erhielt auch das ihm im Experiment verbliebene Budget, jedoch wurde nur der Teil seines verwendeten Budgets an eine Umweltorganisation seiner Wahl überwiesen, welcher auch nach dem Zufallszahlentscheid im Experiment als CO_2-Reduktion verzeichnet werden konnte. Über diese Auszahlungsfunktion waren die Teilnehmer informiert, zudem wurde dieser abgewandelte Anreizmechanismus mit Hilfe einer Kontrollfrage überprüft.

Lokales Laufwasserkraftwerk: In der dritten Treatmentgruppe T7 bis T9 wirde die Wirkung eines lokalen Ökostromproduktes in Form eines lokalen Laufwasserkraftwerkes[67] getestet. Hier ist Additivität in Form von zusätzlicher CO_2- Vermeidung gegeben.

---

67 Seit dem 04.März 2008 wird in Bremen das neue Weserkraftwerk gebaut. Für das Kraftwerk ist ein einmaliges Fischschutzkonzept vorgesehen. Dieses beinhaltet Aufstieg- und Abstieghilfen mit einem zusätzlichen Schutz vor den Turbinen. Zudem wird nur ein Teil des Weserwassers genutzt, welches ebenfalls wesentlich für den Fischschutz ist. Das Kraftwerk entsteht unterirdisch und wird durchschnittlich 42 Millionen kWh pro Jahr liefern. Es werden ca. 35.500 Tonnen CO_2 pro Jahr eingespart. Das

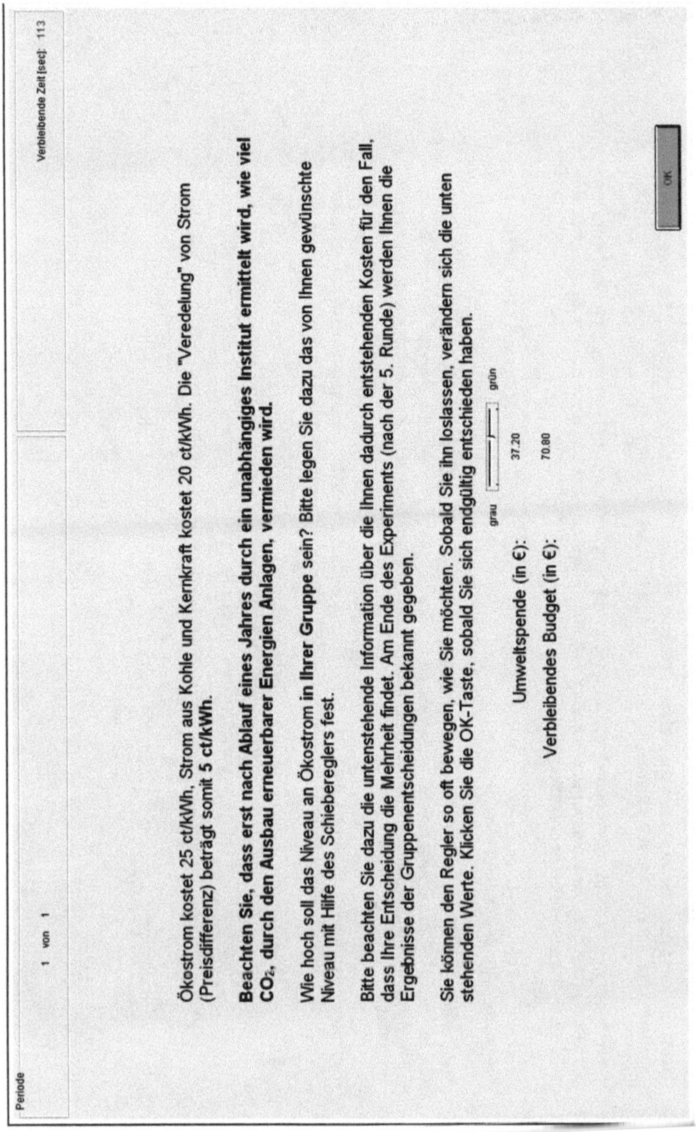

[A]bbildung 25: Dritte Entscheidungsaufgabe in Treatment T4

Kraftwerk ist als Bürgerkraftwerk geplant. 51% werden den Bremer Bürgern gehören, den Rest teilen sich mit jeweils 24,5% Beteiligung die EIPP GmbH (Tochterunternehmen von Enercon) und swb AG. Der Strom wird von swb garantiert abgenommen und soll als ein Premiumstromprodukt vertrieben werden.

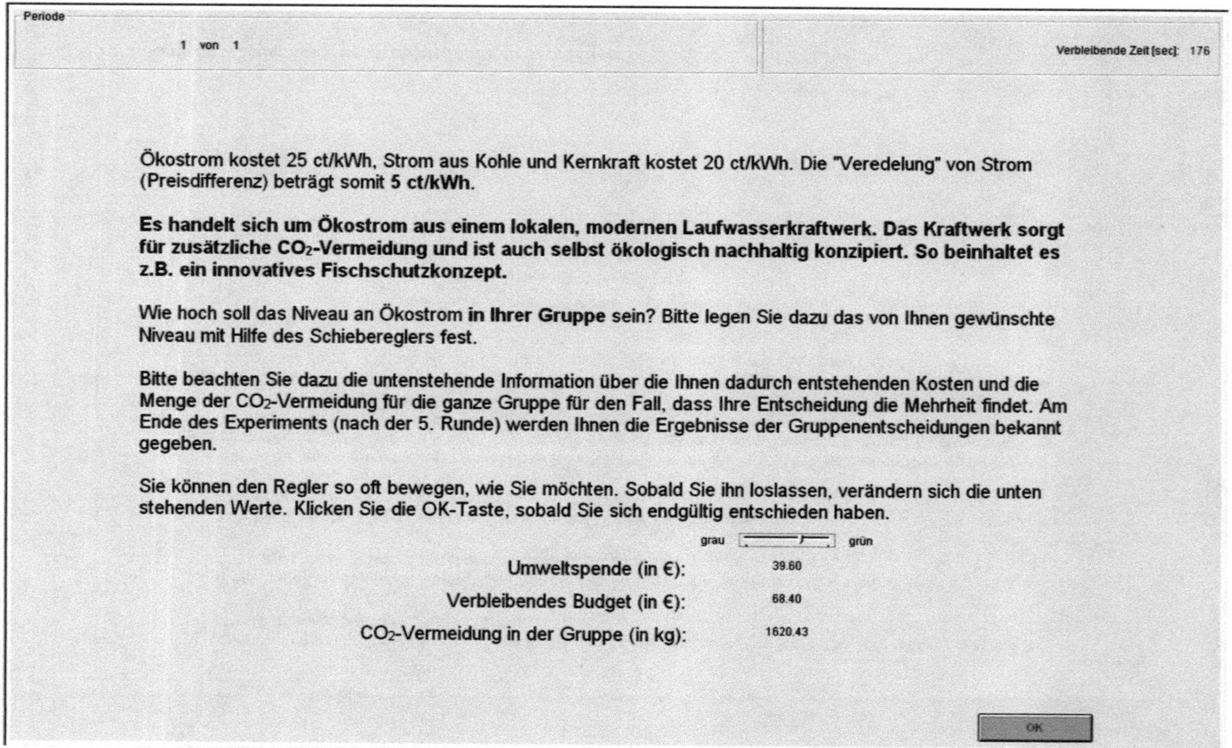

Abbildung 26: Dritte Entscheidungsaufgabe in Treatment T7

Auch hier findet sichere CO_2-Vermeidung statt. Die Besonderheit dieses Produktes wurde auf den jeweiligen Entscheidungsbildschirmen durch folgenden Satz kenntlich gemacht:

Es handelt sich um Ökostrom aus einem lokalen, modernen Laufwasserkraftwerk. Das Kraftwerk sorgt für zusätzliche CO_2-Vermeidung und ist auch selbst ökologisch nachhaltig konzipiert. So beinhaltet es z.B. ein innovatives Fischschutzkonzept.

Abbildung 26 zeigt den Entscheidungsbildschirm für den Preis von 5 ct/ kWh bei einem lokalen Kraftwerk mit sicherer CO_2-Vermeidung und einer Finanzierung per Umlageverfahren.

Zusätzlich zu der garantierten CO_2-Vermeidung ergibt sich in diesem Treatment das Charakteristikum der lokalen Produktion des Öffentlichen Gutes.

5.3 Ergebnisse

Im Folgenden wird auf die Auswirkung der verschiedenen Qualitäten des Ökostroms auf die Zahlungsbereitschaft für Strom aus Erneuerbaren Energien eingegangen. Hierzu erfolgt die Analyse gemäß der Tabelle 3 zeilenweise. Nachfolgende Tabelle 8 und Abbildung 27 geben einen Überblick über die durchschnittliche im Experiment für sichere CO_2-Vermeidung, unsichere CO_2-Vermeidung und ein lokales Laufwasserkraftwerk mit sicherer CO_2-Vermeidung. Die Preise der einzelnen Runden des Experimentes sind in den Spalten der Tabelle 8 aufgeführt. Die Tabelle stellt die Mittelwerte, Standardfehler und Mediane der gewünschten Ökostromniveaus der einzelnen Treatments in der ersten Stufe des Experimentes dar. So liegt die Ökostromnachfrage der mittleren Versuchsperson im Falle sicherer CO_2-Vermeidung (T1 bis T3) in der zweiten Runde bei 35,5%. Bei unsicherer CO_2-Vermeidung ergibt sich dagegen ein geringerer Median von 22%. Bis auf die erste Runde ist die Zahlungsbereitschaft der sicheren Treatmentgruppe (T1 bis T3), gemessen am realisierten Ökostromniveau, am höchsten, danach folgt die Treatmentgruppe mit dem lokalen Laufwasserkraftwerk (T4 bis T6) und als letztes die Treatmentgruppe mit unsicherer Additivität (T7 bis T9). Die Signifikanz bezieht sich wiederum auf den nichtparametrischen Kruskal-Wallis-Test auf Gleichheit der Verteilungen.[68] Eine bessere Übersicht über die Mediane bietet das Balkendiagramm in Abbildung 27.

68 Der Kolmogorov-Smirnov-Test auf Normalverteilung fällt für alle Preisrunden und alle Treatments: „Sicher“, „Unsicher“ sowie „Lokal“ signifikant aus; die Daten sind somit nicht normalverteilt und es kommen nichtparametrische Testverfahren zum Einsatz.

Tabelle 8: Treatmenteffekte nach Qualität des Ökostroms

		1ct/kWh	3ct/kWh	5ct/kWh	7ct/kWh	9ct/kWh
Sicher	Mittelw.	58,79	41,41	30,70	24,62	20,70
	St.fehler	3,10	2,87	2,27	1,96	1,77
T1-T3	Median	61,00	35,50	29,50	21,00	17,00
Unsicher	Mittelw.	52,70	29,87	23,50	20,82	18,38
	St.fehler	3,28	2,51	2,19	2,08	2,01
T4-T6	Median	62,00	22,00	17,00	15,00	12,00
Lokal	Mittelw.	58,28	36,78	29,47	24,63	20,92
	St.fehler	3,40	2,95	2,81	2,45	2,28
T7-T9	Median	63,00	30,50	21,00	20,00	16,00
Test	$\chi 2$ (2)	1,25	9,06**	6,47**	2,88	1,80
	p	0,510	0,011	0,039	0,237	0,407

Hinweise: Für alle Tests gilt, n=90. Kruskal-Wallis-Test auf Gleichheit der Verteilungen. Der jeweilige Index *, ** und *** drückt die Signifikanz auf dem 10%, 5% und 1%-Niveau aus.

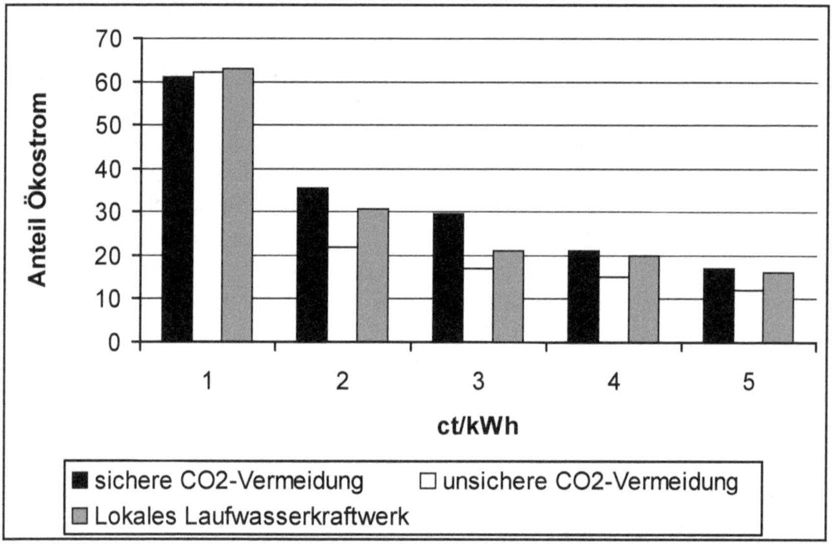

Abbildung 27: Mediane der individuellen Zahlungsbereitschaft nach Qualität des Stroms der Treatments T1 bis T9

Bis auf die erste Runde ist die Zahlungsbereitschaft für Ökostrom mit sicherer CO_2-Vermeidung am höchsten über alle Runden des Experiments. Dagegen ist die Zahlungsbereitschaft bei unsicherer CO_2-Vermeidung am niedrigsten.

Dieses Resultat stützt die eingangs formulierte These, dass Ökostrom ein Vertrauensgut ist. Wird die nicht beobachtbare Eigenschaft der CO_2-Vermeidung nicht mehr sichergestellt, geht die Zahlungsbereitschaft der Versuchsteilnehmer deutlich messbar zurück. Tabelle 9 zeigt den paarweisen Mann-Whitney-Test zwischen den Treatments Sicher und Unsicher. Es zeigt sich hier eine signifikant niedrigere Zahlungsbereitschaft in den Runden zwei bis vier bei dem Ökostromprodukt mit unsicherer CO_2-Vermeidung. Anzumerken ist jedoch, dass das Ökostromniveau trotz Unsicherheit immer noch recht hoch ist, d.h. die Nachfrage bricht nicht vollständig ein, sondern geht lediglich zurück. Dies zeigt, dass die Verbraucher Ökostromprodukte im Durchschnitt als sehr glaubwürdig und wirksam ansehen, auch wenn der zu erwartende Umweltnutzen unsicher ist. Obwohl das lokale Laufwasserkraftwerk durch lokale Produktion des Öffentlichen Gutes eine zusätzliche positive Eigenschaft zur sicheren CO_2-Vermeidung aufweist, führt diese bei den Versuchsteilnehmern nicht zu einer höheren Zahlungsbereitschaft. Untersuchungen zeigen, dass lokale Ökostromprodukte im Allgemeinen höherwertiger eingeschätzt werden als solche ohne regionalen Bezug. Das ist in diesem Experiment auf den ersten Blick nicht der Fall. Ein Erklärungsansatz ist die negative Presse im Weserkurier nur zwei Monate vor Durchführung des Experimentes. Obwohl das Wasserkraftwerk mit dem modernsten Fischschutzsystem ausgestattet wird, klagten einige Sportfischerverbände mit Unterstützung des Deutschen Sportfischer-Verbandes in Offenburg gegen den Bau des Kraftwerks und begründeten dies mit einer zu starken Bedrohung für die Wanderfische. Das Bremer Verwaltungsgericht hatte diese Klagen jedoch bereits in der ersten Instanz abgewiesen.

Tabelle 9: Treatmenteffekte zwischen Sicher und Unsicher

		1ct/kWh	3ct/kWh	5ct/kWh	7ct/kWh	9ct/kWh
Sicher	Mittelw.	58,79	41,41	30,70	24,62	20,70
	St.fehler	3,10	2,87	2,27	1,96	1,77
T1-T3	Median	61,00	35,50	29,50	21,00	17,00
Unsicher	Mittelw.	52,70	29,87	23,50	20,82	18,38
	St.fehler	3,28	2,51	2,19	2,08	2,01
T4-T6	Median	62,00	22,00	17,00	15,00	12,00
Test	Z	-1,13	-3,06***	-2,63***	-1,75*	-1,36
	p	0,258	0,002	0,008	0,080	0,174

Hinweise: Für alle Tests gilt, n=90. Mann-Whitney-Test auf Gleichheit der Verteilungen. Der jeweilige Index *, ** und *** drückt die Signifikanz auf dem 10%, 5% und 1%-Niveau aus.

Ein weiterer Erklärungsansatz stützt sich auf die generelle Skepsis gegenüber Kraftwerken im lokalen Umfeld. Unter Umständen wirkt die Vorstellung eines neuen Kraftwerkes - und sei es auch ein modernes - abwertend auf den Freizeitund Umweltwert des jeweiligenWohnortes. DieWertschätzung eines lokalen Laufwasserkraftwerks verändert sich jedoch in der Entscheidung der zweiten Stufe des Experimentes.

Tabelle 10: Test auf Additivität nach Qualität des Ökostroms

		1ct/kWh	3ct/kWh	5ct/kWh	7ct/kWh	9ct/kWh
Sicher	Mittelw.	22,58	14,56	13,09	8,56	7,55
	St.fehler	1,95	1,60	1,70	1,34	1,67
T1-T3	Median	18,42	12,93	8,95	4,95	4,00
Unsicher	Mittelw.	15,66	12,02	8,93	8,98	5,87
	St.fehler	2,25	1,90	1,50	1,77	1,50
T4-T6	Median	10,56	7,55	3,88	1,73	0,97
Lokal	Mittelw.	22,01	17,77	13,21	12,03	11,05
	St.fehler	2,88	2,46	2,40	2,30	2,26
T7-T9	Median	15,60	13,75	5,35	4,18	3,22
Test	$\chi 2$ (2)	7,72**	3,65	3,60	0,95	3,61
	p	0,021	0,161	0,166	0,621	0,165

Hinweise: Für alle Tests gilt, n=54. Kruskal-Wallis-Test auf Gleichheit der Verteilungen. Der jeweilige Index *, ** und *** drückt die Signifikanz auf dem 10%, 5% und 1%-Niveau aus.

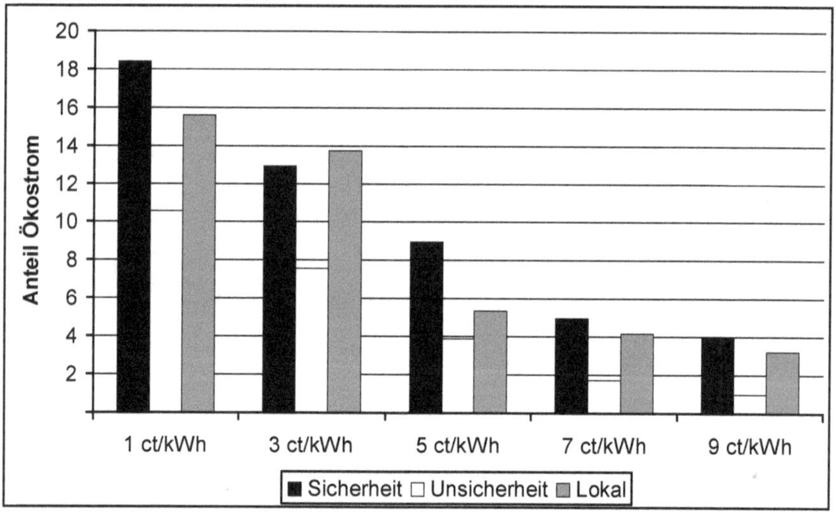

Abbildung 28: Mediane der individuellen Zahlungsbereitschaft in der zweiten Stufe nach Qualität des Ökostroms

Bei Betrachtung des Zukaufs in der zweiten Stufe, wie in Tabelle 10 und in Abbildung 28 dargestellt, ist das Nachfrageniveau in Bezug auf das lokale Kraftwerk am zweithöchsten und in einigen Runden (bei 3, 7 und 9 ct/kWh) sogar annähernd gleich hoch wie bei dem einfachen Ökostromprodukt mit sicherer CO_2-Vermeidung. Es ist auch erkennbar, dass die Preiselastizität beim lokalen Laufwasserkraftwerk am geringsten ausfällt, d.h. bei höheren Preisen nimmt die Nachfrage nicht so stark ab wie bei dem einfachen Ökostromprodukt mit sicherer CO_2-Vermeidung.

Tabelle 11: Test auf Additivität nach Sicherheit und Unsicherheit des Ökostroms

		1ct/kWh	3ct/kWh	5ct/kWh	7ct/kWh	9ct/kWh
Sicher	Mittelw.	22,58	14,56	13,09	8,56	7,55
	St.fehler	1,95	1,60	1,70	1,34	1,67
T1-T3	Median	18,42	12,93	8,95	4,95	4,00
Unsicher	Mittelw.	15,66	12,02	8,93	8,98	5,87
	St.fehler	2,25	1,90	1,50	1,77	1,50
T4-T6	Median	10,56	7,55	3,88	1,73	0,97
Test	Z	-2,87***	-1,69*	-2,00**	-0,97	-2,00**
	p	0,004	0,092	0,046	0,333	0,046

Hinweise: Für alle Tests gilt, n=54. Mann-Whitney-Test auf Gleichheit der Verteilungen. Der jeweilige Index *, ** und *** drückt die Signifikanz auf dem 10%, 5% und 1%-Niveau aus.

Tabelle 11 zeigt wiederum den paarweisen Vergleich zwischen Sicher und Unsicher in Form des Mann-Whitney-Tests. Auch beim Zukauf in der zweiten Stufe ist die Zahlungsbereitschaft für das Ökostromprodukt mit sicherer CO_2-Vermeidung am höchsten.

Werden die Wählergruppen, welche sich für den Kauf von zusätzlichem Ökostrom in der zweiten Stufe des Experimentes entscheiden, genauer betrachtet, wird die Bedeutung des lokalen Kraftwerkes noch deutlicher. In Tabelle 12 ist klar zu erkennen, dass vor allem die Versuchspersonen, die für ein hohes Ökostromniveau gestimmt haben, die höchste Präferenz für ein lokales Ökostromprodukt aufweisen. Abbildung 29 zeigt die Mediane der Tabelle graphisch aufbereitet.

Tabelle 12: Treatmenteffekte je nach Qualität des Ökostroms und Wählertyp

		1ct/kWh			3ct/kWh			5ct/kWh			7ct/kWh			9ct/kWh		
		Mitt.	Std.f.	Med.	Mitt.	Std.f.	Med.	Mitt.	Std.f.	Med.	Mitt.	Std.f.	Med.	Mitt.	Std.f.	Med.
Sicher	niedr.	19,20	4,04	17,50	10,10	2,46	6,61	5,06	1,30	3,60	4,18	1,39	1,80	4,87	1,48	2,55
T1-T3	med.	22,95	2,83	19,80	14,27	2,58	13,19	12,41	2,84	8,80	6,31	1,71	4,56	4,15	1,04	1,88
	hoch	25,39	3,32	22,21	19,30	2,94	18,93	21,49	3,44	22,11	15,28	2,81	16,54	13,64	2,49	13,55
	$\chi 2$ (2)	2,41			5,72*			13,72***			11,16***			9,45***		
	p	0,299			0,057			0,001			0,004			0,009		
Unsicher	niedr.	10,33	3,21	8,72	7,53	2,03	2,49	7,23	2,25	1,75	8,34	3,78	0,00	6,69	3,48	0,00
T4-T6	med.	12,23	2,77	9,42	13,72	4,11	4,70	5,29	1,98	1,42	5,60	2,11	0,40	2,75	0,99	0,85
	hoch	25,72	5,04	25,67	14,95	2,94	12,93	14,81	3,11	11,13	12,98	2,98	11,87	8,39	2,84	2,88
	$\chi 2$ (2)	6,45**			4,75*			8,87**			9,19***			3,77		
	p	0,040			0,093			0,012			0,010			0,151		
Lokal	niedr.	16,57	5,40	13,44	10,78	3,60	3,20	2,97	1,37	0,00	1,97	0,96	0,00	2,35	1,22	0,00
T7-T9	med.	14,77	3,76	9,24	15,59	3,19	11,22	17,51	2,37	3,42	9,07	2,51	3,93	8,46	2,60	5,84
	hoch	37,28	4,38	35,10	27,6	5,19	25,73	29,16	4,83	24,08	27,05	5,33	21,88	22,00	5,23	16,08
	$\chi 2$ (2)	13,24***			8,85**			26,00***			22,08***			15,93***		
	p	0,001			0,012			0,000			0,000			0,000		

Hinweise: Für alle Tests gilt, n=54. Kruskal-Wallis-Test auf Gleichheit der Verteilungen. Der jeweilige Index *, ** und *** drückt die Signifikanz auf dem 10%, 5% und 1%-Niveau aus.

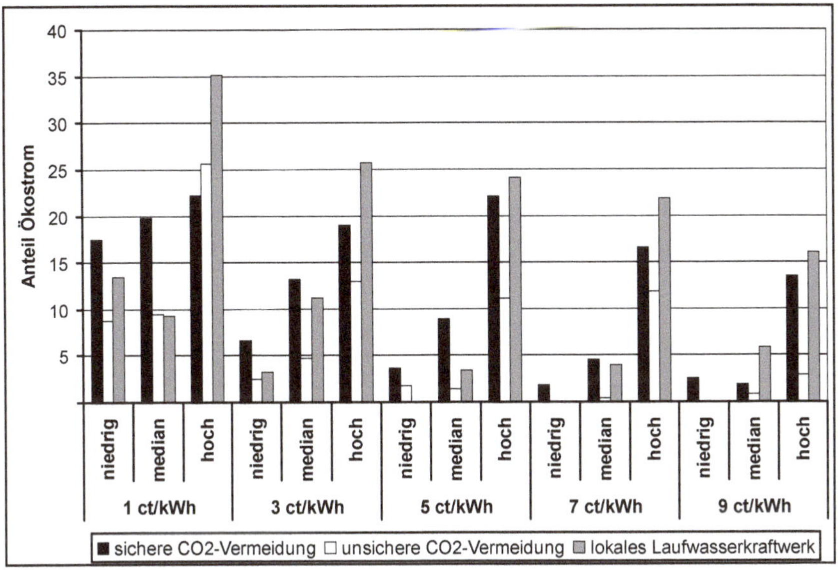

Abbildung 29: Mediane der individuellen Zahlungsbereitschaft in der zweiten Stufe nach Wählergruppe und Qualität

Über alle Preise hinweg ist der getätigte Zukauf dieses Produkts bei der „Hohen" Wählergruppe höher, als bei den anderen beiden Produkten. Innerhalb der Präferenzstruktur der Medianwähler ist dies nur bei höheren Preisen zu erkennen. Umweltbewusste Teilnehmer, die für ein hohes Niveau stimmen, können somit sehr gut zwischen dem einfachen Ökostromprodukt und dem lokalen Laufwasserkraftwerk unterscheiden. Es ist anzunehmen, dass diese weder durch die negative Presse noch eine anderweitig begründete Aversion gegenüber einem lokalen Kraftwerk beeinflusst werden. Für alle Preise ist dieses Ergebnis signifikant.

Zusammenfassend ergeben sich folgende Ergebnisse bezüglich der in Kapitel 3 aufgestellten Forschungshypothesen.

Die Hypothese H 3 *(Unsicherheit über die Qualität des Ökostroms führt zu geringerer Zahlungsbereitschaft bei den Versuchspersonen.)* kann ganz klar durch das Experiment bestätigt werden. Sowohl in der ersten als auch in der zweiten Stufe des Experimentes ist das Bereitstellungsniveau für das Ökostromprodukt mit unsicherer CO_2-Vermeidung am niedrigsten.

Hypothese H 4a *(Ein regionales Ökostromprodukt mit sicherer CO_2- Vermeidung führt zu einer höheren Zahlungsbereitschaft.)* findet hingegen keine Bestätigung durch das ökonomische Entscheidungsexperiment. Die Wertschätzung des lokalen Kraftwerks ist jedoch in der Gruppe der umweltbewussten Versuchsteilnehmer höher als die anderen beiden Ökostromprodukte.

Somit ist Hypothese H 4b *(Umweltbewusste Individuen werden durch ein lokales Ökostromprodukt besonders angesprochen; das führt zu einer noch höheren Zahlungsbereitschaft dieser Personengruppe.)* durch das Experiment zu bestätigen.

Im Anschluß an die Entscheidungsaufgaben wurde von den Teilnehmern ein Fragebogen ausgefüllt, welcher im folgenden Kapitel näher erläutert wird.

6 Post-experimenteller Fragebogen

Nach Beendigung der fünf bzw. zehn Entscheidungsaufgaben des Experimentes wurden die Teilnehmer dazu aufgefordert, einen anonymisierten, für alle Teilnehmer identischen Fragebogen am Computer auszufüllen.

6.1 Design

Neben der Erfassung von soziodemografischen Daten sowie dem Wissen über den deutschen Energiemarkt, standen Fragen im Vordergrund, welche die Einstellung zum Umweltbewusstsein der Versuchspersonen erfassen sollten. Durch die Verknüpfung des Fragebogens mit der Entscheidung des Experimentes kann festgestellt werden, inwieweit die Einstellungsvariablen einen Einfluss auf die Zahlungsbereitschaft im Experiment haben.[69] So können über die Treatmenteffekte hinaus dieWirkungen der Einstellungen der Versuchsteilnehmer auf die Zahlungsbereitschaft getestet werden. Folgende Kategorien wurden durch den Fragebogen erfasst:

1. Sozioökonomische Fragen
    - Geschlecht
    - Alter
    - Religion
    - Fachbereich
    - Semester

2. Wissen
    - Welche Stromversorgungsunternehmen kennen Sie? (offene Frage)
    - Wie hoch ist der Anteil (in %) am Strompreis, der für die Ökostromförderung bestimmt ist? (Zahl)

3. Bewusstsein
    - Ich fühle mich verantwortlich, grünen Strom zu kaufen und damit zu einer Verbesserung der Umweltqualität beizutragen. (stimme zu, weder noch, lehne ab)
    - Ich möchte keinen Ökostrom kaufen, solange ich diesen schon durch Beiträge, die im Strompreis enthalten sind (EEG), unterstütze. (stimme zu, weder noch, lehne ab)
    - Ich werde nur dann zu Ökostrom wechseln, wenn dies auch die anderen Konsumenten tun. (stimme zu, weder noch, lehne ab)

69 Dies ist Gegenstand von Kapitel 7 dieser Arbeit sein.

4. Verantwortung
    - Wer sollte in Deutschland Verantwortung für den Ausbau Erneuerbarer Energien übernehmen? (Staat, Konsumenten, Staat und Konsumenten gemeinsam)
    - Wer sollte die Kosten des Ausbaus Erneuerbarer Energien tragen? (Alle Konsumenten, Konsumenten herkömmlicher Energieerzeugung, Ökostromkunden)
5. Engagement
    - Sind Sie oder jemand in Ihrem Haushalt, Mitglied in einer Umweltorganisation? (ja/nein)
    - Ich diskutiere häufig über Umweltprobleme mit meinen Freunden. (stimme zu, weder noch, lehne ab)
    - Ich halte mich für umweltbewusst. (ja/nein)
    - Wenn Sie die vorige Frage mit ja beantwortet haben, geben Sie in Stichpunkten an, wie sich dieses Umweltbewusstsein in Ihrem täglichen Leben ausdrückt. (offene Frage)
6. Glaubwürdigkeit
    - Für wie glaubwürdig halten Sie Ökostromprodukte? (glaubwürdig, weder noch, unglaubwürdig)
    - Wenn ich zertifizierten grünen Strom kaufe, bedeutet das, dass ein Ausbau von Erneuerbare-Energien-Anlagen (z.B. Windkraftanlagen) stattfindet. (stimme zu, weder noch, lehne ab)
7. Motivation
    - Anhand welcher Kriterien haben Sie die Entscheidungen im Experiment getroffen? (offene Frage)

Auf einer Bildschirmseite waren jeweils alle Fragen einer der vorgestellten sieben Kategorien zu sehen. Nach Beantwortung aller Fragen einer Bildschirmseite konnte durch drücken des O.K.-Knopfes auf die nächste Seite gewechselt werden.

6.2 Ergebnisse

Im nächsten Abschnitt erfolgt zunächst eine rein deskriptive Darstellung der Resultate des Fragebogens, die Reihenfolge folgt der Abfrage im Experiment, wie sie im vorigen Abschnitt 6.1 vorgestellt wurde.

6.2.1 Sozioökonomische Variablen

Nachfolgende Tabelle 13 gibt einen Überblick über die eingangs gestellten sozio ökonomischen Fragen. Es finden sich in der ersten Spalte die abgefragten Variablen und in der zweiten Spalte die jeweils möglichen Ausprägungen. Die letzten beiden Spalten weisen Häufigkeit und Anzahl der Nennungen aus.

Die Daten zeigen eine annähernd gleiche Besetzung der Geschlechter innerhalb des Experimentes, mit 56% gab es etwas mehr männliche als weibliche Teilnehmer. Es wird die für eine studentische Stichprobe übliche Altersdurchmischung erreicht, rund 11% der Teilnehmer waren 20 Jahre alt oder jünger. Die meisten Teilnehmer, nämlich 74%, waren zwischen 21 und 25 Jahren alt. Rund 12% lagen im Altersbereich 26-30 Jahre und nur 2,6% waren älter als 30 Jahre.

Die Semesterkohorten nehmen sukzessive ab, d.h. fast die Hälfte der Teilnehmer, nämlich 43,7%, befanden sich innerhalb der ersten zwei Semester ihres Studienganges. Im dritten und vierten Semester befanden sich nur noch rund 18%, im fünften und sechsten Semester 13,4%, im siebten und achten Semester 11,6%, im neunten und zehnten rund 9% und darüber lediglich 4,5%.

Tabelle 13: Häufigkeiten und Anzahl der sozioökonomischen Ausprägungen

Variable	Ausprägung	Häufigkeit	Anzahl
Geschlecht	männlich	56,3%	152
	weiblich	43,7%	118
		100%	270
Alter	bis 20	11,1%	30
	21 bis 25	74,1%	200
	26 bis 30	12,2%	33
	über 30	2,6%	7
		100%	270
Religion	keine	20,4%	55
	evangelisch	51,5%	139
	katholisch	20,7%	56
	andere	7,4%	20
		100%	270
Fachbereich	Wirtschaftswissenschaften	90,0%	243
	Wirtschaftsingenieurwesen	4,1%	11
	andere	5,9%	16
		100%	270
Semester	1 bis 2	43,7%	117
	3 bis 4	17,9%	48
	5 bis 6	13,4%	36
	7 bis 8	11,6%	31
	9 bis 10	8,9%	24
	über 10	4,5%	12
		100%	268

Der Hauptteil, nämlich 90% der Studierenden, war im Studienfach Wirtschaftswissenschaften eingeschrieben. 4,1% der Teilnehmer kamen aus dem benachbarten Studiengang Wirtschaftsingenieurwesen und rund 6% verteilten sich auf die verbleibenden zehn Fachbereiche der Universität Bremen.

Die Religionszugehörigkeit kann als typisch norddeutsch bezeichnet werden, die Hälfte der Probanden war evangelisch. Rund 20% waren entweder katholisch oder keiner Religion zugehörig, 7,4% hatten eine andere Religion.

Für die Analyse des folgenden Kapitels ist unter anderem entscheidend, ob die sozioökonomischen Charakteristika, insbesondere aber die Geschlechterverteilung, gleichmäßig über alle Treatments verteilt sind. Die Struktur kann der nachfolgenden Tabelle 14 entnommen werden.

Tabelle 14: Häufigkeiten und Anzahl der sozioökonomischen Ausprägungen aller untersuchten Treatmentvariablen

		Abstimmung		Kauf		Kauf u. Abst.		Sicher		Unsicher		Lokal		alle Treatm.	
Var.	Auspr.	%	n	%	n	%	n	%	n	%	n	%	n	%	n
Geschl.	männl.	52	28	61	33	56	91	56	50	60	54	53	48	56	152
	weibl.	48	26	39	21	44	71	44	40	40	36	47	42	44	118
		100	54	100	54	100	162	100	90	100	90	100	90	100	270
Alter	bis 20	13	7	13	7	10	16	9	8	11	10	13	12	11	30
	21-25	72	39	72	39	72	122	70	63	76	68	77	69	74	200
	26-30	15	8	13	7	11	18	18	16	9	8	10	9	12	33
	über 30	0	0	2	1	4	6	3	3	4	4	0	0	3	7
		100	54	100	54	100	162	100	90	100	90	100	90	100	270
Rel.	keine	31	17	17	9	18	29	24	22	19	17	18	16	20	55
	ev.	44	24	56	30	52	85	61	55	51	46	42	38	51	139
	kath.	19	10	20	11	22	35	11	10	20	18	31	28	21	56
	and.	6	3	7	4	8	13	3	3	10	9	9	8	7	20
		100	54	100	54	100	162	100	90	100	90	100	90	100	270
Fachb.	Wiwi	93	50	91	49	89	144	88	79	98	88	84	76	90	243
	Wing	4	2	4	2	4	7	6	5	0	0	7	6	4	11
	and.	4	2	6	3	7	11	7	6	2	2	9	8	6	16
		100	54	100	54	100	162	100	90	100	90	100	90	100	270
Sem.	1-2	61	33	58	31	33	53	33	29	47	42	51	46	44	117
	3-4	4	2	17	9	23	37	30	26	12	11	12	11	18	48
	5-6	11	6	8	4	16	26	13	11	17	15	11	10	13	36
	7-8	7	4	9	5	14	22	11	10	11	10	12	11	12	31
	9-10	13	7	4	2	9	15	8	7	11	10	8	7	9	24
	über 10	4	2	4	2	5	8	6	5	2	2	6	5	4	12
		100	54	100	53	100	161	100	88	100	90	100	90	100	268

Die Verteilung der Geschlechter auf die Treatments kann als homogen betrachtet werden, in allen Treatments ist der Anteil der Frauen leicht geringer als der der Männer. Die einzige kleine Abweichung von 5% zum Mittelwert liegt bei den Kauf-Treatments vor, hier waren lediglich 39% der Teilnehmer weiblich. Als ebenfalls homogen können die sozioökonomischen Variablen Alter und Fachbereich angesehen werden. Lediglich bei den Treatments, in denen die Varable Sicherheit getestet wurde, liegt eine 5%ige Abweichung vom Mittelwert bei der Altersgruppe 26 - 30 Jahren vor. Diese zeigt sich dann auch in der Semesteranzahl. Die letztgenannte Variable kann jedoch ebenso wie die Religionszugehörigkeit, als weniger homogen als die zuvor beschriebenen angesehen werden. Gerade die jüngeren Semesterkohorten weisen höhere Schwankungen bei den Treatments auf. Insgesamt ist das Sample jedoch in den entscheidenden Variablen als homogen anzusehen, womit den Anforderungen an ein ökonomisches Experiment (wie in Kapitel 3 beschrieben) Genüge getan wird.

6.2.2 Wissen

Im Teil Wissen wurden zwei Fragen bezüglich der Kenntnisse über den deutschen Strommarkt gestellt. In der ersten Frage sollten die Versuchspersonen die ihnen bekannten Energieversorgungsunternehmen nennen.

Tabelle 15: Häufigkeiten und Anzahl der Ausprägungen Wissen

Ausprägung	Häufigkeit	Anzahl
Welche Stromversorgungsunternehmen kennen Sie?(hier Anzahl)		
0	3,0%	8
1	10,7%	29
2	20,4%	55
3	27,8%	75
4	21,1%	57
5	17,0%	46
	100%	270
Wie hoch ist der Anteil (in %) am Strompreis, der für die Ökostromförderung bestimmt ist? (hier Abweichung)		
sehr starke Abweichung	34,4%	93
starke Abweichung	27,4%	74
mittlere Abweichung	8,9%	24
leichte Abweichung	14,8%	40
sehr leichte Abweichung	5,6%	15
keine Abweichung	8,9%	24
	100%	270

Tabelle 15 gibt hierzu einen Überblick. Nur 3% der Teilnehmer kannten kein Stromversorgungsunternehmen, aber es zeigt sich, dass zwei Drittel der Versuchspersonen drei oder mehr Stromversorgungsunternehmen kannten. Ein oder zwei Unternehmen wurden von rund 20% der Teilnehmer genannt. Eine nähere Betrachtung der zehn am häufigsten genannten Stromversorgungsunternehmen liefert Tabelle 16.

Es zeigt sich, dass die am häufigsten genannten Stromversorgungsunternehmen in drei größere Gruppen eingeteilt werden können: erstens lokale Anbieter wie swb, EWE oder Stadtwerke allgemein, zweitens die vier großen Netzbetreiber (E.ON, RWE, Vattenfall und EnBW) und drittens solche, die durch Werbung stark in die Öffentlichkeit treten, wie Yello und e wie einfach. Es ist auffällig, dass als reiner Ökostromanbieter lediglich LichtBlick genannt wurde und das nur von 10 Teilnehmern. Die Ökostromanbieter scheinen somit noch nicht allzu stark im Bewusstsein der Öffentlichkeit vertreten zu sein.

Die zuerst gestellte Frage bezog sich im Vergleich zur zweiten auf ein eher oberflächliches Wissen. Ein Blick auf die zweite Wissensfrage zeigt nun, dass die Kenntnisse über die Zusammensetzung des Strompreises nicht besonders ausgeprägt sind. Nur ein Drittel der Teilnehmer schätzte den Anteil am Strompreis, der für die Ökostromförderung bestimmt ist, richtig ein; dieser liegt bei ca. 4% für das Jahr 2008. Ein Drittel der Teilnehmer schätzte sogar sehr schlecht, ein weiteres Drittel schätzte mit mittleren bis starken Abweichungen vom tatsächlichen Wert.

Die Wissensfragen zeigen, dass je näher die Informationen am alltäglichen Leben und Erfahrungsbereich liegen und stärker im Bewusstsein der Teilnehmer verankert sind, desto höher ist auch die Qualität des Wissens. Insgesamt ist das Wissen der Teilnehmer über den Strommarkt als eher oberflächlich zu bewerten.

Tabelle 16: Genannte Stromversorgungsunternehmen

Unternehmen	Anzahl
E.ON	201
Yellow	129
Swb	114
RWE	95
EWE	81
Vattenfall	57
e wie einfach	40
EnBW	37
Stadtwerk	14
LichtBlick	10

6.2.3 Bewusstsein

Unter der Rubrik Bewusstsein wurden drei Fragen gestellt, welche die eigene Bereitschaft zum Wechsel zu Ökostrom anzeigen. Hier kann festgestellt werden, wie stark das eigene Bewusstsein zum Thema Ökostrom ausgeprägt ist und dieses in eine entsprechende Handlung umgesetzt wird oder ob im Gegensatz dazu die Neigung besteht, sich als Trittbrettfahrer zu verhalten. Wie eingangs im Werte-Verhaltens-System beschrieben, muss nicht unbedingt das Bewusstsein über Umweltprobleme darin resultieren, dass auch tatsächlich umweltfreundlichere Produkte konsumiert werden. Auch die wahrgenommene Effektivität des eigenen Handelns sowie die wahrgenommene Eigenverantwortung spielen eine entscheidende Rolle.

Es zeigt sich, dass sich zwei Drittel der Teilnehmer des Zusammenhangs zwischen grünem Strom und der Verbesserung der Umweltqualität bewusst sind und durch den Kauf von grünem Strom aktiv zu dieser Verbesserung beitragen wollen. Lediglich 11% lehnten diese Aussage ab. 27,8% der Teilnehmer standen dieser Frage immerhin unentschlossen gegenüber.

Tabelle 17: Häufigkeiten und Anzahl der Ausprägungen Bewusstsein

Ausprägung	Häufigkeit	Anzahl
Ich fühle mich verantwortlich, grünen Strom zu kaufen und damit zu einer Verbesserung der Umweltqualität beizutragen.		
lehne ab	11,1%	30
weder noch	27,8%	75
stimme zu	61,1%	165
	100%	270
Ich möchte keinen Ökostrom kaufen, solange ich diesen schon durch Beiträge, die im Strompreis enthalten sind (EEG), unterstütze.		
lehne ab	44,9%	121
weder noch	20,7%	56
stimme zu	34,4%	93
	100%	270
Ich werde nur dann zu Ökostrom wechseln, wenn dies auch die anderen Konsumenten tun.		
lehne ab	64,6%	173
weder noch	19,4%	52
stimme zu	16,0%	43
	100%	268

Ein Drittel der Teilnehmer wollte keinen Ökostrom kaufen, wenn dieser von ihnen bereits durch das EEG gefördert wird. Hier zeigt sich somit ein crowding out durch die staatliche Förderung: Es wird bemerkt, dass eine Förderung schon durch die im Strompreis enthaltenen Beiträge stattfindet, sodass die Bereitschaft, privat Ökostrom zu kaufen, sinkt. Rund 45% der Teilnehmer lehnten diese Aussage jedoch ab. Dieser Zusammenhang wird auch durch die analysierten Daten des Experimentes bestätigt. Das Umlageverfahren hält die Wirtschaftssubjekte nicht davon ab, privat zusätzlich Ökostrom nachzufragen. Auch bei dieser Frage waren rund 20% der Teilnehmer unentschlossen, ob sie diese Aussage befürworten oder nicht.

16% der Teilnehmer wollten Ökostrom nur dann kaufen, wenn sich alle für Strom aus Erneuerbaren Energien entscheiden, d.h. sie möchten vermeiden, dass andere Konsumenten Trittbrettfahren, ohne zu einer Verbesserung der Umweltqualität beizutragen. Fast zwei Drittel lehnte die Aussage jedoch ab; auch im Experiment kann, wie zuvor beschrieben, kaum Trittbrettfahren beobachtet werden. Auch bei der letzten Frage des Themenkomplexes Bewusstsein waren rund 20% der Teilnehmer unentschlossen.

6.2.4 Verantwortung

In der Kategorie Verantwortung wurden zwei Fragen gestellt, die den Zusammenhang zwischen Verantwortung für den Ausbau Erneuerbarer Energien und der Kostenträgerschaft untersuchen.

Es ist in Tabelle 18 klar zu erkennen, dass die Teilnehmer die Verantwortung für den Ausbau für Erneuerbare Energien nicht alleine bei den Konsumenten sehen. Die Einstellung, diesen nur über die Nachfrage der Konsumenten zu steuern, unterstützten nur rund 2% der Versuchspersonen (obwohl es sich um eine Gruppe von überwiegend Wirtschaftsstudenten handelt). Dass demgegenüber die alleinige Verantwortung beim Staat liegt, gaben 23% der Teilnehmer an. Die große Mehrheit von drei Vierteln der Befragten jedoch sah die Ökostromförderung als gemeinschaftliche Aufgabe von Staat und Konsumenten. Auch dieses Ergebnis wurde in der vorangegangenen Analyse der Treatmenteffekte, in den Kapiteln 4 und 5 gezogen. Größte Befürwortung fand dort das kombinierte Finanzierungssystem mit staatlicher Förderung und einem zusätzlichen privaten Ökostrommarkt.

Tabelle 18: Häufigkeiten und Anzahl der Ausprägungen Verantwortung

Ausprägung	Häufigkeit	Anzahl
Wer sollte in Deutschland Verantwortung für den Ausbau Erneuerbarer Energien übernehmen?		
Konsumenten	1,9%	5
Staat	23,0%	62
Konsumenten und Staat gemeinsam	75,1%	203
	100%	270
Wer sollte die Kosten des Ausbaus Erneuerbarer Energien tragen?		
Ökostromkunden	5,9%	16
Konsumenten des Stroms aus fossiler Energie	10,0%	27
alle Konsumenten gemeinsam	84,1%	227
	100%	270

Auch die nähere Betrachtung der Finanzierung des Ausbaus zeigt, dass eine gemeinsame Finanzierung durch alle Konsumenten gewünscht ist. 84,1% der Teilnehmer unterstützten das Umlageverfahren. Rund 6% der Teilnehmer unterstützten das Nutznießerprinzip, welches bedeutet, dass diejenigen, die den grünen Strom konsumieren, auch dafür zahlen sollen. Ein Zehntel hingegen präferierte das Verursacherprinzip, d.h. diejenigen, welche die CO_2-Emissionen durch den Bezug von grauem Strom verursachen, sollen auch die Schadenskosten tragen.

Die Ergebnisse beider Fragen stärken somit klar die Ergebnisse des Experiments. Dort gibt es die höchste Zahlungsbereitschaft für Ökostrom in den zweistufigen Treatments. In diesen wird die gemeinschaftliche Bereitstellung durch Staat und Konsumenten simuliert. Durch die staatliche Bereitstellung sind zudem alle Konsumenten verpflichtet, sich an der Finanzierung zu beteiligen

6.2.5 Engagement

Die fünfte Kategorie des Fragebogens geht der Frage nach, wie engagiert die Teilnehmer im Bereich ökologischer Fragestellungen sind, d.h. ob sie diese passiv wahrnehmen oder sich auch aktiv engagieren. Solange umweltbezogene Zusammenhänge, die Effektivität des eigenen Handelns, die Eigenverantwortung und umweltbezogene Zusammenhänge nur wahrgenommen werden, betrifft dies noch nicht das dem Individuum immanente Werte-Verhaltens-System. Erst wenn diesem eine individuelle Bedeutung gegeben wird, ist eine Umsetzung in umweltbewussten Konsum oder ein Engagement im Umweltbereich möglich. Vier Fragen wurden zu diesem Komplex gestellt.

Die Fragen zum Engagement geben ein sehr differenziertes Bild der Versuchspersonen, wie der Tabelle 19 entnommen werden kann. 12,6% waren selbst Mitglied in einer Umweltorganisation oder eine Person in ihrem Haushalt war es. Dieser Prozentsatz spiegelt das generell geringe Spendenverhalten der Bevölkerung wieder. Dies ist in Deutschland im Vergleich zu bspw. den USA geringer ausgeprägt, da in Deutschland diese Verantwortung generell eher beim Staat gesehen wird (Priller, Sommerfeld 2005).

Tabelle 19: Häufigkeiten und Anzahl der Ausprägungen Engagement

Ausprägung	Häufigkeit	Anzahl
Sind Sie oder jemand in Ihrem Haushalt Mitglied in einer Umweltorganisation?		
nein	87,4%	234
ja	12,6%	36
	100%	270
Ich diskutiere häufig über Umweltprobleme mit meinen Freunden.		
lehne ab	34,8%	94
weder noch	28,1%	76
stimme zu	37,1%	100
	100%	270
Ich halte mich für umweltbewusst.		
nein	19,6%	53
ja	80,4%	217
	100%	270
Wenn Sie die vorige Frage mit „ja" beantwortet haben, geben Sie in Stichpunkten an, wie sich dieses Umweltbewusstsein in Ihrem täglichen Leben ausdrückt. (hier Anzahl)		
0	48,9%	132
1	2,2%	6
2	10,0%	27
3	13,0%	35
4	15,2%	41
5	10,7%	29
	100%	270

Bei der Frage der aktiven Diskussion mit Freunden zu Umweltthemen spalten sich die Teilnehmer in nahezu drei gleich große Gruppen auf, d.h. ein Drittel der Teilnehmer machte von dieser Art Engagement Gebrauch. Ein Drittel lehnte den Diskurs mit Freunden ab und das verbleibende Drittel stand dieser Frage unentschlossen gegenüber.

Für umweltbewusst und somit intrinsisch engagiert hielten sich zumindest 80% der Teilnehmer, jedoch nur noch etwas über die Hälfte konnte dies mit konkreten Tätigkeiten umschreiben. So konnte lediglich die Hälfte der Versuchspersonen zwei oder mehr Tätigkeiten benennen, durch die sich ihr engagiertes Umweltbewusstsein ausdrückt. Nachfolgende Tabelle 20 zeigt die 10 am häufigsten genannten Tätigkeiten auf. Die insgesamt genannten Tätigkeiten sind vielfältig, beziehen sich jedoch größtenteils auf den sparsamen Umgang mit Ressourcen (Strom, Wasser, Gas, Papier und Verpackung einsparen), Recyceln (Mülltrennung) und die Benutzung des öffentlichen Personennahverkehrs.

Tabelle 20: Genannte Tätigkeiten

Tätigkeit	Anzahl
Benutzung des ÖPNV	96
Müll trennen	88
Strom sparen	85
Wasser sparen	37
Gas sparen	18
Bio-Lebensmittel kaufen	18
Papier sparen	12
Verpackung sparen	6
Produkte aus der Region kaufen	5
Ökologische Gemeinschaftsarbeit	4

Nur fünf Teilnehmer gaben an, dass sie Produkte aus der Region kaufen und dies als ein Engagement für die Umwelt ansehen. Anscheinend wird das Charakteristikum der Regionalität eines Produktes nicht direkt als ein Beitrag für die Umweltqualität gesehen. Das kann auch als eine Erklärung dafür gesehen werden, dass das lokale Laufwasserkraftwerk nur von den ohnehin umweltbewussten Teilnehmern unterstützt wird. Lediglich vier mal wurde ökologische Gemeinschaftsarbeit als Umweltengagement genannt.

6.2.6 Glaubwürdigkeit

Der vorletzte Teil des Fragebogens bezieht sich auf die Glaubwürdigkeit von Ökostromprodukten und zielt auf die Charaktereigenschaft des Ökostroms als Vertrauensgut ab. Auch nach dem Konsum hat der Konsument nicht die Möglichkeit, die Qualität des grünen Stroms, also die Höhe der CO_2-Vermeidung, zu beobachten. Er ist vollständig auf die Zusicherung und Zertifizierung seines Stromlieferanten angewiesen. Fast 60% der Teilnehmer hielten Ökostromprodukte generell für glaubwürdig, wie Tabelle 21 entnommen werden kann. Fast ein Fünftel hielt sie allerdings für unglaubwürdig. Rund 20% der Teilnehmer stand dieser Frage unentschlossen gegenüber.

Bei der Frage, ob zertifizierter grüner Strom zu einem Ausbau an Anlagen für Erneuerbare Energien führt, verschieben sich die Anteile der Teilnehmer hin zur unschlüssigen Menge weder noch. Immerhin die Hälfte der Versuchsteilnehmer stimmte dieser Aussage zu. 17,4% der Teilnehmer lehnten die Aussage ab, aber ein Drittel der Teilnehmer war unentschlossen. Insgesamt scheint dieser Problemkontext von den Teilnehmern als ambivalent wahrgenommen zu werden. Dies kann auf einen schlechten Kenntnisstand des Energiemarktes zurückgeführt werden. Es ist anzunehmen, dass einigen die Wirkungsmechanismen am Strommarkt unklar sind und sie sich somit schwer tun, eine eindeutige Position zu dieser Thematik zu finden.

Tabelle 21: Häufigkeiten und Anzahl der Ausprägungen Glaubwürdigkeit

Ausprägung	Häufigkeit	Anzahl
Für wie glaubwürdig halten Sie Ökostromprodukte?		
unglaubwürdig	18,9%	51
weder noch	21,5%	58
glaubwürdig	59,6%	161
	100%	270
Wenn ich zertifizierten grünen Strom kaufe, bedeutet das, dass ein Ausbau von Erneuerbare-Energien-Anlagen (z.B. Windkraftanlagen) stattfindet.		
lehne ab	17,4%	47
weder noch	32,2%	87
stimme zu	50,4%	136
	100%	270

6.2.7 Motivation

Der abschließende Teil des Fragebogens bezieht sich nicht auf die Einstellungen der Probanden, sondern auf die Art und Weise, wie diese die Entscheidungen im Experiment getroffen haben. Sind die Teilnehmer nur an einem möglichst hohen verbleibenden Budget interessiert, überlegen sie, wie die anderen Teilnehmer entscheiden oder möchten sie ein bestimmtes Niveau an CO_2-Vermeidung sicherstellen?

Wie Tabelle 22 zu entnehmen ist, wurde besonders häufig die Kombination „vermiedene Menge CO_2“ und „verbleibendes Budget“ genannt. Viele Teilnehmer bekräftigen, dass sie sich in die Entscheidungssituation hineinversetzten, als sei dies eine reale Entscheidungssituation. Einige setzten sich eine feste CO_2-Obergrenze, welche sie auf jeden Fall sicherstellen wollten. Die teilweise sehr ausführlichen Darstellungen des Entscheidungsprozesses und die Art der genannten Kriterien stützen die interne Validität des Experimentes, da die Teilnehmer die Regeln und den Anreizmechanismus verinnerlicht haben und in der Lage sind, transparent und selbstreflektierend ihr Entscheidungskalkül zusammenzufassen.

Tabelle 22: Genannte Motivation für das Lösen der Entscheidungsaufgabe

Motivation	Anzahl
verbleibendes Budget	105
Preis des Ökostroms	51
CO_2-Vermeidung	48
Umweltbewusstsein	31
Spende an die Umweltorganisation	18

7 Designübergreifende Ergebnisse

Durch die Verknüpfung des Fragebogens mit der Entscheidung im Experiment wird im ersten Teil dieses Kapitels untersucht, welche Variablen des Fragebogens (Soziodemographie und Einstellungen) einen Einfluss auf die individuelle Zahlungsbereitschaft haben. Im zweiten Teil dieses Kapitels wird näher auf die Gendereffekte des Untersuchungsgegenstandes eingegangen.

7.1 Panelanalyse

Auch wie im ersten Teil der Analyse, dargestellt in den Kapiteln 4 und 5, werden in diesem Kapitel die Individualwerte der Zahlungsbereitschaft betrachtet. Hierbei werden durch eine schrittweise Regression, nach der Methode der Kleinstquadrate mit Robustheitskorrektur, die Variablen ermittelt, die den höchsten Erklärungsbeitrag für die Zahlungsbereitschaft für Ökostrom im Experiment liefern. Soziodemographische oder Einstellungsvariablen, welche bei simultaner Betrachtung keinen signifikanten Beitrag zur Erklärung der Wahl für Ökostrom im Experiment liefern können, wurden ausgeschlossen und sind in Tabelle 23 nicht dargestellt. Aus methodischen Gründen enthält das Regressionsergebnis alle Treatmentvariablen, auch wenn diese nicht von Bedeutung für die Erklärung der Zahlungsbereitschaft waren.

Der untere Teil zeigt die Maße zur Messung der Güte der Gesamtschätzung: 36% der gesamten Varianz der Abstimmung oder des Kaufs von Ökostrom kann auf einem Signifikanzniveau von $p < 0,001$ durch die dargestellten Variablen erklärt werden. Im oberen Bereich ist der Einfluss jeder einzelnen Erklärungsvariablen statistisch nachgewiesen. Zunächst sind die Dummyvariablen für die Ausprägungen der einzelnen Treatments angegeben, darunter folgt der Preis, welcher von Runde zu Runde anstieg. Schließlich sind die Erklärungsvariablen des Fragebogens aufgeführt. Der Koeffizient weist aus, um wieviel Prozent das Niveau des Ökostroms zu- oder abnimmt, wenn die Erklärungsvariable zutrifft. Das Signifikanzniveau weist dabei die Fehlerwahrscheinlichkeit auf (Die Nullhypothese oder der Zusammenhang besteht nicht bzw. wird zu Unrecht abgelehnt). Die Koeffizienten sind dabei auf eine Benchmarkperson bezogen, welche folgende Eigenschaften aufweist: männlich, evangelisch und bei den Einstellungsvariablen den am häufigsten genannten Wert bzw. bei der dreistufigen Skala (stimme zu, weiß nicht, stimme nicht zu) jeweils den mittleren Wert. Diese Person präferiert ein Ökostromniveau von 59,5% (Konstante). Die Koeffizienten sind also als Abweichungen von dieser Person zu interpretieren. Es ist festzustellen, dass die zweistufigen Treatments bereits ein um 6,25% höheres Nachfrageniveau an Ökostrom aufweisen als das Abstimmungstreatment. Unsicherheit bezüglich der Qualität des Ökostroms verringert dagegen das Niveau um 5,25%. Beide Ergebnisse sind höchst signifikant und spiegeln die Ergebnisse des reinen Treatmentvergleichs wieder. Auch dort wurde die höchste Zahlungsbereitschaft beim zweistufigen Treatment generiert, gefolgt vom Abstimmungstreatment, wohingegen das Kauftreatment die geringste Zalungsbereitschaft aufweist, welches auf den Effekt des Trittbrettfahrens zurückgeführt werden konnte. Bei den verbleibenden Treatmentvariablen Kauf und Lokal kann kein signifikanter Zusammenhang durch das Regressionsmodell festgestellt werden. Die Ergebnisse des ersten Analyseteils zeigen bereits die Vielschichtigkeit der Präferenzen für das lokale Kraftwerk. Versuchspersonen, die in ihren jeweiligen Gruppen die höchste Nachfrage offenbarten, wiesen für das lokale Kraftwerk eine besonders hohe Zahlungsbereitschaft auf, gehen aber in der jetzt vorgenommenen Gesamtbetrachtung aller Teilnehmer unter.

Die Versuchsteilnehmer reagieren signifikant negativ auf höhere Preise. Es besteht ein streng monoton fallender Zusammenhang zwischen Preis und Nachfrage für Ökostrom. Wie in den Abbildungen der Kapitel 4 und 5 ersichtlich, ist dieser Zusammenhang nicht linear. Das heißt, bei höheren Preisen reagiert die Nachfrage weniger elastisch. Im Bereich der sozioökonomischen Variablen werden folgende Zusammenhänge deutlich. Weibliche Versuchsteilnehmer weisen ein um 4,8% höheres präferiertes Ökostromniveau auf als männliche. Im Bereich des Merkmals Religion ergibt sich ein um 5,1% höheres Niveau bei den Teilnehmern ohne Religion im Vergleich zu solchen mit evangelischer Religionszugehörigkeit. Katholische Versuchsteilnehmer präferieren ein um fast rund 4% höheres Ökostromniveau und Teilnehmer mit einer anderen Religion weisen die höchste positive Abweichung vom Benchmark mit 6,6% auf.

Im Bereich der Einstellungsvariablen können verschiedene signifikante Effekte ausgemacht werden. Die Variablen des Befragungsteils Wissen bieten zwei gegenläufige Effekte. Je mehr Stromversorgungsunternehmen die Teilnehmer kennen, desto geringer ist die Nachfrage für Ökostrom. Je besser jedoch der Teil an Ökostrom geschätzt wurde, welcher für die Ökostromförderung bestimmt ist, desto höher ist das präferierte Niveau an Ökostrom. Die Teilnehmer, die sich somit mit dem Strommarkt detaillierter auskennen und die tiefergehende zweite Wissensfrage richtig beantworten, präferieren einen signifikant höheren Anteil von Strom aus Erneuerbaren Energien.

Teilnehmer, die sich verantwortlich fühlen, grünen Strom zu kaufen und damit zu einer Verbesserung der Umweltqualität beizutragen, wünschen ein um 6,7% höheres Niveau als diejenigen, die diese Frage mit der Aussage weder noch beantworten.

Tabelle 23: Panel-Regression erste Stufe

Variable	Koeff.	Std.fehl.	p
Treatmentvariablen:			
dummy Kauf	-0,11	1,97	0,956
dummy Abstimmung und Kauf	6,25***	1,66	0,000
dummy Unsicherheit	-5,25***	1,52	0,001
dummy lokales Laufwasserkraftwerk	-1,20	1,55	0,439
Preis	-11,082***	0,93	0,000
Preis²	0,68***	0,09	0,000
Sozioökonomische Variablen:			
weiblich	4,83***	1,31	0,000
ohne Religion	5,10**	1,62	0,002
andere Religion	6,65**	2,53	0,009
katholisch	3,97*	1,65	0,016
Einstellungsvariablen:			
Wissen 1 (Anzahl der genannten Stromversorgungsunternehmen)	-1,60***	0,49	0,001
Wissen 2 (geschätzter Anteil, der für die Ökostromförderung bestimmt ist)	1,65***	0,39	0,000
Bewusstsein 1 (fühlt sich verantwortlich, grünen Strom zu kaufen)	6,75***	1,39	0,000
Bewusstsein 2 (kauft auch grünen Strom, wenn dieser bereits öffentlich bereitgestellt wird)	4,01**	1,35	0,003
Engagement 1 (Mitglied in einer Umweltorganisation)	5,10**	1,89	0,007
Engagement 2 (diskutiert nicht mit Freunden über Umweltprobleme)	-3,74**	1,47	0,011
Engagement 3 (hält sich selbst für nicht umweltbewusst)	-5,17**	1,73	0,003
Glaubwürdigkeit 1 (hält grünen Strom für unglaubwürdig)	-5,56**	1,73	0,001
Glaubwürdigkeit 2 (glaubt, dass durch den Kauf von grünem Strom kein Ausbau an EEAnlagen stattfindet)	-3,87*	1,71	0,023
Konstante	59,52***	1,43	0,000
$\overline{R}^2$	0,358		
n	1350		
F	40,51***		0,000

Alle Regressionen enthalten als fixe Parameter die Treatment-Dummy-Variablen und die Preisvariable. Der jeweilige Index *, ** und *** drückt die Signifikanz auf dem 10%, 5% und 1%-Niveau aus. Robuste Standardfehler.

Eine um 4% höhere Nachfrage weisen solche Teilnehmer auf, die Ökostrom auch kaufen, wenn er bereits durch das im Strompreis enthaltene EEG gefördert wird.

Unterstützt wird dieser Zusammenhang durch die Regressionsergebnisse des Teils Engagement. Diejenigen, die selbst Mitglied in einer Umweltorganisation sind, weisen im Experiment ein um 5,1% höheres Ökostromniveau auf. Teilnehmer, die hingegen nur sehr selten oder nie über Umweltprobleme mit ihren Freunden diskutieren, präferieren ein um 3,7% niedrigeres Niveau an Ökostrom. Auch diejenigen, die sich selbst für nicht umweltbewusst halten, weisen ein um 5,2% niedrigeres Niveau auf als die Personen, die diese Frage bejahen.

Auch im Bereich der Glaubwürdigkeit von Ökostromprodukten zeigt sich ein eindeutiger Zusammenhang: Versuchsteilnehmer, die Ökostromprodukte für unglaubw ürdig halten, präferieren ein um 5,6% niedrigeres Ökostromniveau als diejenigen, welche dieser Frage indifferent gegenüberstehen. Eine um fast 4% geringere Zahlungsbereitschaft haben solche Teilnehmer, die nicht glauben, dass ein Ausbau in Erneuerbare-Energien-Anlagen stattfindet, wenn sie zertifizierten grünen Strom kaufen. Insgesamt gesehen sind die Ergebnisse der Panelregression für die erste Stufe evident und stehen im Einklang mit den Ergebnissen des Treatmentvergleichs.

Tabelle 24 enthält analog die Regressionsergebnisse für den privaten Zukauf von Ökostrom in den kombinierten Treatments mit Abstimmung (erste Stufe) und Kauf (zweite Stufe). Hier wird der individuelle Zukauf von Ökostrom in der jeweils zweiten Stufe der Treatments 3, 6 und 9 betrachtet. Die Dummyvariablen sind somit auf die Ausprägungen Unsicherheit und lokales Laufwasserkraftwerk eingeschränkt. Auch hier wurden in einer schrittweisen OLS-Regression zunächst die Variablen ermittelt, welche den höchsten Erklärungsbeitrag für die Zahlungsbereitschaft in der zweiten Stufe liefern. Die Koeffizienten der Panelregression beziehen sich jeweils wieder auf eine Benchmarkperson mit den Eigenschaften: männlich, evangelisch und bei den Einstellungsvariablen den am häufigsten genannten Wert bzw. bei einer dreistufigen Skala den mittleren Wert. Diese Person präferiert einen Zukauf von 31,5% Ökostrom zu ihrem privaten Strommix.

Die Betrachtung der privaten Zahlungsbereitschaft bei gegebenem EEG-Niveau zeigt, dass Unsicherheit bezüglich der Qualität des Ökostroms den Zukauf um 2,8% mindert. Für das lokale Kraftwerk ergibt sich weiterhin keine signifikant erhöhte Zahlungsbereitschaft, wenn auch der Koeffizient jetzt ein positives Vorzeichen aufweist. Der Preis hat erwartungsgemäß einen starken negativen Einfluss auf die zusätzliche Kaufbereitschaft der Teilnehmer. Dieser ist wieder nicht linear, streng monoton fallend.

Tabelle 24: Panel-Regression zweite Stufe

Variable	Koeff.	Std.fehl.	p
Treatmentvariablen:			
dummy Unsicherheit	-2,85*	1,23	0,020
dummy lokales Laufwasserkraftwerk	1,61	1,21	0,184
Preis	-2,93***	0,75	0,000
Preis²	0,15*	0,07	0,040
Sozioökonomische Variablen:			
weiblich	-3,10**	1,08	0,004
Einstellungsvariablen:			
Wissen 1 (Anzahl der genannten Stromversorgungsunternehmen)	-2,47***	0,41	0,000
Bewusstsein 1 (fühlt sich verantwortlich, grünen Strom zu kaufen)	2,98**	1,11	0,007
Bewusstsein 3 (kauft auch grünen Strom, wenn die anderen dies nicht tun)	2,41*	1,05	0,022
Verantwortung 1 (der Staat sollte die Verantwortung für den Ausbau von Erneuerbare-Energien- Anlagen tragen)	-2,62*	1,18	0,026
Engagement 2 (diskutiert nicht mit Freunden über Umweltprobleme)	-2,54*	1,09	0,020
Glaubwürdigkeit 1 (glaubt, dass grüner Strom unglaubwürdig ist)	-2,62*	1,24	0,035
Glaubwürdigkeit 2 (glaubt, dass durch den Kauf von grünem Strom kein Ausbau an Erneuerbare- Energien-Anlagen stattfindet)	-4,15**	1,38	0,003
Konstante	31,51***	2,47	0,000
$\overline{R}^2$	0,182		
n	810		
F	15,95***		0,000

Alle Regressionen enthalten als fixe Parameter die Treatment-Dummy-Variablen und die Preisvariable. Der jeweilige Index *, ** und *** drückt die Signifikanz auf dem 10%, 5% und 1%-Niveau aus. Robuste Standardfehler.

Im Gegensatz zur ersten Stufe sind die weiblichen Teilnehmer in der zweiten Stufe in geringerem Maße bereit, zusätzlich Ökostrom zu kaufen. Ihr zugekauftes Niveau an Ökostrom liegt rund 3% niedriger als das der männlichen Teilnehmer. Somit lässt sich festhalten, dass insbesondere Frauen eine starke Präferenz für das Umlageverfahren haben. Dies deckt sich mit der Forschungsliteratur zum geschlechterspezifischen Verhalten, die zeigt, dass Frauen dem allgemeinen Wettbewerb gegenüber weniger aufgeschlossen sind als Männer.[70] Im folgenden Unterkapitel 7.2 wird ausführlich auf die Gendereffekte der Untersuchung eingegangen.

Die Anzahl der genannten Stromversorgungsunternehmen hat wie auch bei der vorigen Regression einen negativen Einfluss auf die zusätzliche Zahlungsbereitschaft der Individuen.

Diejenigen, die sich verantwortlich fühlen, grünen Strom zu kaufen, um damit zu einer Verbesserung der Umweltqualität beizutragen, kaufen rund 3% Ökostrom zusätzlich. Teilnehmer, die die Aussage, dass sie erst dann zu Ökostrom wechseln, wenn dies auch die anderen Konsumenten tun, ablehnen, kaufen um 2,4% mehr Ökostrom in der zweiten Stufe als diejenigen, die diese Frage nicht eindeutig bejahen oder verneinen können.

Die Versuchsteilnehmer, die die Verantwortung für den Ausbau Erneuerbarer Energien beim Staat sehen, kaufen um 2,6% weniger Ökostrom hinzu als diejenigen, welche die Finanzierung in einer gemeinschaftlichen Verantwortung von Staat und Konsumenten sehen. Dieser Zusammenhang stärkt die Ergebnisse des Treatmentsvergleichs der vorliegenden Untersuchung.

Teilnehmer, die nur selten oder nie mit ihren Freunden über Umweltprobleme diskutieren, besitzen, wie in der ersten Stufe, geringere Präferenzen für Ökostrom. Sie kaufen um 2,5% weniger hinzu im Vergleich zu denjenigen, die in diesem Punkt unsicher sind.

Im Bereich der Glaubwürdigkeit der Qualität von Ökostrom decken sich die Ergebnisse mit denen aus der Regression der ersten Stufe. Teilnehmer, die Ökostromprodukte für unglaubwürdig halten, kaufen um 2,6% weniger Ökostrom. Diejenigen, die nicht glauben, dass durch den Kauf von zertifiziertem grünem Strom ein Ausbau in Erneuerbare-Energien-Anlagen stattfindet, kaufen um 4,2% weniger als diejenigen, die diese Fragen weder zustimmend noch ablehnend beantworten.

Insgesamt gesehen zeigen die beiden Regressionen eine hohe Konsistenz der experimentell gewonnenen Zahlungsbereitschaftsdaten. So haben die Versuchsteilnehmer z.B. genau der Theorie entsprechend auf Preisunterschiede reagiert. Einstellungsvariablen und offenbarte Präferenzen weisen eine hohe Korrelation auf. Es zeigt sich, wie wichtig alle Aspekte des Werte-Verhaltens-Systems sind. Nicht nur das Unweltbewusstsein (Kategorien 3 und 5 des Fragebogens), sondern auch die wahgenommene Eigenverantwortung (Kategorie 4) im Zusammenspiel mit der Effektivität des eigenen Handelns (Kategorie 6), führen zu einem umweltbewussten Konsum und damit, übertragen auf das Experiment, zu einer höheren Zahlungs- und Spendenbereitschaft für Ökostrom.

70 Vgl. dazu beispielhaft Niederle und Vesterlund (2007).

7.2 Gendereffekte

Der vorige Unterabschnitt zeigte einen geschlechtsspezifischen gegenläufigen Aspekt bei der Betrachtung der Einflussfaktoren für die Zahlungsbereitschaft im Experiment. In diesem Kapitel soll dieser Zusammenhang näher, das heißt für die einzelnen Untersuchungsvariablen, die Art der Finanzierung und die Qualität des Ökostroms, untersucht werden. Dafür wird zunächst eine geschlechtsspezifische Unterscheidung der jeweils ersten Stufe aller Treatments vorgenommmen. Im Anschluss wird der Additivitätseffekt in den zweiten Stufen der Treatments T3, T6 und T9 untersucht.

Wie der Tabelle 25 zu entnehmen ist, ist der Median der Spenden- und Zahlungsbereitschaft in den jeweils ersten Stufen aller Treatmentvergleiche bei den Frauen fast durchgängig für alle Preise höher als bei den Männern.[71]

In den Kauftreatments liegen die realisierten Mediane bei den Frauen signifikant höher als bei den Männern. Dies bedeutet, dass die Spendenbereitschaft der Frauen sehr viel größer ist und nicht so stark von einem Anreiz zum Trittbrettfahren dominiert wird. Abbildung 30 veranschaulicht die Differenz der Mediane für die Kauftreatments T2, T5 und T8. Bei niedrigeren Preisen von 1 ct/kWh und 3 ct/kWh liegt der Median um rund 25 bis 30 Punkte über dem der Männer. Relativ betrachtet zur allgemein fallenden Nachfrage bei höheren Preisen ist die Bereitschaft der Frauen, Ökostrom nachzufragen um ca. 46% bis 71% höher als die der Männer. Es sei an dieser Stelle nochmals angemerkt, dass die Kauftreatments allein die Spendenbereitschaft betrachten, da Trittbrettfahren in vollem Maße möglich ist.

Bei näherer Betrachtung des Trittbrettfahrer Verhaltens zeigt sich, dass dieses fast ausschließlich von den männlichen Versuchsteilnehmern betrieben wird. Abbildung 31 zeigt die Häufigkeit der Spenden- und Zahlungsbereitschaft für Männer und Frauen für geringe Mengen an Ökostrom, d.h. von 0% bis 3%. Es sind zwei deutliche Effekte auszumachen. Erstens ist das Trittbrettfahren der Männer in den Kauftreatments höher als in den Abstimmungstreatments. Die Möglichkeit, Trittbrett zu fahren besteht in den Kauftreatments, da nur der selbst erworbene Ökostrom finanziert werden muss, die Zahlungsbereitschaft wird untertrieben. Vergleichend dazu sind die Zahlungsmechanismen aufgeführt, in denen es die dominante Strategie ist, die wahren Präferenzen zu offenbaren, wie es in den Abstimmungstreatements durch einen Mehrheitsentscheid der Fall ist. Zweitens ist die Trittbrettfahrenbereitschaft der männlichen Versuchsteilnehmer

71 Die Ausnahme bildet ein Fall in den Treatments mit lokaler Ökostromproduktion T7-T9 bei einem Preis von 1 ct/kWh; hier liegt die Zahlungsbereitschaft der Frauen unter der der Männer.

in beiden Treatments, Abstimmung und Kaufen, jeweils sehr viel höher als bei den Teilnehmerinnen. Bei letzteren liegen keine erkennbaren Treatmentunterschiede bei niedrigen Bereitstellungsniveaus vor.

Tabelle 25: Realisierte Mediane nach Geschlecht und zu untersuchender Variable in den ersten Stufen des Experimentes

			1ct/kWh			3ct/kWh			5ct/kWh			7ct/kWh			9ct/kWh		
		N	Mitt.	St.f.	Med.	Mitt.	St.f.	Med.	Mitt.	St.f.	Med.	Mitt.	St.f.	Med.	Mitt.	St.f.	Med.
Abst.	M	28	46,4	6,70	50,0	29,9	5,31	22,0	24,9	4,52	13,5	19,1	3,51	11,5	16,6	3,30	8,0
	F	26	54,4	6,41	55,0	34,7	5,07	31,5	24,0	3,74	16,0	20,9	3,41	18,0	18,0	3,38	11,5
	$\chi^2(1)$		0,42			0,91			0,18			0,68			0,46		
	p		0,515			0,340			0,671			0,410			0,499		
Kauf	M	33	41,0	6,12	33,0	24,7	4,49	20,0	18,9	3,93	13,0	16,1	3,72	7,0	13,0	3,43	6,0
	F	21	62,8	5,68	63,0	45,4	6,46	44,0	27,7	3,14	24,0	27,7	3,98	22,0	22,3	3,19	21,0
	$\chi^2(1)$		3,68*			7,04***			7,29***			8,66***			9,51	***	
	p		0,055			0,008			0,007			0,003			0,002		
A.+K.	M	91	54,4	3,04	56,0	33,7	2,67	28,0	27,1	2,41	21,0	22,7	2,32	16,0	20,2	2,33	14,0
	F	71	68,8	3,05	67,0	44,3	2,98	45,0	35,7	3,03	30,0	28,9	2,34	24,0	24,3	1,95	21,0
	$\chi^2(1)$		10,44***			7,12***			5,33**			6,77***			6,10	**	
	p		0,001			0,008			0,021			0,009			0,014		
Sicher	M	50	45,6	3,85	50,0	31,8	3,33	28,0	24,1	2,6	21,0	19,5	2,49	14,0	15,8	2,28	9,0
	F	40	75,2	3,68	80,0	53,5	4,25	50,0	38,9	3,58	38,0	31,0	2,83	31,0	26,9	2,47	24,0
	$\chi^2(1)$		22,72***			13,46***			8,78***			10,10***			12,14	***	
	p		0,000			0			0,003			0,001			0,000		
Uns.	M	54	47,8	4,36	53,0	26,6	3,36	21,5	21,9	2,96	15,0	18,4	2,66	11,0	17,0	2,79	8,5
	F	36	60,1	4,74	66,0	34,8	3,65	29,5	25,9	3,22	20,0	24,5	3,30	20,0	20,4	2,77	15,5
	$\chi^2(1)$		3,50*			4,18**			2,33			3,69*			3,05	*	
	p		0,061			0,041			0,127			0,055			0,081		
Lokal	M	48	58,3	5,09	64,5	35,3	4,29	23,0	29,2	4,10	15,0	24,27	3,81	13,0	21,5	3,67	14,5
	F	42	58,3	4,45	63,0	38,4	4,01	43,0	29,8	3,85	28,0	25,1	3,00	21,5	20,3	2,54	18,0
	$\chi^2(1)$		0,03			0,62			0,28			1,02			0,88		
	p		0,855			0,433			0,596			0,312			0,348		

Hinweise: Kruskal-Wallis-Test auf Gleichheit der Verteilungen. Der jeweilige Index *, ** und *** drückt die Signifikanz auf dem 10%, 5% und 1%-Niveau aus.

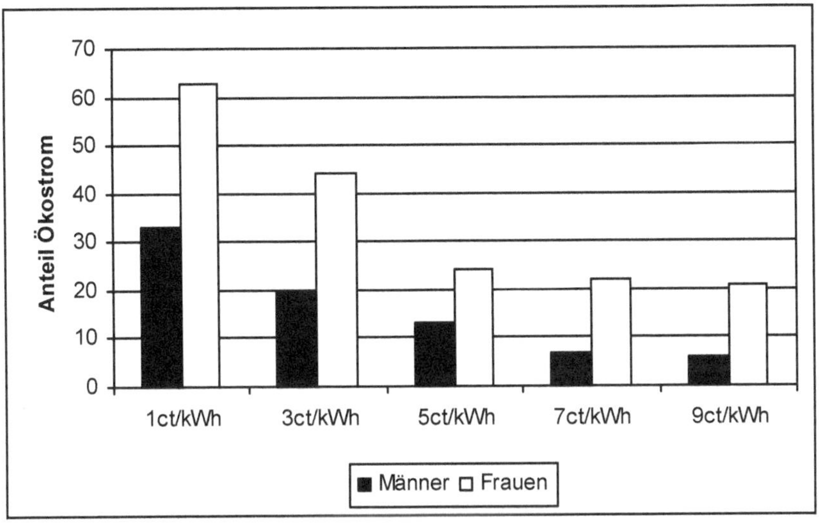

Abbildung 30: Mediane nach Geschlecht der Treatments T2, T5 und T8

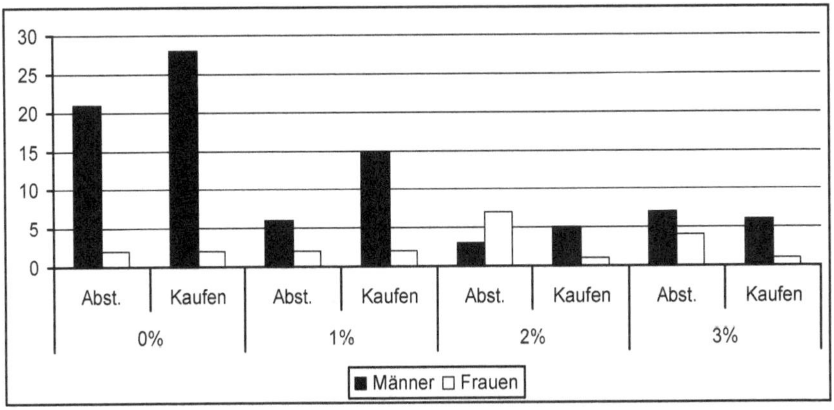

Abbildung 31: Häufigkeit der gewünschten Niveaus für Ökostrom nach der Treatmentvariable Abstimmung oder Kaufen und Geschlecht

Die Genderliteratur ist sich bei der Diskussion von geschlechtsspezifischem Spendenverhalten fast einig und konkludiert, dass Frauen sich insgesamt großzügiger verhalten als Männer, dies auch selbst reflektieren und sich auch dementsprechend verhalten (Aguiar et al. 2009). Männer sehen diesen Geschlechterunterschied im Spendenverhalten nicht. Croson und Gneezy (2009) zeigen in einem ausführlichen Literaturüberblick auf, dass Frauen in ökonomischen Experimenten mit Anreizstruktur mehr spenden als die männlichen Versuchsteilnehmer. Sie zeigen auch auf, dass die Ergebnisse von psychologischen Untersuchungen nicht immer so eindeutig sind; dort hängt die höhere Spendenbereitschaft oftmals von der Ausgestaltung der Kommunikation ab. Croson und Gneezy zeigen ebenfalls auf, dass das Spendenverhalten der Männer bei Variation der Treatments relativ konstant ausfällt, bzw. nur gering variiert, das Spendenverhalten der Frauen je nach Variation der Details hingegen sehr unterschiedlich ausfallen kann. In einer ebenfalls experimentellen Studie zeigen Andreoni und Vesterlund (2001), dass sich Männer entweder eindeutig eigennützig oder uneigennützig verhalten, die Gruppe der Frauen jedoch eher zu einer fairen Spendenbereitschaft von 50% tendiert. Ein solcher Zusammenhang führt natürlich gleichzeitig dazu, dass Trittbrettfahren eher bei der Untergruppe der eigennützig denkenden Männern beobachtet werden kann, da diese eher „Extrempositionen" bei der Spendenbereitschaft beziehen, als bei der Gruppe der Frauen, die eine „faire" Aufteilung der Budgets bevorzugen. Die in dieser Untersuchung vorliegenden Ergebnisse stehen im Einklang sowohl mit der Literatur zum Spendenverhalten als auch mit derjenigen zum Trittbrettfahren. Die Literatur (Cadsby und Maynes 1998) zeigt zudem, dass Frauen ganz unterschiedlich über moralische Probleme und Entscheidungen denken. So verbinden Frauen, wenn es um Aufgaben wie das Spenden geht, dies eher mit Gedanken an Fürsorge und Verantwortung, Männer dagegen denken an Rechte und Regeln. Auch diese der Person immanente Kontextbildung kann zu höherer Spendenbereitschaft der Frauen führen.

Ein weiterer genderspezifischer Aspekt, welcher häufig bei experiementellen Untersuchungen auffällt, ist der Aspekt der Risikoaversion. Auch in der vorliegenden Untersuchung liegen Risikoaspekte im Design vor, da sowohl Treatments mit sicherer CO_2-Vermeidung als auch mit unsicherer CO_2-Vermeidung vorhanden sind.

Bei der Betrachtung des Aspektes der Qualität des Ökostroms fällt auf, dass die realisierten Mediane in der Gruppe der Frauen in den Treatments mit sicherer CO_2-Vermeidung im höchsten Grade signifikant über denen der Gruppe der Männer liegen.

Abbildung 32 verdeutlicht diesen ausgeprägten Zusammenhang. Der Median der Zahlungs- und Spendenbereitschaft der Frauengruppe ist bei sicherer CO_2-Vermeidung zwischen 38% und 63% höher als die der Männer. Dieser Effekt ist sehr konstant und über alle Preisniveaus hinweg betrachtet, vorhanden fällt jedoch mit zunehmenden Preisen leicht ab.

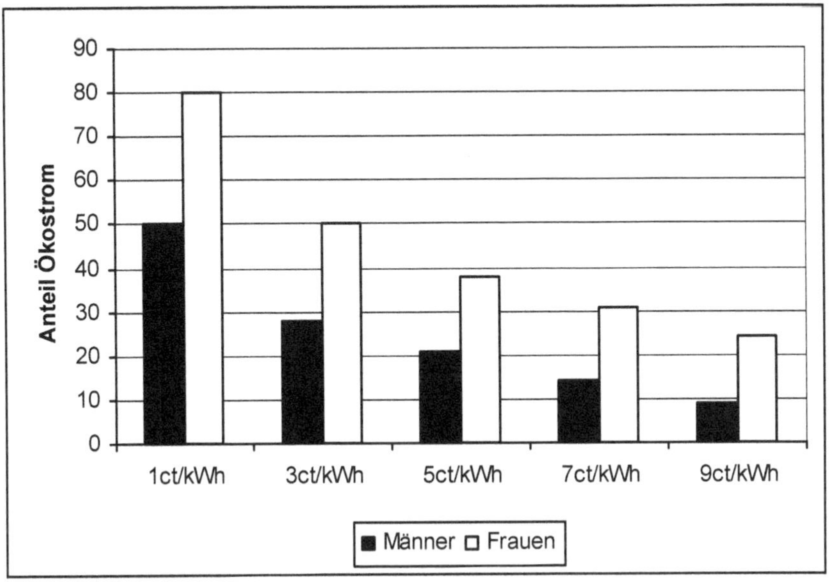

Abbildung 32: Mediane nach Geschlecht der Treatments T1-3

Auch bei unsicherer CO_2-Vermeidung sind die realisierten Mediane der Frauengruppe größer als die der Männer, wenn auch auf einem geringeren Signifikanzniveau. Berücksichtigt man die Ergebnisse der Genderliteratur, kann man ggf. auf die Idee kommen, dass die realisierten Mediane der Frauen bei unsicherer CO_2- Vermeidung geringer als die der Männer ausfallen sollten, da Frauen risikoaverser reagieren. Bei Betrachtung von Abbildung 33 scheint dies auf den ersten Blick nicht der Fall zu sein. Der Median der Zahlungs- und Spendenbereitschaft der Frauengruppe ist zwischen 20% und 45% höher als die der Männer und nimmt mit steigenden Preisen leicht zu.

Die geschlechtsspezifischen Treatmenteffekt zwischen Sicherheit, also den Treatments T1-3, und Unsicherheit, somit den Treatments T4-6, zeigen hingegen, dass die Gruppe der Frauen in einem Umfeld mit induzierter Unsicherheit stark in ihrer Zahlungs- und Spendenbereitschaft einbricht und zwar um ein vielfaches stärker als die Gruppe der Männer. Abbildung 34 verdeutlicht diesen Effekt auf unsichere CO_2-Vermeidung. Die absolute Differenz der Mediane zwischen Männern und Frauen liegt zwischen rund 7,5% und 17,% und fällt mit steigenden Preisen. Die Gruppe der Männer reagiert nur schwach auf die Unsicherheit in der CO_2-Vermeidung.

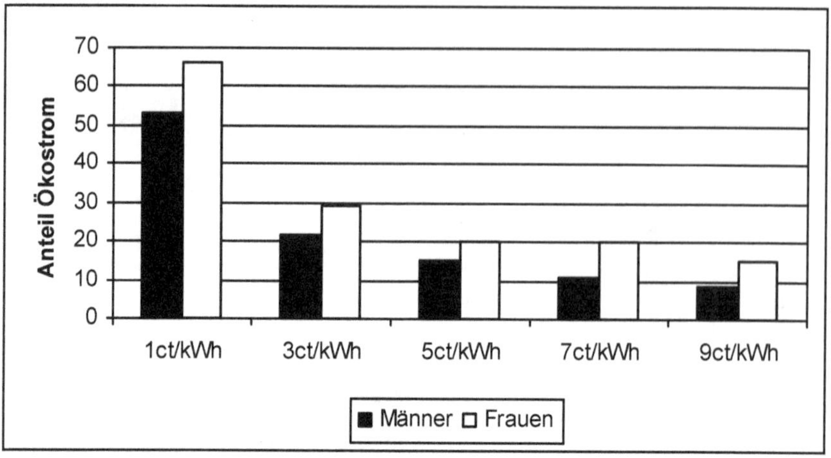

Abbildung 33: Mediane nach Geschlecht der Treatments T4-6

Eine große Anzahl von Literatur in den Fachgebieten der Psychologie und Soziologie belegt die größere Risikoaversion bei Frauen im Vergleich zu Männern. Ergebnisse aus der experimentellen Ökonomie (vgl. unter anderem Powell und Ansic 1997, Schubert et al. (1999) oder Eckel und Grossmann (2001)) zeigen diese Tendenz ebenfalls, allerdings weniger stark ausgeprägt. In einer groß angelegten Metastudie zeigen Byrnes et al. (1999) in einer 150 Studien umfassenden Analyse für den Zeitraum 1967-1997 zusammenfassend, dass sich in 14 von 16 Aufgaben die Männer risikofreudiger zeigen als die Frauen. Im Bereich der experimentellen Finanzmarktliteratur weisen Untersuchungen auf, dass das risikofreudigere Verhalten der Männer auch auf Selbstsicherheit und teilweise auch Selbstüberschätzung in Bezug auf das eigene Wissen zurückgeführt werden kann.[72] Selbstsichere Investoren halten in der Regel risikoreichere Portfolios, da sie das Risiko unterschätzen.

72 In der englischsprachigen Literatur wird dieser Zusammenhang als overconfidence bezeichnet und meint damit nicht nur Selbstsicherheit im eigentlichen Wortlaut, sondern auch in gewissem Maße eine Überbewertung des eigenenWissenstandes im Vergleich zu anderen bzw. im Vergleich zur Marktinformation.

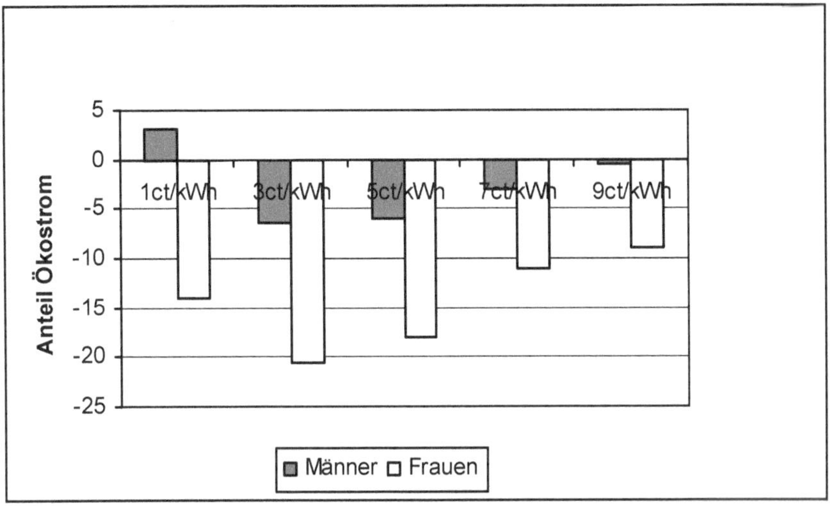

Abbildung 34: Differenz der Mediane zwischen Sicherheit und Unsicherheit in Abhängigkeit des Geschlechts

Eine Vielzahl von Untersuchungen (vgl. unter anderem Deaux und Farris 1977, Estess und Hosseini 1988 und Lundenberg et al. 1994) belegen, dass Männer diese Selbstsicherheit und Überschätzung des eigenen Wissens im Hinblick zu den Marktinformationen, im Gegensatz zu Frauen, aufweisen. Frauen unterschätzen dagegen eher ihren Kenntnisstand, was zu einer zurückhaltenden Handlungsweise am Markt führt. Auch wenn es in der vorliegenden Untersuchung nicht um die Gestaltung optimaler Portfolios geht, zeigt sich auch hier, dass die Variable Unsicherheit einen stärkeren Einfluss auf die Zahlungs- und Spendenbereitschaft bei Frauen auslöst als bei Männern und kann als konsistent angesehen werden.

Wie bereits im vorigen Unterkapitel erläutert, zeigen sich keine signifikanten Effekte für das lokale Laufwasserkraftwerk. Das ist auch auf Genderebene nicht der Fall; zwar sind hier die realisierten Mittelwerte der Frauengruppe höher als die der Männer, jedoch nicht auf einem signifikanten Niveau. Über alle Treatments der vorigen Tabelle betrachtet, liegen hier die Mediane der beiden Geschlechtergruppen am dichtesten zusammen.

Bislang wurde geschlechtsspezifisch jeweils die erste Stufe des Experimentes betrachtet. Dabei wurden die geschlechtsspezifischen Unterschiede für die verschiedenen Finanzierungsarten und für verschiedene Qualitäten von Ökostrom herausgestellt. In einem weiteren Schritt soll ein Blick auf die Unterschiede in den zweistufigen Treatments, also den Additivitätseffekt, geworfen werden. In Tabelle 26 sind somit lediglich die Treatments T3, T6 und T9 aufgeführt. Dabei wird jeweils zwischen der ersten und zweiten Stufe sowie zwischen den verschiedenen Qualitäten von Ökostrom, sichere CO_2-Vermeidung, unsichere CO_2-Vermeidung sowie das lokale Laufwasserkraftwerk unterschieden.

In den jeweils ersten Stufen der Treatments T3, T6 und T9 liegen die realisierten Mediane der Frauen jeweils über denen der Männer. Bis auf das Treatment mit dem lokalen Laufwasserkraftwerk sind diese Mediane größtenteils signifikant verschieden. Dieser Zusammenhang ist auch in der vorigen Tabelle 24 wiederzufinden; diese weist höchst signifikante geschlechts-spezifische Treatmenteffekte für die erste Stufe der Treatments T3, 6 und 9 auf. Betrachtet man die zweite Stufe, so ist dieser Effekt nicht mehr eindeutig und auch in keinem einzelnen Fall signifikant ausgeprägt. Gerade bei geringeren Preisen je kWh Ökostrom zeigt sich, dass die realisierten Mediane der Männer teilweise oberhalb der Frauengruppe liegen. Im Unterkapitel der Regressionsanalyse zeigt sich für die Additivität sogar ein leicht negativer Zusammenhang für die Frauen. Da in dem jetzt vorgenommenen einzelnen Treatmentvergleich nur kleine Gruppengrößen und Fallzahlen je Geschlecht um die 25 Personen auftreten, ist die Signifikanz nicht so stark ausgeprägt, wie bei der Regressionsanalyse. Der zum Teil gegenläufige Effekt zur ersten Stufe zeigt sich jedoch auch bei dieser Betrachtungsweise, am ausgeprägtesten im Treatment Unsicherheit T6.

Niederle und Vesterlund (2007) zeigen in einer umfangreichen experimentellen Analyse, dass sich Frauen zurückhaltender in wettbewerblichen bzw. relativen Positionen verhalten. Sie führen dieses Zurückhalten auf verschiedene Zusammenhänge zurück.

Zum einen liegen geschlechtsspezifische Präferenzunterschiede bei der Einschätzung von Wettbewerbssituationen vor. Frauen präferieren diese weniger im Vergleich zu Männern. Befinden sie sich in solchen Situationen, löst das psychische Kosten aus. Da zudem Wettbewerb eine unsichere Auszahlung impliziert und die Auszahlung auch vom Verhalten der anderen Marktteilnehmer abhängt, spielt die Risikoeinstellung eine entscheidende Rolle. Wie im vorigen Abschnitt beschrieben, sind Frauen risikoaverser als Männer und halten sich somit in wettbewerblichen Situationen zurück. Niederle und Vesterlund zeigen zum anderen, dass Frauen, auch wenn sie die gleichen Fähigkeiten, Performance und Erwartungen wie die Männer aufweisen, die wettbewerbliche Situation trotzdem nicht bevorzugen. Zudem stellen die Autoren heraus, dass Frauen ein Feedback über die relative Position eher im Engagement einschränkt, da sie eher über die absoluten Werte Motivation erfahren. Genau dieses Feedback der relativen Position, in Kombination mit einem wettbewerblich ausgestalteten Ökostrommarkt, findet jedoch in den zweistufigen Treatments der vorliegen Untersuchung statt.

Tabelle 26: Realisierte Mediane nach Geschlecht und zu untersuchender Variable in den zweistufigen Treatments

			1ct/kWh			3ct/kWh			5ct/kWh			7ct/kWh			9ct/kWh		
		N	Mitt.	St.f.	Med.	Mitt.	St.f.	Med.	Mitt.	St.f.	Med.	Mitt.	St.f.	Med.	Mitt.	St.f.	Med.
Sicher	M	31	53,1	4,46	50,0	39,1	4,05	34,0	28,5	3,02	24,0	23,0	3,09	20,0	18,0	2,70	15,0
1.St,T3	F	23	74,8	4,40	77,0	53,0	5,32	50,0	40,9	5,62	30,0	32,13	4,33	31,0	27,0	3,52	24,0
	$\chi^2(1)$		10,48***			3,64*			1,84			3,00*			4,60**		
	p		0,001			0,056			0,175			0,083			0,032		
Sicher	M	31	25,3	2,83	19,7	14,6	2,31	11,6	12,3	2,20	6,4	7,6	1,53	3,8	6,4	1,18	3,8
2.St,T3	F	23	18,9	2,39	16,2	14,6	2,15	13,8	14,2	3,04	11,9	9,9	2,39	5,3	9,2	2,23	4,2
	$\chi^2(1)$		2,09			0,11			0,11			0,14			0,36		
	p		0,149			0,746			0,746			0,705			0,548		
Uns.	M	34	51,5	4,70	56,5	27,7	4,05	22,0	23,1	3,81	17,0	20,7	3,68	14,0	20,1	4,00	11,0
1.St,T6	F	20	67,3	6,25	66,5	36,6	4,69	32,0	31,7	4,88	28,5	26,6	4,10	26,5	24,6	3,76	27,5
	$\chi^2(1)$		4,61**			2,49			2,81*			2,30			2,19		
	p		0,032			0,114			0,094			0,130			0,139		
Uns.	M	34	15,7	2,57	12,8	10,9	1,86	7,6	7,7	1,74	2,7	8,1	2,37	1,3	4,3	1,32	1,0
2.St,T6	F	20	15,5	4,31	6,5	13,9	4,07	6,7	11,1	2,77	9,6	10,4	2,61	6,4	8,6	3,33	1,3
	$\chi^2(1)$		0,40			0,08			0,80			0,72			0,35		
	p		0,529			0,781			0,373			0,398			0,556		
Lokal	M	26	59,9	6,94	60,5	35,2	5,88	27,5	30,7	5,79	20,0	25	5,52	13,0	23,1	5,44	14,5
1.St,T9	F	28	65,1	5,17	64,5	42,8	4,94	45,0	34,3	5,10	30,0	27,9	3,82	22,5	21,9	3,04	21,0
	$\chi^2(1)$		0,30			1,45			0,70			0,80			0,81		
	p		0,581			0,229			0,372			0,179			0,367		
Lokal	M	26	24,2	4,66	15,6	19,1	3,91	13,8	13,1	3,67	3,3	11,2	3,56	3,1	10,4	3,62	1,7
2.St,T9	F	28	19,9	3,53	16,2	16,6	3,12	13,0	13,3	3,19	5,6	12,8	3,00	4,5	11,7	2,85	4,8
	$\chi^2(1)$		0,17			0,11			0,19			0,15			0,65		
	p		0,677			0,917			0,661			0,697			0,422		

Hinweise: Kruskal-Wallis-Test auf Gleichheit der Verteilungen. Der jeweilige Index *, ** und *** drückt die Signifikanz auf dem 10%, 5% und 1%-Niveau aus.

Dies können Erklärungen dafür sein, dass das Engagement der Frauen, was den Zukauf in der zweiten Stufe angeht, teilweise niedriger liegt als das der Männer.

Abschließend soll darauf hingewiesen werden, dass Geschlechterunterschiede im Verhalten auch immer das Ergebnis eines stereotypen Verhaltens sein können (Croson und Gneezy 2009). Wenn die Geschlechtergruppen jeweils wissen, dass es in der Gesellschaft „typisch" für eine Frau ist, mehr zu spenden und sich für die Umwelt zu engagieren, bzw. zurückhaltender bei risikobehafteten Entscheidungen zu agieren, so kann dies dazu führen, dass sie sich genau so verhalten, um der Rolle der Gesellschaft gerecht zu werden und sich somit systemkonform zu verhalten, um die sozialen Kosten, die durch abweichendes Verhalten entstehen, zu minimieren. Gneezy et al. (2009) zeigen, dass sich Frauen in matriachalen Gesellschaftsstrukturen beispielsweise wettbewerblicher verhalten als Männer.[73]

Die Auswertung der Ergebnisse des Experimentes „Zahlungsbereitschaft für Ökostrom" ist jetzt abgeschlossen. Im folgenden Kapitel werden die in den Kapiteln 4 - 7 ermittelten Ergebnisse kurz zusammengefasst, um daran anschließend die sich daraus ableitenden finanzwissenschaftlichen Konsequenzen aufzuzeigen.

---

73 Die Autoren kamen zu diesen signifikanten Ergebnissen durch Experimente, die sie in ursprünglichen Naturstämmen, die entweder matriachal oder patriachal organisiert waren, durchführten.

8 Zusammenfassung und Schlussfolgerungen

In diesem Kapitel werden die Ergebnisse zusammengefasst und die sich daraus ergebenen finanzwissenschaftlichen Implikationen aufgezeigt.

Bis auf zwei Forschungshypothesen konnten alle durch nichtparametrische Tests des Treatmentvergleichs bestätigt werden.

Zunächst wurde davon ausgegangen, dass der Öffentliche-Gut-Charakter des Ökostroms in einem wettbewerblichen Markt zu einer geringeren Zahlungsbereitschaft führt als in einen Ökostrommarkt, welcher in Form eines Umlageverfahrens finanziert wird. Das ist darauf zrückzuführen, dass es bei einer Mehrheitsabstimmung die dominante Strategie darstellt, die wahren Präferenzen zu offenbaren. Daher wurde die Hypothese H 1a aufgestellt:

„Ein wettbewerblich ausgestalteter Ökostrommarkt führt zu einer geringeren Zahlungsbereitschaft der Individuen als ein Ökostrommarkt, der durch ein Umlageverfahren finanziert wird."

Diese Hypothese kann durch das Experiment jedoch nicht bestätigt werden. Lediglich bei einem Preis von 1 ct/kWh und 5 ct/kWh ist der Median der Treatments „Abstimmung" höher als in den Treatments „Kaufen". Der Kruskal-Wallis- Test für Unterschiede zwischen den Mittelwerten ergibt keine signifikanten Unterschiede zwischen den beiden Treatments. Das Ergebnis kann einerseits auf die sehr kleine Gruppengröße von nur drei Versuchsteilnehmern zurückgeführt werden. Denn klassischerweise hat der einzelne bei einem reinem Öffentliches- Gut-Spiel keinen oder eben nur einen sehr marginalen Einfluss auf die Bereitstellungsmenge des Öffentlichen Gutes. In dem vorliegenden Design betrug der Einfluss aber immerhin ein Drittel. Da das Trittbrettfahren nicht im Fokus dieser Untersuchung liegt, wurde auf größere Gruppengrößen verzichtet, um bei vorhandenen Forschungsmitteln eine möglichst große Menge von Datensätzen zu generieren. Andererseits ist das Experiment so ausgestaltet, dass geringere Bereitstellungsmengen nur unter Akzeptanz von höheren CO_2-Emissionen möglich waren. Da im vorliegenden Modell die CO_2-Vermeidung aber direkt, klar und transparent mit der jeweiligen Entscheidung verknüpft war, weil die Wirkung des emotionalen Parameters (*warm glow* und Additivität) zentral für die vorliegende Fragestellung ist, weicht dieses Design schon von vornherein von der klassischen Gefangenendilemma-Situation ab, da der Tradeoff Umweltbewusstsein vs. Trittbrettfahren in den Vordergrund gerückt wird. Bei der klassischen Ausgestaltung bilden solche emotionalen Kosten kein zusätzliches Argument in der Entscheidungssituation.

Die zweite Forschungshypothese H 1b:

„Es kommt nicht zu einem vollständigen Trittbrettfahren in einem wettbewerblich ausgestalteten Ökostrommarkt.“,

die mit der zuvorgenannten zusammenhängt, geht auf die emotionale Komponente des Experimentes näher ein. Es wird postuliert, dass durch den *warm glow*-Effekt davon auszugehen ist, dass es nicht zu einem vollständigen Trittbrettfahrerverhalten kommt, sondern auch in einem wettbewerblich ausgestalteten Markt Ökostrom konsumiert wird. Der Additivitätseffekt spielte auch hier noch keine Rolle, es geht einzig um das Charakteristikum des *warm glow* als emotionale Komponente. Diese Hypothese kann durch das Experiment eindeutig bestätigt werden. Über alle Treatments hinweg ist die Spendenbereitschaft ganz deutlich und signifikant ausgeprägt. So beträgt die Spendenbereitschaft des mittleren Individuumsbei 1 ct/kWh rund 50% und sinkt mit steigenden Preisen bis zu rund 17% bei einem Preis von 9 ct/kWh.

In einem nächsten Schritt geht es um den zweiten emotionalen Charakter, die Additivität. Es wurde definiert, dass wenn zusätzliche Ökostromnachfrage zu weiterer CO_2-Vermeidung führt, ein Ausbau von Erneuerbare-Energien-Anlagen stattfindet und es dadurch zu einer Verdrängung herkömmlicher Erzeugungstechnologien kommt. Dieser Zusammenhang wurde als Additivität definiert. Diese spricht wie beschrieben die wahrgenommene Effektivität des eigenen Handelns der Individuen an und führt über das Werte-Verhaltens-System zu einem zusätzlichen Konsum von Ökostrom. Es geht also nicht mehr um das Spenden an sich, sondern es soll ein klares Ziel erreicht werden. Ist die Zielerreichung durch gegebene Additivität des Ökostrombezugs möglich, wird zusätzliche Zahlungsbereitschaft generiert. Somit ergibt sich Hypothese H 2a:

„Haben Individuen die Möglichkeit, über ein zuvor gesellschaftlich festgelegtes Niveau hinaus, privat zusätzlich Ökostrom nachzufragen und damit direkt zu einer CO_2-Vermeidung beizutragen, führt dies zu einer höheren Zahlungsbereitschaft für Ökostrom.“

Diese Hypothese kann durch den Treatmentvergleich ganz klar bestätigt werden. Alle Individuen fühlen sich durch das Charakteristikum der Additivität in hohem Maße angesprochen, was zu weit höheren Bereitstellungsmengen führt als ohne Additivität. So liegt der Zukauf des mittleren Individuums bei einem Preis von 1 ct/kWh bei zusätzlichen 20% Ökostrom im privaten Strommix und sinkt mit steigenden Preisen auf rund 8% bei einem Preis von 9 ct/kWh. Additivität hat rückwirkend betrachtet sogar einen doppelten Effekt, da die Individuen nicht nur in der zweiten Stufe des Experimentes Ökostrom hinzukaufen, sondern bereits in der ersten Stufe eine höhere Zahlungsbereitschaft an den Tag legen als in den einstufigen Treatments. Gleich so, als ob sich alle gegenseitig zu einem garantierten Bereitstellungsniveau verpflichten wollten, in dem Wissen, dass noch ein zusätzlicher Konsum möglich sein wird. So weichen die Mittelwerte in der ersten Stufe der zweistufigen Treatments zwischen 4%- und 9%-Punkte von den Mittelwerten der Treatments mit alleiniger Abstimmung positiv ab.

Abgesehen von diesem Effekt wurde in einer weiteren Forschungshypothese postuliert, dass sich die Individuen an der in der Gesellschaft wahrgenommenen Umweltmoral orientieren und daraufhin ihr eigenes Verhalten dem gesellschaftlichen anpassen. H 2b postuliert diesen Zusammenhang:

„Weniger umweltbewusste Individuen, die zuvor für ein geringeres Niveau an Ökostrom gestimmt haben, sind nach einer Abstimmung ebenfalls bereit, zu zusätzlicher CO_2-Vermeidung beizutragen, da sie ihr Verhalten dem beobachteten Verhalten anpassen."

Diese Hypothese kann ganz klar bestätigt werden, weisen doch die weniger umweltbewussten Individuen den stärksten Additivitätseffekt in der Hinsicht auf, dass sie schon durch das Umlageverfahren zu einer höheren verpflichtenden Bereitstellungsmenge gezwungen werden. Trotzdem kaufen auch sie zusätzliche Mengen Ökostrom für ihren privaten Strommix in der zweiten Stufe. Ihr mitlerer Zukauf liegt immerhin zwischen rund 0%- und 13%-Punkten.

Neben diesen Untersuchungsaspekten, die den Bereitstellungsmechanismus und die emotionale Komponente beim Kauf von Ökostrom abbilden, wurde weiterhin der Aspekt der Unsicherheit der CO_2-Vermeidung untersucht, denn die Produkteigenschaft des Öffentlichen Gutes CO_2-Vermeidung kann beim Konsum des Ökostroms vom Konsumenten selbst nicht beobachtet werden. Diese Vertrauensguteigenschaft führt zu zusätzlichen Transaktionskosten beim Konsumenten. Ohne Zertifizierung ist für das Individuum vollständig ungewiss, wieviel CO_2 durch den Bezug einer zusätzlichen kWh Ökostrom vermieden wird. Der Erwartungwert der CO_2-Vermeidung sinkt somit und führt zu einer Reduktion der Zahlungsbereitschaft. Somit postuliert Forschungshypothese H 3:

„Unsicherheit über die Qualtität des Ökostroms führt zu geringerer Zahlungsbereitschaft bei den Versuchspersonen."

Dieser Effekt konnte durch den Treatmentvergleich eindeutig bestätigt werden. Unabhängig davon, welche Bereitstellungsmechanismen vorlagen, führt Unsicherheit in der CO_2-Vermeidung über alle Preise und Treatments zu geringeren Bereitstellungsmengen von Ökostrom. So liegt die mittlere negative Abweichung bei unsicherer CO_2-Vermeidung zwischen 0% und 12%.

Neben diesem reinen CO_2-Vermeidungs-Aspekt wurde ein weiterer Qualitätsaspekt untersucht, denn Untersuchungen zu anderen Öko-Produkten, wie beispielsweise Lebensmitteln, zeigen einen starken zusätzlichen Effekt bei regionalen Produkten. Präferenzen für Produkte aus der eigenen Region entstammen einerseits einem Zugehörigkeitsgefühl zu dieser, andererseits werden mit dem Bezug von regionalen Produkten ökologische Vorteile und die Stärkung der Region verbunden. Wirkt dieser Zusammenhang auch bei regionaler Ökostromerzeugung mit sicherer CO_2-Vermeidung, kann Hypothese H 4a:

„Ein regionales Ökostromprodukt mit sicherer CO_2-Vermeidung führt zu einer höheren Zahlungsbereitschaft."

bestätigt werden. Das ist jedoch nicht der Fall. Die Bereitstellungsmenge für Ökostrom aus dem lokalen Laufwasserkraftwerk liegt zwischen denen für das jeweils sichere und unsichere Ökostromprodukt. Da dieses Ergebnis zunächst verbl üffend ist, stellten weitergehende Recherchen jedoch die im Vorfeld des Experimentes negative lokale Presse über das Laufwasserkraftwerk heraus. Ggf. ist zudem davon auszugehen, dass mit einem lokalen Kraftwerk, auch wenn dieses auf Erneuerbaren Energien basiert, mit der Verschmutzung der eigenen Region und einem Verlust des Freizeit- und Erlebniswertes verbunden werden.

Eine letzte Forschungshypothese postulierte zudem, H 4b:

„Umweltbewusste Individuen werden durch ein lokales Ökostromprodukt besonders angesprochen, was zu einer noch höheren Zahlungsbereitschaft dieser Personengruppe führt."

Diese Hypothese soll gerade die Wichtigkeit der Regionalität für umweltbewusste Individuen genauer feststellen. Diese Hypothese kann durch das Experiment klar bestätigt werden. Für diese Personengruppe zeigt sich, dass die Bereitstellungsmenge für das lokale Laufwasserkraftwerk, im Vergleich zu den anderen Ökostromprodukten, mit Abstand am größten ist. Diese Teilnehmergruppe präferierte ein um 2% bis 13% höheres Bereitstellungsniveau bei Ökostrom aus dem lokalen Laufwasserkraftwerk im Vergleich zu dem regulären Ökostom mit sicherer CO_2-Vermeidung.

Zusätzlich zu den reinen Treatmentvergleichen konnte mit Hilfe eines Fragebogens ermittelt werden, welchen Einfluss die Einstellungsvariablen auf die Zahlungsbereitschaft für Ökostrom besitzen. Im Theorieteil wurde auf die Evidenz des Werte-Verhaltens-Systems ausführlich hingewiesen. Diese kann durch die Ergebnisse der Regressionsanalyse bestätigt werden. Da das Panel als nicht repräsentativ angesehen werden kann, sind die Ergebnisse nicht 1:1 auf die deutsche Bevölkerung übertragbar. Dies ist aber auch nicht Ziel der vorliegenden Untersuchung. Vielmehr kann gezeigt werden, dass bestimmte Einstellungsvariablen einen Einfluss haben; wie genau diese zu beziffern sind, kann nur eine repräsentative Studie ermitteln. Beide Regressionen zeigen konsistente Ergebnisse sowohl für die erste als auch für die zweite Stufe des Experimentes. Die Versuchsteilnehmer haben genau der Theorie entsprechend auf Preisunterschiede reagiert. Einstellungsvariablen und offenbarte Präferenzen weisen eine hohe Korrelation auf. Es zeigt sich, wie wichtig alle Aspekte des Werte-Verhaltens-Systems sind. Nicht nur das Unweltbewusstsein sondern auch die wahrgenommene Eigenverantwortung und Effektivität des eigenen Handelns im Zusammenspiel, führen zu einem umweltbewussten Konsum und damit, übertragen auf das Experiment, zu einer höheren Zahlungs- und Spendenbereitschaft für Ökostrom. Die Einflussvariablen weisen einen teilweise sehr signifikanten Zusammenhang mit der Zahlungsbereitschaft für Ökostrom auf.

Ein letzter Analysebereich beschäftigt sich über den Einfluss der Einstellungsvariablen hinaus mit der Fragestellung des Einflusses des Gendereffektes auf die Zahlungsbereitschaft. Da die Gruppenzusammensetzungen homogen sind, können genderspezifische Treatmenteffekte näher untersucht werden. Diese gehen konform mit den Ergebnissen in der Genderliteratur. Drei Kernergebnisse können dabei ausgemacht werden:

Erstens liegen in den Kauftreatments die realisierten Mediane bei den Frauen signifikant höher als bei den Männern. Das heißt, die Spendenbereitschaft der Frauen ist sehr viel größer und wird nicht so stark von einem Anreiz zum Trittbrettfahren dominiert. Trittbrettfahren wird fast ausschließlich von Männern betrieben. Rückwirkend betrachtet kann so zumindest für die Männer Hypothese 1a bestätigt werden.

Zweitens liegt ein Gendereffekt im Bereich der induzierten Unsicherheit der CO_2-Vermeidung vor. Denn betrachtet man den geschlechtsspezifischen Treatmenteffekt zwischen Sicherheit, also den Treatments T1-3, und Unsicherheit, somit den Treatments T4-6, so zeigt sich, dass die Gruppe der Frauen in einem Umfeld mit induzierter Unsicherheit stark in ihrer Zahlungs- und Spendenbereitschaft einbricht und zwar um ein Vielfaches stärker als die Gruppe der Männer. Die absolute Differenz zwischen Männern und Frauen liegt zwischen rund 7,5% und 17% und fällt mit steigenden Preisen. Die Gruppe der Männer reagiert hingegen nur schwach auf die Unsicherheit in der CO_2-Vermeidung.

Drittens liegt ein weiterer Gendereffekt in der zweiten Stufe der Treatments vor. Die Regressionsanalyse zeigt, dass Frauen in der zweiten Stufe eine geringere Zahlungsbereitschaft aufweisen als Männer. Gerade bei geringeren Preisen je kWh Ökostrom zeigt sich, dass die realisierten Mediane der Männer teilweise oberhalb der Frauengruppe liegen. Das kann sicherlich auf die wettbewerbliche Struktur der zweistufigen Treatments zurückgeführt werden.

Nach dieser kurzen Zusammenfassung der Ergebnisse wird im folgenden näher auf die finanzwissenschaftlichen Konsequenzen eingegangen. Diese beziehen sich einerseits auf die Ergebnisse des Experimentes „Zahlungsbereitschaft für Ökostrom" als auch auf die in Kapitel zwei dargestellte Ausgestaltung des deutschen Strommarktes.

Sowohl die Darlegung der deutschen Strommarktausgestaltung in Kapitel zwei als auch die experimentelle Analyse der Studie „Zahlungsbereitschaft für Ökostrom" haben einige Problemfelder aufgedeckt, welche durch verschiedene Maßnahmen abgemildert werden können. Da der Markt, wie ausführlich geschildert, sehr vielschichtig ist und diverse Wechselwirkungen zwischen den Akteuren bestehen, sind Überschneidungen in den Wirkungen der Maßnahmen nicht vollständig auszuschließen, d.h. ein und dieselbe Maßnahme kann Wirkungen und somit Synergien in mehreren Problemfeldern entfalten. Dabei muss zudem immer die Wechselwirkung mit dem energiewirtschaftlichen Rahmen wie dem EEG und dem Emissionsrechtehandel sowie der Statik des Stromnetzes mit dem ihn immanenten Eigenschaften der Netzgebundenheit, der Informationsasymmetrie sowie der Trittbrettfahrerproblematik im Auge behalten werden. Die Abbildung 35 veranschaulicht die Problemfelder und deren Implikationen in einer schematischen Weise. Im Folgenden werden diese Problemfelder Informationsasymmetrie, Marktliberalisierung, Gesetze und politische Einflüsse näher erläutert; soweit Beziehungen bestehen, wird auf die jeweiligen Wechselwirkungen hingewiesen.

Bereits bei der Darstellung der Gütesiegel des Energiemarktes war offensichtlich, dass die Vielzahl parallel bestehender Gütesiegel nicht zu höherer Transparenz eines ohnehin intransparenten Marktes beiträgt. Insgesamt stehen in Deutschland vier verschiedene Gütesiegel in teilweise noch zusätzlich differenzierten Varianten zu Verfügung. Da aufgrund der Informationsasymmetrie nur eine Zertifizierung in der Lage ist, für Vertrauensbildung auf der Seite der Konsumenten zu sorgen, sind teilweise konkurrierende Auszeichnungen für zudem verschiedene Qualitäten Ökostrom nicht förderlich. Eine Konsolidierung zu einem einheitlichen Gütesiegel mit ggf. zwei Ausprägungen für zwei verschiedene Qualitäten Ökostrom kann auf der einen Seite für Transparenz im Strommarkt und auf der anderen Seite für eine Vertrauensbildung auf Konsumentenseite sorgen.

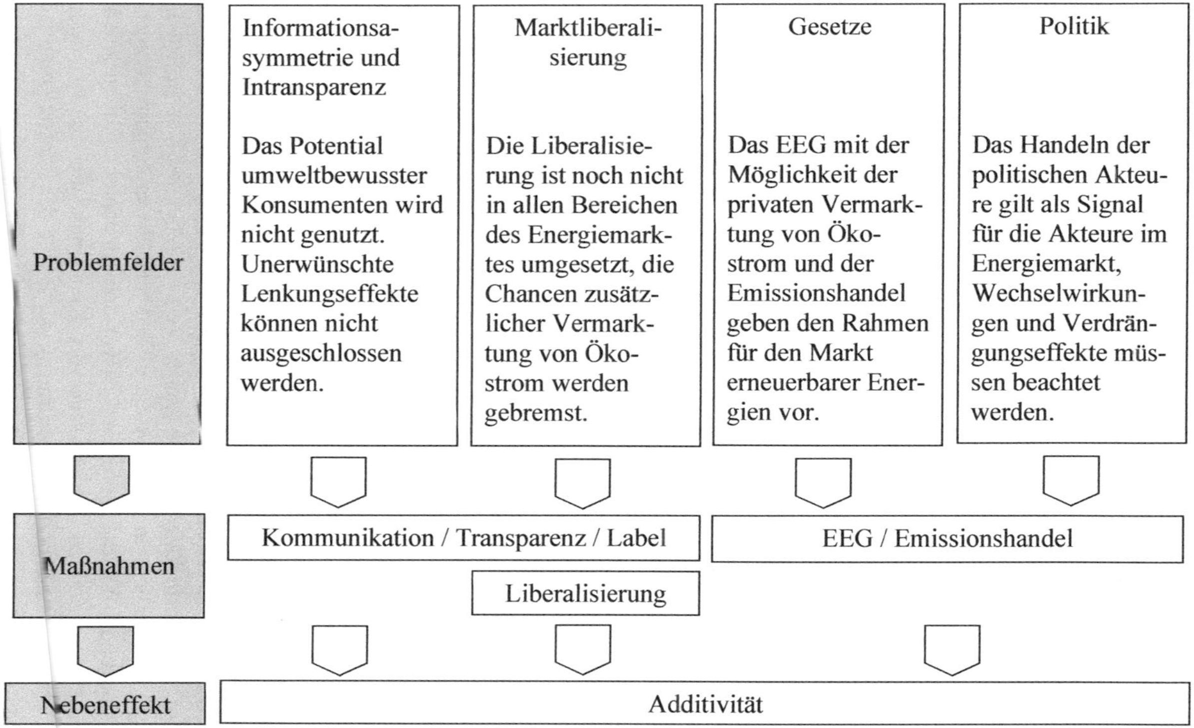

Abbildung 35: Problemfelder der Untersuchung und daraus resultierende Konsequenzen

Quelle: Eigene Darstellung

Bei den momentan existierenden Gütesiegeln ist zudem der Umweltnutzen nicht offensichtlich. Wie wichtig jedoch der garantierte Umweltnutzen für die Zahlungsbereitschaft für Ökostrom ist, haben die Ergebnisse des Experimentes gezeigt.

Additivität ist ein normatives Kriterium, welches die Qualität des Ökostroms in Bezug auf eine Referenzsituation bewertet, d.h. der durch den Konsumenten ausgelöste Effekt soll zu einer Nettoverbesserung des Öffentlichen Gutes führen. Bei gleichzeitiger Existenz eines staatlich organisierten Umlageverfahrens wie das EEG und einer wettbewerblichen Vermarktung von Ökostrom muss der gesamte Ökostrom, der wettbewerblich verkauft wird, um das normative Additivitätskriterium zu erfüllen, zusätzlich zum EEG bereitgestellt werden. Das EEG steht dabei jedoch in einem asymmetirischen Verhältnis zur privaten Vermarktung von Ökostrom, da die Einspeisevergütung des EEG den Referenzpreis bildet, d.h. bei einer niedrigen Einspeisevergütung ist der Anreiz höher Ökostrom privat zu vermarkten als bei einer hohen Einspeisevergütung. Wendet man das normative Additivitätskriterium auf die Präferenzen der Konsumenten an, müssten die Konsumenten höhere Ökostrompreise niedrigeren vorziehen, da nur diese Additivität sicherstellen können. Dieser beschriebene Zusammenhang wird ausführlich in Menges (2003) dargestellt. Additivität kann somit neben dem EEG-System nur garantiert werden, wenn zum einen eine Doppelvermarktung ausgeschlossen wird und zum anderen die Einnahmen der zusätzlichen Ökostromnachfrage für Fördermodelle eingesetzt werden, die entweder auf der Förderung von Neuanlagen oder auf einer Aufpreisregelung beruhen. Nur so kann erreicht werden, dass auch der Teil der Anlagen der ohne die zusätzliche Ökostromnachfrage nicht entstünde, gebaut wird. Dabei muss eingeräumt werden, dass im Einzellfall natürlich selbst mit einer zuverlässigen Zertifizierung nie vollständig sichergestellt werden kann, dass genau ein expliziter Konsument den zusätzlichen Bau einer genau zu benennenden Anlage direkt ausgelöst hat. Die Ergebnisse des Experimentes haben gezeigt, dass wenn Additivität klar kommuniziert wird, diese einen direkten und signifikant positiven Effekt auf die Zahlungsbereitschaft der Konsumenten hat. Bech-Larsen und Grunert (2001) haben gezeigt, dass Zertifikate dann ein großes Vertrauen bei den Konsumenten erzielen, wenn es lediglich ein Label anstatt einer Vielzahl von konkurrierenden gibt. Einer Konsolidierung der Gütesiegel ist vor den gennanten Hintergründen auf jeden Fall zu empfehlen. Zudem muss der Konsument die Zertifizierung bemerken, sie dann verstehen und ihr vertrauen; der Erfolg der Zertifizierung ist somit einerseits abhängig von den Präferenzen der Konsumenten und andererseits von der Ausgestaltung des Zertifizierungsprogramms (Teisl et al. 2009).

Wenn es nicht möglich ist, neue Anlagen zu fördern, besteht auch immer noch die Möglichkeit, mit den Fördergeldern der Konsumenten andere effiziente

CO_2 mindernde Maßnahmen durchzuführen; diese Möglichkeit wird durch einige Label, wie der Synopse in Kapitel 2 entnommen werden kann, schon heute abgedeckt, jedoch kaum genutzt. Dieser Mechanismus findet seine Parallele im Emissionshandel. Auch dort ist es möglich, wie eingangs erläutert, neben dem Emissionshandel selbst Maßnahmen gemäß des CDM (Clean Development Mechanism) oder der JI (Joint Implementation) durchzuführen.

Wie sowohl das Experiment als auch die Auswertung des Fragebogens zeigten, kann durch Zertifizierung und Transparenz, zum einen durch vermiedene CO_2- Emissionen und zum anderen des Additivitäsmechanismusses, das dem Individuum inhärente Umweltbewusstsein aktiviert werden und dies zu umweltbewusstem Konsum führen. Ein klar kommuniziertes Zertifikat mit bekanntem Umweltnutzen ist zudem in der Lage, den allgemein schlechten Informationsstand der Marktteilnehmer zu reduzieren und sie zu einer größeren Marktteilnahme zu bewegen. Dass das Umweltbewusstsein in Deutschland sehr hoch ausgeprägt ist, zeigen für den privaten Konsum regelmäßig durchgeführte Studien des Bundesumweltministeriums (BMU 2008). Aber auch im gewerblichen Sektor ist das Umweltbewusstsein in Deutschland stark ausgeprägt, denn Deutschland ist mit Abstand führend in der Anzahl der EMAS-zertifizierenden Umweltmanagement-Systeme.[74] Dabei ist die energiepolitische Signalwirkung, die von einer verstärkten Ökostromnachfrage ausgehen kann, nicht zu unterschätzen. Nicht nur das Charakteristikum der Stromerzeugungsart kann dabei eine Rolle spielen, sondern auch andere Ausprägungen der Anbieter wie z.B. Atom- und Kohlekraftwerke im Besitz oder monopolistische Preispolitik spielen dabei eine Rolle. Wenn die Nachfrage stark ansteigt, hat dies einen Einfluss auf die Politik und auch auf die Unternehmen. Die Anti-Atomkraft-Bewegung, welche letztendlich zur Gründung der Grünen und auch zum Atomausstieg und Anstreben einer „Energiewende" führte, war eindeutig als Protestbewegung auf der Nachfrageseite ausgelöst worden. Jedoch kann gerade die intransparente Ausgestaltung der Gütesiegel dazu führen, dass ökologisch motivierte Konsumenten Ökostrom von Altanlagen beziehen, welche keinen zusätzlichen Umweltnutzen im Sinne von zusätzlicher CO_2-Vermeidung mit sich bringen. Die Unternehmen sind heute lediglich verpflichtet, die Zusammensetzung ihres unternehmenseigenen Strommixes zu kennzeichnen und diesen dem durchschnittlichen deutschen Strommix gegenüber zu stellen. Diese Stromkennzeichnungspflicht trifft jedoch keine Aussage, welche Qualität der Strommix in Hinblick auf den Aspekt der Additivität aufweist. Erst diese zusätzliche Information macht es aber für den

74 Vgl. hierzu die Homepage: www.emas.de/ueber-emas/emas-in-zahlen; die dort aufgeführte Statistik generiert die EMAS zertifizierten Unternehmen nach Ländern in Echtzeit.

Konsumenten möglich, den wahren Umweltnutzen des Ökostromproduktes einzuschätzen; erst dadurch ist er in der Lage, seine relative Position zu stärken.

Welchen Einfluss zudem die soziale Komponente, d.h. das Handeln aller übrigen Konsumenten auf die eigene Entscheidung hat, wurde im Experiment deutlich. Umso wichtiger ist es, die eigene Position mit den ihr immanenten Auswirkungen auf die Umwelt zu kennen, um mögliche Handlungsoptionen individuell und sozial bewerten zu können. Zur Erhöhung der Markttransparenz und Nutzung des Potentials des Umweltbewusstseins sollte die Angabe der Stromqualität für die Anbieter verpflichtend gemacht werden. So wird der wahre Umweltnutzen für den Konsumenten deutlicht gemacht und ein großer Teil der Informationsasymmetrie auf der Seite der Konsumenten kann abgebaut werden. Eine bessere Kommunikation und Aufklärung der Zusammenhänge im Strommarkt kann zudem falsche Lenkungswirkungen mindern und zu einer reflektierten Handlungsweise der Marktteilnehmer führen.

Erst die Strommarktliberalisierung im Jahr 1998 ermöglichte durch die vergrößerte Anbieterzahl und die damit einhergehende Produktdifferenzierung aufgrund des stetig wachsenden Wettbewerbs das Entstehen eines privaten Ökostrommarktes über die staatliche Förderung hinaus. Eine Vielzahl neuer Anbieter, mit neuen und teils grünen Stromprodukten, traten auf den Markt. Heute führt fast jeder Stromversorger auch ein grünes Stromprodukt in seinem Portfolio. Das war vor der Liberalisierung nicht der Fall. Der intensivere Wettbewerb erfordert zunehmende Marketingaktivitäten und Produktdifferenzierungen der Anbieter, um neben dem preislichen Wettbewerb genügend Kunden zu akquirieren. Ökostrom, als ein sehr erklärungsbedürftiges Produkt, stellt vor allem die etablierten Anbieter vor neue Herausforderungen. Die größere Produktvielfalt im Markt des homogenen Gutes Strom erhöht die Sichtbarkeit des Stroms, dies weckt erst die Aufmerksamkeit und das Bewusstsein für umweltbewussten Stromkonsum bei einigen Konsumentengruppen. Die Wahl des „richtigen" Anbieters kann somit zum symbolischen oder politischen Zeichen werden. Die Produktvielfalt birgt natürlich die Gefahr das sich unseriöse Stromanbieter im Markt etablieren, worauf im Rahmen dieser Arbeit jedoch nicht näher eingegangen werden soll. Die Liberalisierung des Strommarktes schreitet zwar immer weiter voran, ist aber in weiten Teilen immer noch nicht abgeschlossen. Am weitesten vorangeschritten ist sie sicherlich auf Seiten des Vertriebs. Auf der Erzeugerseite, welche kein Bottleneck aufweist, findet jedoch immer noch rund 80% der Erzeugung durch die vier großen Anbieter (e.on, RWE, EnBW und Vattenfall) statt. Erst langsam entwickelte sich in diesem Bereich der Wettbewerb. Im Bereich der Verteilung ist es Aufgabe des Staates, regulierende Rahmenbedingungen zu schaffen, um das monopolistische Bottleneck zu entschärfen. Dazu ist eine vertikale Desintegration der Unternehmen notwendig. Erst ein

Markt mit einem möglichst hohen wettbewerblichen Grad ist in der Lage, sowohl das Angebot als auch die Nachfrage nach grünen Stromprodukten zu erhöhen.

Das EEG gibt derzeit den rechtlichen Rahmen zur Einspeisung von Strom aus Erneuerbare-Energien-Anlagen vor. Die Einspeisevergütung bietet einen starken Anreiz für Anlagenbetreiber, in den Bau neuer Anlagen zu investieren oder Bestandsanlagen zu modernisieren (repowering bei Windkraftanlagen). Das EEG gilt weltweit als Vorbild im Bereich der Förderinstrumente für Erneuerbare Energien und wurde vielfach erfolgreich kopiert. Durch den langfristig festgeschriebenen Vergütungszeitraum setzt es auf der Anbieterseite zuverlässige Rahmenbedingungen, um das Investitionsrisiko zu minimieren und schafft gleichzeitig ein Umlageverfahren, in welchem alle Konsumenten zur Finanzierung verpflichtet werden. Dieses Modell findet starke Befürwortung in dem hier durchgeführten ökonomischen Entscheidungsexperiment; gerade das staatliche Umlageverfahren in Kombination mit den privaten Freiheitsgraden eines zusätzlich privaten Ökostrommarktes findet nicht nur in dieser Untersuchung sondern auch in anderen (Menges und Traub 2009) eine hohe Zustimmung. Gerade die deutsche Bevölkerung hat starke Präferenzen für soziale Komponenten in der Politik und Gerechtigkeitsaspekte umgesetzt, in Umlagemechanismen, finden generell stärkere Zustimmung.

Auch wenn das EEG ein für den deutschen Markt erfolgreiches System ist, führt es auch noch darüber hinaus zusätzlich zu einem *crowding-in* privater Ökostromnachfrage. Es sollte beachtet werden, dass die zusätzliche private Ökostromnachfrage nie additiv im engeren Sinn sein kann, wenn diese gleichzeitig auf die CO_2-Reduktionen, gemäß der EU Richtlinie, angerechnet werden kann. Denn der Ausbau im Bereich der Erneuerbare-Energien-Anlagen führt, da die Stromversorgung Teil des Emissionshandels-System ist, durch das Cap- und Trade-System nicht direkt zur Emissionsverminderung. Denn die vermiedenen CO_2-Emissionen stehen in der gleichen Handelsperiode anderen Marktteilnehmern als zusätzlicher Freiheitsgrad zu Verfügung. Der Effekt kann erst bei Ermittlung der Cap für die nächste Handelsperiode berücksichtigt werden. Der gleiche Zusammenhang besteht im übrigen bei allen zusätzlichen CO_2-minimierenden Aktionen, sei es nun das EEG-System selbst oder z.B. energieeinsparende Verhaltensänderungen.

Das Handeln der politischen Akteuere gilt als ein starkes Signal sowohl für die Konsumenten als auch für die Erzeuger Erneuerbarer Energien. Dabei müssen sowohl Verdrängungseffekte als auch Wechselwirkungen beachtet werden.

Eine weitere Wechselwirkung der privaten Ökostromnachfrage besteht durch das Vorliegen einer offenen Volkswirtschaft und der Eigenschaft, dass CO_2-Emissionen ein globales Phänomen sind. Da in Europa das Angebot an

Ökostrom weitaus größer ist als die Nachfrage, kann durch reine Umverteilung des Ökostroms von „regulären" Kunden anderer Länder zu Ökostromkunden in Deutschland kein zusätzlicher Umwelteffekt geschaffen werden, sofern nicht spezielle Förderkomponenten, die Additivität garantieren, angepasst werden. Ein RECS-Zertifikat, welches lediglich die Herkunft des Stroms z.B. aus Wasserkraft skandinavischer Länder ausweist und damit „grauen" Strom aus herkömmlicher Stromerzeugung „aufwertet", scheint nur auf den ersten Blick ökologisch wertvoll zu sein, schafft jedoch auf den zweiten Blick keinen zusätzlichen Umweltnutzen im Sinne von Additivität, solange die gesamteuropäische Nachfrage nach Ökostrom nicht das Angebot übersteigt. Auch hier kann ein transparentes und einfaches Ökostromlabel die Zusammenhänge für den Konsumenten verdeutlichen und umweltbewussten Konsumenten die Konsumentscheidung vereinfachen und das Engagement kanalisieren. Eine dritte Wechselwirkung kann entstehen, wenn steigende private Nachfrage zu einer Verringerung bzw. Verdrängung politischer Instrumente führt. Versteht die Politik das private Engagement im Sinne von steigender Zahlungsbereitschaft für Ökostrom als Signal, sich selbst aus der Förderung zurückzuziehen, so kann dieses staatliche *crowding-out* auf zweierlei Art kontraproduktiv wirken. Erstens kann dies wiederum zu einer falschen Signalwirkung in Richtung der Konsumenten führen, denn wenn diese mit einem *crowding-in* auf die staatlich Bereitstellung reagieren, wie in der vorliegenden Untersuchung und auch in z.B. Menges und Traub (2009) gezeigt, ist mit einer negativen Reaktion von seiten der Konsumenten zu rechnen, wenn sich der Staat aus der Förderung zurückzieht. Denn wird jetzt der externe Eingriff als Bestätigung für das eigene Engagement empfunden, ist dies bei einem Rückzug des Staates eben nicht mehr der Fall. Zweitens ist es zweifelhaft, ob ohne das EEG-Fördersystem ein so starker Ausbau in Erneuerbare-Energien-Anlagen stattfinden könnte. Noch sind zahlreiche neue Erzeugungstechnologien nicht in der Lage, zu den Marktpreisen der herkömmlichen Erzeugungstechnologien anzubieten und damit einem Wettbewerb standzuhalten. Zumal die Marktstruktur der Stromerzeugung immer noch monopolistische Strukturen aufweist, da rund 80% der Erzeugung in der Hand der großen Anbieter (e.on, RWE, EnBW und Vattenfall) sind.

Aus dem Vorangenannten lassen sich Handlungsempfehlungen ableiten, die als Maßnahmenkatalog im Folgenden zusammengestellt sind:

1. Die Konsolidierung der Gütesiegel zu einem einheitlichen Gütesiegel in maximal zwei Varianten für verschiedene Qualitäten von Ökostrom.
2. Die Kennzeichnungspflicht der Stromqualität und nicht nur der Erzeugungstechnologie der Anbieter.

3. Die transparente Kommunikation des Marktmechanismusses, so dass Konsumentensouveränität in Energiefragen erreicht wird.
4. Das Vorantreiben der Liberalisierung auch im Erzeugermarkt der Elektrizität.
5. Die Wechselwirkungen von EEG, Emissionshandel und privatem Ökostrommarkt müssen beachtet werden.
6. Die politischen Signalwirkungen müssen bei politischen Handlungsänderungen berücksichtigt werden.

Diese sechs Handlungsempfehlungen sorgen über die dargestellten Kanäle für additiven Umweltnutzen und können dazu beitragen, die politisch und gesellschaftlich gesteckten und gewünschten Ziele der CO_2-Reduktion zu erreichen.

Über diese sehr energiemarktbezogenen Politikimplikationen hinaus wurden jedoch auch offene Forschungsfelder im Laufe der vorliegenden Untersuchung offensichtlich. Zum einen wurden sowohl in dieser als auch in der Untersuchung von Menges und Traub (2009) evidente *crowding-in* Effekte bei den Versuchspersonen ausgemacht. Die EEG-Förderung wird nicht unendlich fortgeführt werden, sondern ist als Fördermechanismus zur Erreichung energiepolitischer Ziele die Erzeugungskapazität der Erneuerbarer-Energien-Anlagen zu forcieren. Daher sollte näher untersucht werden, welchen Einfluss ein Rückzug des Staates aus der umweltpolitischen Förderung auf den Konsumenten hat. Sollte dies zu einem Rückzug des Konsumenten führen, da diese die Förderung des Staates als Expertise ansehen, für eine „richtige“ Sache zusätzliche Zahlungsbereitschaften zu entwickeln, so ist ein Abbau der Förderung zu bedenken bzw. der richtige Mechanismus zu wählen. Zum anderen könnte die staatliche Bereitstellung auch zu einem lock-in-Effekt führen und bei Rückzug nur geringe Verhaltenseffekte auf der Konsumentenseite auslösen. Weiterer Forschungbedarf besteht somit in dem Zusammenhang des *crowding-in* vor allem im Zusammenhang mit der Förderung Erneuerbarer-Energien-Anlagen und unter besonderer Berücksichtigung der Effekte, welche bei Rückzug des Staates aus der Förderung auftreten. Dieser Zusammenhang und auch die Ergebnisse der höheren Zahlungsbereitschaft bei Vorliegen von Additivität im Experiment haben offensichtlich gemacht, dass zusätzlich zum reinen *warm glow* weitere intrinsische Motive für das Engagement für Ökostrom vorliegen. Die Abgrenzung zwischen moralischer Motivation, Umweltbewusstsein und *warm glow* ist in der vorliegenden Untersuchung nicht trennscharf gegeben, da nicht Ziel der Untersuchung ist, diese einzelnen Effekte monetär zu beziffern. Trotzdem ist eine isolierte Untersuchung sowohl der Effekte der Additivität wie auch der moralischen Motivation, welche durch Abgleich des eigenen Verhaltens mit dem der anderen Marktteilnehmer ausgelöst wird, ein bedeutendes Untersuchungsgebiet, welches mehr Licht in das Entscheidungsverhalten der Individuen bringt. Dazu ist es hilfreich, das normative Additivitätskriterium stärker mit dem dritten Parameter der Nutzenfunktion zu verknüpfen, um so die Qualitätsverbesserung des Öffentlichen Gutes durch Additivität gezielter zu untersuchen. Dieser Ansatz kann eine Lösung darstellen den Additivitätseffekt vom *warm glow*-Effekt, welcher auf den zweiten Parameter der Nutzenfunktion wirkt, zu lösen und separat darzustellen. Allgemeine Untersuchungen zur isolierten Betrachtung von *warm glow* und moralischer Motivation liegen für diese Forschungsgebiete teilweise vor, im Hinblick auf den Ökostrommarkt jedoch nicht.

Diese beiden noch offenen Forschungsfelder sind richtungsweisend, da sie zusätzliche Erkenntnisse über den Zusammenhang der Additivität zur Ökostromnachfrage generieren. Der zusätzliche Ausbau von Erneuerbarer-Energien-Anlagen und somit die Additivität des Ökostroms ist ein entscheidender Erfolgsfaktor um die gesellschaftlich und politisch gesteckten umweltpolitischen Ziele zu erreichen.

Literaturverzeichnis

Aguiar, F.; Branas-Garza, P.; Cobo-Reges, R.; Jimenez, N.; Miller, L. M. (2009): Are Women Expected to be More Generous. In: Experimental Economics, 12, S. 93-98.

Akerlof, G. A. (1970): The Market for „Lemons“: Quantitative Uncertainty at the Market Mechanism. In: Quarterly Journal of Economics, 84, 3, S. 488-450.

Alvensleben, R. von (2000): Zur Bedeutung von Emotionen bei der Bildung von Präferenzen für regionale Produkte. In: Agrarwirtschaft, 49, 12, S. 399-402.

Alvensleben, R. von (2001): Agrarprodukte und Agrarmärkte in der Europäischen Union unter besonderer Berücksichtigung von Ökoprodukten, Tierschutzaspekten und Produkten aus der Region. Vortrag auf dem 11. ZUFO - Umweltsymposium zum Thema „NeueWege in der Landwirtschaft“ 26./27.11.2001. Veranstaltung von 2001. Münster.

Andreoni, J. (1989): Giving with Impure Altruism: Applications to Charity and Ricardian Equivalence. In: Journal of Political Economy, 97, 6, S. 1447-1458.

Andreoni, J. (1990): Impure Altruism and Donations to Public Goods: A Theory of Warm-Glow Giving. In: Economic Journal, 100, S. 464-477.

Andreoni, J. (1993): An Experimental Test of the Public-Goods Crowding-Out Hypothesis. In: American Economic Review, 83, 5, S. 1317-1327.

Andreoni, J.; Vesterlund, L. (2001): Which is the Fair Sex? Gender Differences in Altruism. In: Quaterly Journal of Economics, 116, S. 293-312.

Arbuthnot, J. (1977): The Roles of Attitudinal and Personality Variables in the Prediction of Environmental Behavior and Knowledge. In: Environment and Behavior, 9, 2, S. 217-231.

AusglMechV (2009): Verordnung zur Weiterentwicklung des bundesweiten Ausgleichsmechanismus. BGBI I S. 2101, 17.Juli 2009.

Backhaus, K.; Erichson, B.; Weiber, R. (2005): Multivariate Analysemethoden. 11. Aufl. Berlin: Springer.

Bamberg, S.; Braun, A. (2001): Umweltbewusstsein - Ein Ansatz zur Vermarktung von Ökostrom. In: Umweltpsychologie, 5, 2, S. 88-105.

Banik, I. (2007): Regionale Herkunft als Erfolgsfaktor für die Qualitätswahrnehmung von Verbrauchern in Nordrhein-Westfalen. Bonn. (Schriftenreihe des Lehr- und Forschungsschwerpunktes USL, 152).

Banik, I.; Simons, J. (2008): Regionale Herkunft als Antwort auf den Wunsch nach gesundheitlich unbedenklichen Lebensmitteln. Institut für Lebensmittel- und Ressourcenökonomik. Bonn.

Batley, S. L.; Colbourne, D.; Fleming, P. D.; Urwin, P. (2001): Citizen Versus Consumer: Challenges in the UK Green Power Market. In: Energy Policy, 29, 6, S. 479-487.

BDEW (2009): Energiemarkt Deutschland. Zahlen und Fakten zur Gas-, Strom- und Fernwärmeversorgung. Online verfügbar unter http://www.bdew.de/bdew.nsf/id/DEEnergiemarktDeutschland-Sommer2009/$file/09%2011%2009%20Energiemarkt2009.pdf, zuletzt geprüft am 06.06.2010.

Bech-Larsen, T.; Grunert, K. (2001): Konsumentscheidungen bei Vertrauenseigenschaften: Eine Untersuchung am Beispiel des Kaufens von ökologischen Lebensmitteln in Deutschland und Dänemark. In: Marketing Zeitschrift für Forschung und Praxis, 23, 3, S. 188-197.

Becker, G. M.; Groot, M. H. de; Marschak J. (1964): Measuring Utility by a Single Response Sequential Method. In: Behavioral Science, 9, S. 226-232.

Bergstrom, T.; Blume, L.; Varian, H. (1986): On the Private Provision of Public Goods. In: Journal of Public Economics, 29, S. 25-49.

Besch, M.; Hausladen, H. (2003): Wettbewerbsvorteile im regionalen Lebensmittelmarketing, S. 75-82.

BioSt-NachV (2009): Verordnung über Anforderungen an eine nachhaltige Herstellung von flüssiger Biomasse zur Stromerzeugung - Biomassestrom-Nachhaltigkeitsverordnung. BGBI. I S.2174.

Blankart, C. B. (2008): Öffentliche Finanzen in der Demokratie. 7. Aufl. München: Vahlen.

Blend, J. B.; Ravenswaay, E.O. (1999): Measuring Consumer Demand for Ecolabeled Apples. In: American Journal of Agricultural Economics, 81, 5, S. 1072-1077.

Blumenschein, K.; Johannesson, M.; Blomquist, G. C.; Liljas, B.; O'Connor, R. M. (1997): Hypothetical Versus Real Payments in Vickrey Auctions. In: Economic Letters, 56, S. 177-180.

Blumenschein, K.; Blomquist, G. C.; Johannesson, M.; Horn, N.; Freeman, P. (2008): Eliciting Willingness to Pay Without Bias: Evidence From a Field Experiment. In: Economic Journal, 118, S.114-137.

Bundesministerium für Umwelt, Naturschutz und Reaktorsicherheit (Hrsg.) (2008): Ausbau erneuerbarer Energien im Strombereich bis zum Jahr 2030. Berlin.

Bundesministerium für Umwelt, Naturschutz und Reaktorsicherheit (Hrsg.) (2009a): Erneuerbare Energien. Innovationen für eine nachhaltige Energiezukunft. Berlin.
Bundesministerium für Umwelt, Naturschutz und Reaktorsicherheit (Hrsg.) (2009b): Erneuerbare Energien in Zahlen. Nationale und internationale Entwicklung. Berlin.
Bundesministerium für Umwelt, Naturschutz und Reaktorsicherheit (Hrsg.) (2009c): Strom aus erneuerbaren Energien. Zukunftsinvestition mit Perspektiven. Berlin.
Bundesministerium für Wirtschaft und Technologie (2009): Stromerzeugungskapazitäten und Bruttostromerzeugung nach Energieträgern in Deutschland. Energiedaten Tabelle 22. Online verfügbar unter http://bmwi.de/BMWi/Navigation/Energie/energiestatistiken.html, zuletzt geprüft am 20.05.2010.
Bundesministerium für Wirtschaft und Technologie (2010): Ausnutzungsdauer der Kraftwerke. Online verfügbar unter http://www.energieverstehen.de/Energieportal/Navigation/Energieversorgung/Stromerzeugung,did=249606.html, zuletzt geprüft am 25.05.2010.
Bode, S.; Groscurth, H.-M. (2008): Anreize für Investitionen in Anlagen zur Stromerzeugung aus erneuerbaren Energien unter verschiedenen Förderungsinstrumenten. arrhenus Institut für Energie- und Klimapolitik. Hamburg (Discussion Paper), Nr. 1.
Braun, H.-J.; Kaiser, W. (2003): Propyläen Technik Geschichte. Energiewirtschaft, Automatisierung, Information. Band 5. Berlin: Propyläen-Verlag.
Brekke, K. A.; Kverndokk, S.; Nyborg, K. (2003): An Economic Model of Moral Motivation. In: Journal of Public Economics, 87, S. 1967-1983.
Buchardi, H.; Thiele, H. D. (2006): Preispolitische Spielräume für regional erzeugte ökologische Produkte: Analyse und Umsetzung einer Marketingstrategie bei Biomilchprodukten. Online verfügbar unter http//forschung.oekolandbau.de, zuletzt geprüft am 30.05.2010.
Buchholz, W. (2003): Internationaler Umweltschutz als Globales Öffentliches Gut. In: Schriften des Vereins für Socialpolitik, N.F. 295.
Bühl, A. (2006): SPSS 14. Einführung in die moderne Datenanalyse. 10. Aufl. München: Pearson.
Büning, H.; Trenkler, G. (1994): Nichtparametrische statistische Methoden. 2. Aufl. Berlin: Walter de Gruyter.
Byrnes, B.; Jones, C.; Goodman, S. (1999): Contingent Valuation and Real Economic Commitments: Evidence from Electric Utility Green Pricing. In: Journal of Environmental Planning and Management, 42, S. 149-166.

Byrnes, J. P.; Miller, D. C.; Schafer, William D. (1999): Gender Differences in Risk Taking: A Meta-Analysis. In: Psychological Bulletin, 125, S. 367-383.

Cadsby, C.; Maynes, E. (1998): Gender and Free Riding in a Threshold Public Goods Game: Experimental Evidence. In: Journal of Economic Behavior and Organisation, 34, S. 603-620.

Carson, R. T. (1997): Contingent Valuation: Theoretical Advances and Empirical Tests Since the NOAA Panel. In: American Journal of Agricultural Economics, 79, S. 1501-1507.

Carson, R. T. (1999): Contingent Valuation: A User's Guide. In:Working Paper, Department of Economics, San Diego.

Carson, R. T.; Flores, Nicholas E.; Martin, Kerry M.; Wright Jennifer L. (1996): Contingent Valuation and Revealed Preference Methodologies: Comparing the Estimates for Quasi-Public Goods. In: Land Economics, 72, S. 80-99.

Chamberlin, E. H. (1948): An Experimental Imperfect Market. In: Journal of Political Economy, 56, 2, S. 95-108.

Chamberlin, J. (1974): The Provision of Collective Goods as a Function of Group Size. In: American Political Science Review, 68, 2, S. 707-716.

Champ, P. A.; Bishop, R. C. (2001): Donation Payment Mechanisms and Contingent Valuation: An Empirical Study of Hypothetical Bias. In: Environmental and Resource Economics, 19, S. 383-402.

Cornes, R.; Sandler, T. (1984): Easy Riders, Joint Production, and Public Goods. In: Economic Journal, 94, S. 580-598.

Cornes, R.; Sandler, T. (1986): The Theory of Externalities, Public Goods, and Club Goods. Cambridge: Cambridge University Press.

Croson, R.; Gneezy, U. (2009): Gender Differences in Preferences. In: Journal of Economic Literature, 47, S. 448-474.

Crumpler, H.; Grossman, P. J. (2008): An Experimental Test of Warm Glow Giving. In: Journal of Public Economics, 92, S. 1011-1021.

Cummings, R.G.; Brookshire, D. S.; Schulze, W. D. (Hg.) (1986): Valuing Environmental Goods, An Assessment of the Contingent Valuation Method. Totowa: Rowman and Allanheld.

Cummings, R.G.; Taylor, L.O. (1999): Unbiased Value Estimates for Environmental Goods: A Cheap Talk Design for the Contingent Valuation Method. In: American Economic Review, 89, 3, S. 649-665.

Dahlhoff (1980): Individuelle Wertorientierung - Analyse und Aussagewert personenspezifischer Werthierarchien im Marketing. In: Arbeitspapiere des Instituts für Marketing der Universität Münster, 23.

Darby, M. R.; Karni, E. (1973): Free Competition and the Optimal Amount of Fraud. In: Journal of Law and Economics, 16, 1, S. 67-88.
Davis, D. D.; Holt, C. A. (1993): Experimental Economics. Princeton: Princeton University Press.
Deaton, A.; Muellbauer, J. (1980): Economics and Consumer Behavior. Cambridge: Cambridge University Press.
Deaux, K.; Farris, E. (1977): Attribution Causes for One's Own Performance: The Effects of Sex, Norms and Outcome. In: Journal of Research in Personality, 11, S. 59-72.
Diekmann, J. (2008): Analyse und Bewertung der Wirkungen des Erneuerbare-Energien-Gesetzes (EEG) aus gesamtwirtschaftlicher Sicht. Forschungsvorhaben des BMU. Berlin.
Döring, P.; Weltmann C. (2002): Die Erweckung von Stromhunger. In: Wessel, Horst A.: Das elektrische Jahrhundert. Entwicklungen und Wirkungen der Elektrizität im 20. Jahrhundert. Essen: Klartext, S. 93-108.
Dow Jones (2009): Dow Jones Energy Daily, 28.12.2009.
Dow Jones (2010): Dow Jones Energy Weekly 12.02.2010.

Eckel, C. C.; Grossman, P. J. (2001): Chivalry and Solidarity in Ultimatum Games. In: Economic Inquiry, 39, S. 171-188.
EEG (2006): Gesetz für den Vorrang Erneuerbarer Energien (Erneuerbare-Energien-Gesetz), vom 07.11.2006. BGBI I S. 1918.
EEG (2009): Gesetz für den Vorrang Erneuerbarer Energien (Erneuerbare-Energien-Gesetz), vom 01.01.2009. BGBI I S. 2074.
EnWG (1935): Gesetz zur Förderung der Energiewirtschaft, RGBI I, S. 1451, Berlin: Vahlen.
EnWG (2005): Gesetz über die Elektrizitäts- und Gasversorgung - Energiewirtschaftsgesetz, BGBI I S. 1970 / 3621.
EPA (1998): Environmental Labelling. Issues, Policies, and PracticesWorldwide. United States Environmental Protection Agency (EPA). Washington, DC. (EPA 742-R-98-009).
Estes, R.; Hosseini, J. (1988): The Gender Gap on Wall Street: An Empirical Analysis of Confidence in Investment Decision Making. In: Journal of Psychology, 122, S. 577-590.

Falk, A.; Heckmann, J. J. (2009): Lab Experiments are a Major Source of Knowledge in the Social Sciences. In: Science, 326, S. 535-538.
Fehr, E.; Gächter, S. (2000): Fairness and Retaliation: The Economics of Reciprocity. In: Journal of Economic Perspective, 14, 3, S. 159-181.
Fischbacher, U. (2007): Z-Tree Zurich Toolbox for Ready-Made Economic Experiments. In: Experimental Economics, 10, S.171-178.

Frey, B. S. (1992): Pricing and Regulating Affect Environmental Ethics. In: Environmental and Resource Economics, 2, S. 399-414.
Frey, B. S.; Jegen, R. (2001): Motivation Crowding Theory. In: Journal of Economic Surveys, 15, S. 589-611.
Friedman, D.; Casar, A. (2004): Economics Lab. An Intensive Course in Experimental Economics. London: Routledge.
Friedman, D.; Sunder, S. (1994): Experimental Methods. Cambridge: Cambridge University Press.

Gächter, S. (2009): Experimentelle Ökonomie: Neue Wege, neue Erkenntnisse?. In: Perspektiven der Wirtschafspolitik, 10, S.1-13.
Ganzert, C.; Burdick, B.; Scherhorn, G. (2004): Empathie, Verantwortlichkeit, Gemeinwohl: Versuch über die Selbstbehauptungskräfte der Region. Herausgegeben von Wuppertal Institut für Klima, Umwelt, Energie. (Wuppertal Papers, 142).
Gierl, H.; Stumpp, S. (1999): Der Einfluß von Kontrollüberzeugungen und globalen Einstellungen auf das umweltbewußte Konsumentenverhalten. In: Marketing Zeitschrift für Forschung und Praxis, 21, 2, S. 121-129.
Gneezy, U.; Leonard, K. L.; List, J. A. (2009): Gender Differences in Competition: Evidence from a Matrilineal and a Patriachal Society. In: Econometrica, 77, S. 1637-1664.
Grote, U.; Basu A. K.; Chau, N. H. (2007): New Frontiers in Environmental and Social Labeling. Heidelberg: Physica Verlag.
Grunert, S. C.; Juhl, H. J. (1995): Values, Environmental Attitudes, and Buying of Organic Foods. In: Journal of Economic Psychology, 16, S. 39-62.
Guala, F. (2005): The Methodology of Experimental Economics. Cambridge: Cambridge University Press.
GWB (1957): Gesetz gegen Wettbewerbsbeschränkungen. Heidelberg: Verlagsgesellschaft Recht und Wirtschaft.

Hagedorn, K.; Nagel, U. J.; Odening, M. (Hg.) (2005): Umwelt- und Produktqualität im Agrarbereich. Münster-Hiltrup: Landwirtschaftsverlag (Schriften der Gesellschaft fürWirtschafts- und Sozialwissenschaften des Landbaus e.V., Nr. 40).
Hennicke, P.; Müller, M. (2006): Weltmacht Energie. Herausforderung für Demokratie und Wohlstand. 2. Aufl. Stuttgart: S. Hirzel.
Hensing, I.; Pfaffenberger W.; Ströbele, W. (Hgs.) (1998): Energiewirtschaft: Einführung in Theorie und Politik. München: Oldenbourg Verlag.
Herker, A. (1995): Eine Erklärung des umweltbewußten Konsumentenverhaltens. In: Marketing Zeitschrift für Forschung und Praxis, 17, 3, S. 149-161.

Hertwig, R.; Ortman, A. (2001): Experimental Practices in Economics: A Methodological Challenge for Psychologists. In: Behavioral and Brain sciences, 24, S. 383-451.

Hey, J. D. (1991): Experiments in Economics. Oxford: Basil Blackwell.

Hirschhausen, C. von; Weigt, H.; Zachmann, G. (2007): Preisbildung und Markmacht auf den Elektrizitätsmärkten in Deutschland. Grundlegende Mechanismen und empirische Evidenz. Dresden.

Intelligent Energy Europe (Hrsg.) (2006): Report on the Interaction of Green Power Labelling with Renewable Energy Policies. WP5 report from the CLEAN-E project. Online verfügbar unter http://www.www.ieelbrary.eu/images/all ieelibrary docs/clean-e interaction green-labelling repolicy.pdf, zuletzt geprüft am 30.05.2010.

Ittersum, K. von (2001): The Role of Region of Origin in Consumer Decision Making and Choice. Dissertation. Wageningen.

Kaas, K. P. (1996): Inspektions-, Erfahrungs- und Vertrauenseigenschaften. In: Marketing Zeitschrift für Forschung und Praxis, 4, S. 243-252.

Kagel, J. H.; Roth, A. E. (Hrsg.) (1995): The Handbook of Experimental Economics. Princeton: Princeton University Press.

Kähler, W.-M. (2006): Statistische Datenanalyse. 4. Aufl. Vieweg.

Kahnemann, D.; Knetsch, J. L. (1992): Valuing Public Goods: The Purchase of Moral Satisfaction. In: Journal of Environmental Economics and Management, 22, S. 57-70.

Kirchhoff, S. (2000): Green Business and Blue Angels: A Model of Voluntary Overcompliance with Asymmetric Information. In: Environmental and Resource Economics, 15, S. 403-420.

Knieps, G. (2001): Wettbewerbsökonomie - Regulierungstheorie, Industrieökonomie, Wettbewerbspolitik. Berlin.

Knieps, G. (2002): Wettbewerb auf den Ferntransportnetzen der deutschen Gaswirtschaft. In: Working Paper Institut für Verkehrswissenschaft und Regionalpolitik Uni Freiburg.

Kolstad, I. (2007): The Evolution of Social Norms: With Managerial Implications. In: Journal of Socio-Economics, 36, S. 58-72.

König, W.; Weber, W. (2003): Propyläen Technik Geschichte. Netzwerke, Stahl und Strom. Band 4. Berlin: Propyläen-Verlag.

Köpke, R. (2009): EEG-Änderung schlägt Wellen. In: Energie und Management, 25, S. 6.

Kommission der Europäischen Gemeinschaften (1996): Mitteilung der Kommission - Energie für die Zukunft: Erneuerbare Energiequellen - Grünbuch für eine Gemeinschafsstrategie. KOM(96)576, November 1996. Online verfügbar unter http://europa.eu/documentskomm/green papers/pdf/com-96-576.pdf., zuletzt geprüft am 05.06.2010.

Kommission der Europäischen Gemeinschaften (1997): Erneuerbare Energieträger: Weißbuch für eine Gemeinschaftsstrategie und Aktionsplan. KOM(97) 599 Online verfügbar unter http://europa.eu/documentskomm/ whitepapers/pdf/com97599.pdf, zuletzt geprüft am 05.06.2010.

Kommission der Europäischen Gemeinschaften (2001): Richtlinie 2001/77/EG Förderung der Stromerzeugung aus erneuerbaren Energiequellen im Elektrizitätsbinnenmarkt. Online verfügbar unter http://www.umwelt rechtsreport.de/news/14090.pdf, zuletzt geprüft am 05.06.2010.

Kommission der Europäischen Gemeinschaften (2005): Mitteilung über Förderung von Strom aus Erneuerbaren Energien. KOM(2005) 627 Online verfügbar unter http://eurlex.europa.eu/exUriServ.do?uri=COM:2005:0627: FIN:DE:PDF, zuletzt geprüft am 05.06.2010.

Kommission der Europäischen Gemeinschaften (2007): Fahrplan für Erneuerbare Energien. Erneuerbare Energien im 21. Jahrhundert: Größere Nachhaltigkeit in der Zukunft. KOM(2006) 848 Online verfügbar unter http:// eur-lex.europa.eu/exUriServ.do?uri=COM:2006:0848:FIN:DE:PDF, zuletzt geprüft am 05.06.2010.

Krewitt, W.; Schlomann, B. (2006): Externe Kosten der Stromerzeugung aus erneuerbaren Energien im Vergleich zur Stromerzeugung aus fossilen Energieträgern. Fraunhofer Institut System- und Innovationsforschung. Karlsruhe.

Kuhnt, D.; Oberender, P. (2004): Wettbewerb in der Versorgungswirtschft. In: Schriften des Vereins für Socialpolitik; N.F. 299, Berlin: Duncker und Humblot.

Leitow, D. (2005): Kaufentscheidung - Eine experimentelle und einstellungstheoretisch basierte Untersuchung des Konsumentenverhaltens bei regionalen Lebensmitteln. Dissertation. Berlin. Humboldt-Universität zu Berlin.

Leitow, D.; Jader, K. (2005): Einstellungen und Kaufverhalten bei regionalen Lebensmitteln. Ergebnisse empirischer Untersuchungen in Deutschland und Polen. In: Hagedorn, Konrad; Nagel, Uwe Jens; Odening, M. (Hg.): Umwelt- und Produktqualität im Agrarbereich. Münster-Hiltrup: Landwirtschaftsverlag (Schriften der Gesellschaft für Wirtschafts- und Sozialwissenschaften des Landbaus e.V., 40), S. 203-212.

Liedtke, R. (2006): Das Energiekartell. Frankfurt a.M.: Eichborn Verlag.

Lindahl, E. R. (1919): Die Gerechtigkeit der Besteuerung. Eine Analyse der Steuerprinzipien auf Grundlage der Grenznutzentheorie: Lund.

List, J.A. (2001): Do Explicit Warnings Eliminate the Hypothetical Bias in Elicitation Procedures? Evidence from Field Actions for Sportscards. In: American Economic Review, 91, S. 1498-1507.

Lundenberg, M.; Fox, P.W.; Punccohar, J. (1994): Highly Confident butWrong: Gender Differences and Similarities in Confidence Judgements. In: Journal of Educational Psychology, 86, S. 114-121.

Macaulay, S.H.; Berkowitz, L. (Hg.) (1970): Altruism and Helping Behavior. New York.

Matthes, F. C.; Timpe, C. (2000): Sustainablility and the Future of European Electricity Policy. Berlin: Heinrich-Böll-Stiftung.

Maute, M. F.; Forrester,W. R. (1991): The Effect of Attribute Qualities on Consumer Decision Making: A Causal Model of External Information Search. In: Journal of Economic Psychology, 12, S. 643-666.

Mc Guire, M. (1974): Group Size, Group Homogeneity, and the Aggregate Provision of a Pure Public Good under Cournot Behavior. In: Public Choice, 18, S. 107-126.

Menges, R. (2000): Zertifikate in der Produktregulierung. Regenerativer Zertifikatehandel als Beispiel für die Schaffung von Märkten zur Lösung von Umweltproblemen. In: Führ, Martin (Hg.): Stoffstromsteuerung durch Produktregulierung. Rechtliche, ökonomische und politische Fragen. Baden- Baden: Nomos Verlagsgesellschaft, S. 331-349.

Menges, R. (2003): Supporting Renewable Energy on Liberalised Markets: Green Electricity Between Additionality and Consumer Sovereignity. In: Energy Policy, 31, S. 583-596.

Menges, R.; Schroeder, C.; Traub, S. (2004a): Erhebung von Zahlungsbereitschaften für Ökostrom. Methodische Aspekte und Ergebnisse einer experimentellen Untersuchung. In: Marketing Zeitschrift für Forschung und Praxis, 26, 3, S. 247-258.

Menges, R.; Schroeder, C.; Traub, S. (2004b): Umweltbewußtes Konsumentenverhalten aus ökonomischer Sicht: Eine experimentelle Untersuchung der Zahlungsbereitschaft für Ökostrom. In: Umweltpsychologie, 8, 1, S. 84-106.

Menges, R.; Schroeder, C.; Traub, S. (2005): Altruism, Warm Glow and the Willingness-To-Donate for Green Electricity: An Artefactual Fiel Experiment. In: Environmental and Resource Economics, 31, S. 431-458.

Menges, R.; Traub, S. (2008): Staat versus Markt: Konsumentenpräferenzen und die Förderung erneuerbarer Energien. In: Zeitschrift für Energiewirtschaft, 4, S. 262-270.

Menges, R.; Traub, S. (2009): An Experimental Study on the Gap Between Willingness to Pay and Willingness to Donate for Green Electricity. In: Finanzarchiv, 65, S. 335-357.

Meyer, D. (1990): Asymmetrische Information, Institutional Choice und die Funktion von Wertorientierungen. In: Jahrbuch für Sozialwissenschaft, 41, S. 104-121.

Meyer, J.-A. (1999): Regionalmarketing. München: Vahlen. Moon, W.; Florkowski, W.; Brückner, B.; Schonhof, I. (2002): Willingness to Pay for Environmental Practices. In: Land Economics, 78, 1, S. 88-102.

Mueller (2006): Public Choice III. 6. Aufl. Cambridge: Cambridge University Press.

Nelson, P. (1970): Information and Consumer Behavior. In: Journal of Political Economy, S. 311-329.

Nelson, P. (1974): Advertising as Information. In: Journal of Political Economy, S. 729-754.

Neumann, J. von; Morgenstern, O. (1947): The Theory of Games and Economic Behavior. 2. Aufl. Princeton: Princeton University Press.

Niederle, M.; Vesterlund, L. (2007): Do Women Shy Away from Competition? Do Men Compete too Much. In: Quaterly Journal of Economics, 122, S. 1067-1101.

Nyborg, K. (2000): Homo Economicus and Homo Politicus: Interpretation and Aggregation of Environmental Values. In: Journal of Economic Behavior and Organisation, 42, S. 305-322.

Ockenfels, A. (2007): Strombörse und Marktmacht. In: Energiewirtschaftliche Tagesfragen, 57, 5, S. 44-58.

Oetzel, S. (2002): Der elektrische Haushalt. In: Wessel, Horst A.: Das elektrische Jahrhundert. Entwicklungen und Wirkungen der Elektrizität im 20. Jahrhundert. Essen: Klartext, S. 71-78.

Ohler, T. (2001): Auswirkungen des Wechselverhaltens privater Haushalte auf die Marktstruktur im liberalisierten Stromvertrieb. Essen.

Powell, M.; Ansic, D. (1997): Gender Differences in Risk Behaviour in Financial Decision-Making: An Experimental Analysis. In: Journal of Economic Psychology, 18, S. 605-628.

Priddat, B. (1997): Moralischer Konsum: Über das Verhältnis von Rationalität, Präferenzen und Personen. In: Lohmann, K.; Priddat, B. (Hg.): Ökonomie und Moral - Beiträge zur Theorie ökonomischer Rationalität. München: Oldenbourg, S. 175-193.

Priller, E.; Sommerfeld, J. (2005): Wer spendet in Deutschland?. In: WZB Discussion paper, 202, Berlin.
Proettel, T.; Streb, J.; Streb, S. (2009): Die Produktivitätsentwicklung in der deutschen Stromwirtschaft in langfristiger Perspektive. In: Perspektiven der Wirtschaftspolitik, 10, 3, S. 209-332.

Rasmusen, E. (2001): Readings in Games and Information: Wiley-Blackwell.
RECS International (2005): The Use of the Guarantee of Origin. Evaluation Report RECS International. Online verfügbar unter http//:www.recs.org, zuletzt geprüft 30.05.2010.
Reiche, D. (2004): Grundlagen der Energiepolitik. Frankfurt: Peter Lang.
Requate, T. (2010): Klimaschutz: Stand und Perspektiven. In: Perspektiven der Wirtschaftspolitik, 11, S. 1-3.
Ribar, D. C.; Wilhelm, M. O. (2002): Altruistic and Joy-of-Giving Motivations in Charitable Behavior. In: Journal of Political Economy, 110, 2, S. 425-457.
Richmann, A. (2004): Dynamische Anreizregulierung für Strom- und Erdgasnetzbetreiber. In: Energiewirtschaftliche Tagesfragen, 54, 3, S. 134-138.
Roe, B.; Teisl, M. F.; Levy, A.; Russell, M. (2001): US Consumers' Willingness to Pay for Green Electricity. In: Energy Policy, 29, 11, S. 917-925.
Rowlands, I. H.; Scott, D.; Parker, P. (2003): Consumers and Green Electricity: Profiling Potential Purchasers. In: Business Strategy and the Environment, 12, 1, S. 36-48.

Samuelson; Nordhaus (1985): Principles of Economics. 12. Aufl. New York: McGraw-Hill.
Samuelson; Nordhaus (1992): Principles of Economics. 14. Aufl. New York: McGraw-Hill.
Samuelson (1954): The Pure Theory of Public Expenditure. The Review of Economics and Statistics. In: Review of Economics and Statistics, 36, 4, S. 387-389.
Sauermann, H.; Selten, R. (1959): Ein Oligopolexperiment. In: Zeitschrift für die gesamte Staatswissenschaft, 115, 3, S. 427-471.
Schiffer, H.-W. (2008): Energiemarkt Deutschland. 10. Aufl. Köln: TÜV Media.
Schmidt, K. M. (2009): The Role of Experiments for the Development of Economic Theories. In: Perspektiven der Wirtschaftspolitik, S. 14-30.
Schmidt-Preuß (2009): OU-ISO-ITO: Drei Unbundling-Optionen des 3. EU-Liberalisierungspakets. In: Energiewirtschaftliche Tagesfragen, 59, 9.
Schooler, R. D. (1965): Product Bias in the Central American Common Market. In: Journal of Marketing Research 2, S. 394-397.

Schubert, R.; Gysler, M.; Brown, M.; Brachinger, H.-W. (1999): Financial Decision-Making: Are Women Really More Risk Averse. In: American Economic Review Papers and Proceedings, 89, S. 381-385.

Schwartz, S. H. (1970): Moral Decision Making and Behavior. In: Macaulay, S.H.; Berkowitz, L. (Hg.): Altruism and Helping Behavior. New York.

Shapiro, C. (1983): Consumer Protection Policy in the United States. In: Zeitschrift für die gesamte Staatswissenschaft, 139, S. 527-544.

Smith, V. L. (1964): Effect of Market Organization on Competitive Equilibrium. In: Quaterly Journal of Economics, 78, 2, S. 182-201.

Smith, V. L. (1976): Experimental Economics: Induced Value Theory. In: American Economic Review, 66, 2, S. 274-279.

Smith, V. L. (1982): Microeconomic Systems as an Experimental Science. In: American Economic Review, 72, 5, S. 923-955.

Springmann, J.-P. (2005): Die Förderung erneuerbarer Energien in der Stromerzeugung auf dem ordnungspolitischen Prüfstand. In: Zeitschrift für Umweltpolitik, 3, S. 313-347.

Statistisches Bundesamt (2007): Wirtschaftsrechungen, Ausstattung privater Haushalte mit langlebigen Gebrauchsgütern 2000-2006 (Fachserie 15, Reihe 2).

Stier, B. (1999): Staat und Strom. Ubstadt-Weiher: Verlag Regionalkultur.

Teisl, M. F.; Noblet, C. L.; Rubin, J. (2007): The Design of an Eco-Marketing and Labeling Program for Vehicles in Maine. In: Grote, U.; Basu A. K.; Chau, N. H.: New Frontiers in Environmental and Social Labeling. Heidelberg: Physica Verlag, S. 11-35.

Tenfelde, K. (2002): Über Entwicklungen und Wirkungen der Elektrizität. In: Wessel, Horst A.: Das elektrische Jahrhundert. Entwicklungen und Wirkungen der Elektrizität im 20. Jahrhundert. Essen: Klartext, S. 13-26.

Timpe, C.; Fritsche, U.; Grabczewski, N. von (2002): Kennzeichnung von Strom. Von der anonymen Massenware zum unterscheidbaren Produkt. Öko-Institut.

Truffer, B.; Markard, J.; Wuestenhagen, R. (2001): Eco-Labeling of Electricity-Strategies and Tradeoffs in the Definition of Environmental Standards. In: Energy Policy, 29, 11, S. 885-897.

Uhle, C. (2004): Energiebörsen als innovative Handelsmodelle: ein Erfahrungsbericht aus Sicht der European Energy Exchange AG. In: Kuhnt, Oberender (2004): Wettbewerb in der Versorgungswirtschaft, S. 53-60, Berlin: Duncker und Humblot.

Urban, D. (1986): Was ist Umweltbewußtsein? - Exploration eines mehrdimensionalen Einstellungskonstrukts. In: Zeitschrift für Soziologie, 15, 5, S. 363-377.

van Raaij, W. F.; Verhallen, Theo M. M. (1983): A Behavioral Model of Residential Energy Use. In: Journal of Economic Psychology, 3, S. 39-63.

Varian, H. R. (2001): Mikroökonomie. München: Oldenbourg.

Vinson, D. E.; Scott, Jerome E.; Lamont, Lawrence M. (1977): The Role of Personal Values in Marketing and Consumer Behavior. In: Journal of Marketing, 41, S. 44-50.

Wessel, H. A. (2002): Das elektrische Jahrhundert. Entwicklungen und Wirkungen der Elektrizität im 20. Jahrhundert. Essen: Klartext.

Whitehead, J. C.; Cherry, Todd L. (2007):Willingness to Pay for a Green Energy Program: A Comparison of Ex-Ante and Ex-Post Hypothetical Bias Mitigation Approaches. In: Resource and Energy Economics, 29, S. 247-261.

Wiser, R. H. (2007): Using Contingent Valuation to Explore Willingness to pay for Renewable Energy: A Comparison of Collective and Voluntary Payment Vehicles. In: Ecological Economics, 419-432.

Wortmann, K.; Klitzke, M.; Lörx, S.; Menges, R. (1996): Grüner Tarif. Klimaschutz durch freiwillige Beiträge zum Stromtarif. Kiel: Energiestiftung Schleswig-Holstein.

Wuestenhagen, R.; Bilharz, M. (2006): Green Energy Market Development in Germany: Effective Public Policy and Emerging Customer Demand. In: Energy Policy, 34, S.1681-1691.

Anhang

A Transkription des Audiobeitrages

Herzlich willkommen zu dem heute stattfindenden ökonomischen Entscheidungsexperiment.

In diesem Experiment geht es in verschiedener Weise darum, seine Präferenzen für Ökostrom bekannt zu geben. Dazu werden Sie durch den Computer in 3er Gruppen eingeteilt. Das geschieht jedoch anonym, d.h. Sie wissen nicht, mit wem Sie sich in einer Gruppe befinden. Der Wirkungsmechanismus und der Ablauf des Experimentes wird Ihnen zu Beginn am Bildschirm des Computers erklärt. Bitte versetzen Sie sich ganz in die beschriebene Situation und lesen Sie die Anweisungen in aller Ruhe. Danach werden Ihnen Kontrollfragen zum Ablauf gestellt. Bitte beantworten Sie diese ernsthaft. Erst dann beginnt das eigentliche Experiment. Anschließend werden Sie noch einen anonymisierten Fragebogen ausfüllen.

Danach können Sie sich die 5,- Euro für Ihre Beteiligung vor dem Experimentallabor abholen. Bitte zeigen Sie dort auch ihr Los vor, damit wir feststellen, ob Sie gewonnen haben. Lesen Sie bitte alle Anweisungen in aller Ruhe, Sie können durch schnelles Lesen den Ablauf nicht beschleunigen, da das Programm immer wartet, bis alle Teilnehmer den OK Knopf gedrückt haben, bevor es weiter geht. Abschließend möchte ich Sie bitten, sich während des Experimentes nicht zu unterhalten. Bitte unterhalten Sie sich auch danach nicht mit Ihren Freunden über das Experiment, wenn diese noch daran teilnehmen werden.

Vielen Dank nochmals für Ihre Mithilfe. Ich wünsche Ihnen viel Spaß beim Experiment und viel Erfolg in der Lotterie.

B Dokumentation des Experimentes

Treatment 1

Bildschirm 1

Vielen Dank, dass Sie an diesem Experiment teilnehmen.

Bitte versetzen Sie sich in folgende Situation:
Sie befinden sich in einer Gruppe von 3 Personen, in der nur Strom bezogen wird, welcher durch Erzeugung aus Kohlekraft und Kernkraft gewonnen wird. Auf lange Sicht soll die Erzeugung auf Erneuerbare Energien umgestellt werden. Jeder muss zur CO_2-Vermeidung beitragen. Sie sind jetzt in einer Abstimmung dazu aufgefordert, das von Ihnen gewünschte Niveau an Erneuerbaren Energien anzugeben. Das Niveau, für welches die Mehrheit in Ihrer Gruppe stimmt, wird umgesetzt. Jedes Gruppenmitglied wird daraufhin anteilig, gemäß eines Umlageverfahrens, an den Kosten des Ausbaus Erneuerbarer Energien beteiligt.

Information zum Ablauf:
Dieses Experiment besteht aus fünf Runden, d.h. Sie werden fünf mal nach Ihrem präferierten Niveau an Erneuerbaren Energien (Ökostrom) gefragt. Es verändert sich dabei lediglich der Preis für Ökostrom. Danach werden Sie noch einen anonymisierten Fragebogen ausfüllen. Dabei geht es nicht um „richtige“ oder „falsche“ Antworten, sondern um Ihre ganz private Einschätzung.

Bildschirm 2

Im Experiment haben Sie für jede Entscheidung ein Budget von 108,- EUR. Möchten Sie das Niveau an Ökostrom von derzeit 0% erhöhen, wird sich das auf Ihr Budget auswirken.

Jeder 9. Teilnehmer wird das Budget tatsächlich gewinnen. Im Gewinnfall wird der Teil, den Sie für Ökostrom verwendet haben, an eine Umweltorganisation Ihrer Wahl gespendet, um CO_2 zu vermeiden. Das verbleibende Budget wird sofort in bar an Sie ausgezahlt.

Darum entscheiden Sie bitte in jeder Situation so, als sei es eine wirkliche Entscheidungssituation, welche Ihr eigenes Budget beeinflusst und ggf. auch Auswirkungen auf die Umwelt hat.

Bildschirm 3

Bitte beantworten Sie nachfolgende Fragen über den Ablauf des Experimentes.
Mit wie vielen Teilnehmern befinden Sie sich in einer Gruppe?
3, 5, 7 oder weiß nicht.

Wie hoch ist der derzeitige Anteil der Stromerzeugung aus Erneuerbaren Energien (vor der Abstimmung)?
0%, 50%, 100% oder weiß nicht.

Nach der Abstimmung müssen alle Teilnehmer einer Gruppe den gleichen Finanzierungsanteil tragen.
Ja, Nein oder weiß nicht.

Das Experiment besteht aus:
3 Runden, 3 Runden und einem Fragebogen, 5 Runden, 5 Runden und einem Fragebogen oder weiß nicht.

Wenn ich gewinne:
Erhalte ich das Budget von 108,- EUR., erhalte ich das verbleibende Budget, das verwendete Budget wird an eine Umweltorganisation gespendet, wird das gesamte Budget an eine Umweltorganisation gespendet oder weiß nicht.

Bildschirm 4

Hier sehen Sie die richtigen Lösungen der Kontrollfragen.

Mit wie vielen Teilnehmern befinden Sie sich in einer Gruppe?
Mit 3 Teilnehmern.

Wie hoch ist der derzeitige Anteil der Stromerzeugung aus Erneuerbaren Energien (vor der Abstimmung)?
Der derzeitige Anteil der Stromerzeugung aus Erneuerbaren Energien beträgt 0%.

Nach der Abstimmung müssen alle Teilnehmer einer Gruppe den gleichen Finanzierungsanteil tragen.
Ja.

Das Experiment besteht aus:
5 Runden und einem Fragebogen.

Wenn ich gewinne:
Erhalte ich das verbleibene Budget, das verwendete Budget wird an eine Umweltorganisation gespendet.

Bildschirm 5

Ökostrom kostet 21 ct/kWh, Strom aus Kohle und Kernkraft kostet 20 ct/kWh. Die „Veredelung“ von Strom (Preisdifferenz) beträgt somit **1 ct/kWh**.

Es handelt sich um geprüften Ökostrom aus z.B. Wind, Sonne und Biomasse. Die Erzeugung sorgt für zusätzliche CO_2-Vermeidung.

Wie hoch soll das Niveau an Ökostrom **in Ihrer Gruppe** sein? Bitte legen Sie dazu das von Ihnen gewünschte Niveau mit Hilfe des Schiebereglers fest.

Bitte beachten Sie dazu die untenstehende Information über die Ihnen dadurch entstehenden Kosten und die Menge der CO_2-Vermeidung für die ganze Gruppe für den Fall, dass Ihre Entscheidung die Mehrheit findet. Am Ende des Experiments (nach der 5. Runde) werden Ihnen die Ergebnisse der Gruppenentscheidungen bekannt gegeben.

Sie können den Regler so oft bewegen, wie Sie möchten. Sobald Sie ihn loslassen, verändern sich die untenstehenden Werte. Klicken Sie die OK-Taste, sobald Sie sich endgültig entschieden haben.

Umweltspende (in EUR):
Verbleibendes Budget (in EUR):
CO_2-Vermeidung in der Gruppe (in kg):

Bildschirm 6

Ökostrom kostet 23 ct/kWh, Strom aus Kohle und Kernkraft kostet 20 ct/kWh. Die „Veredelung“ von Strom (Preisdifferenz) beträgt somit **3 ct/kWh**.

Es handelt sich um geprüften Ökostrom aus z.B. Wind, Sonne und Biomasse. Die Erzeugung sorgt für zusätzliche CO_2-Vermeidung.

Wie hoch soll das Niveau an Ökostrom in **Ihrer Gruppe** sein? Bitte legen Sie dazu das von Ihnen gewünschte Niveau mit Hilfe des Schiebereglers fest.

Bitte beachten Sie dazu die untenstehende Information über die Ihnen dadurch entstehenden Kosten und die Menge der CO_2-Vermeidung für die ganze Gruppe für den Fall, dass Ihre Entscheidung die Mehrheit findet. Am Ende des Experiments (nach der 5. Runde) werden Ihnen die Ergebnisse der Gruppenentscheidungen bekannt gegeben.

Sie können den Regler so oft bewegen, wie Sie möchten. Sobald Sie ihn loslassen, verändern sich die untenstehenden Werte. Klicken Sie die OK-Taste, sobald Sie sich endgültig entschieden haben.

Umweltspende (in EUR):
Verbleibendes Budget (in EUR):
CO_2-Vermeidung in der Gruppe (in kg):

Bildschirm 7

Ökostrom kostet 25 ct/kWh, Strom aus Kohle und Kernkraft kostet 20 ct/kWh. Die „Veredelung" von Strom (Preisdifferenz) beträgt somit **5 ct/kWh**.

Es handelt sich um geprüften Ökostrom aus z.B. Wind, Sonne und Biomasse. Die Erzeugung sorgt für zusätzliche CO_2-Vermeidung.

Wie hoch soll das Niveau an Ökostrom in **Ihrer Gruppe sein**? Bitte legen Sie dazu das von Ihnen gewünschte Niveau mit Hilfe des Schiebereglers fest.

Bitte beachten Sie dazu die untenstehende Information über die Ihnen dadurch entstehenden Kosten und die Menge der CO_2-Vermeidung für die ganze Gruppe für den Fall, dass Ihre Entscheidung die Mehrheit findet. Am Ende des Experiments (nach der 5. Runde) werden Ihnen die Ergebnisse der Gruppenentscheidungen bekannt gegeben.

Sie können den Regler so oft bewegen, wie Sie möchten. Sobald Sie ihn loslassen, verändern sich die untenstehenden Werte. Klicken Sie die OK-Taste, sobald Sie sich endgültig entschieden haben.

Umweltspende (in EUR):
Verbleibendes Budget (in EUR):
CO_2-Vermeidung in der Gruppe (in kg):

Bildschirm 8

Ökostrom kostet 27 ct/kWh, Strom aus Kohle und Kernkraft kostet 20 ct/kWh. Die „Veredelung" von Strom (Preisdifferenz) beträgt somit **7 ct/kWh**.

Es handelt sich um geprüften Ökostrom aus z.B. Wind, Sonne und Biomasse. Die Erzeugung sorgt für zusätzliche CO_2-Vermeidung.

Wie hoch soll das Niveau an Ökostrom in **Ihrer Gruppe** sein? Bitte legen Sie dazu das von Ihnen gewünschte Niveau mit Hilfe des Schiebereglers fest.

Bitte beachten Sie dazu die untenstehende Information über die Ihnen dadurch entstehenden Kosten und die Menge der CO_2-Vermeidung für die ganze Gruppe für den Fall, dass Ihre Entscheidung die Mehrheit findet. Am Ende des Experiments (nach der 5. Runde) werden Ihnen die Ergebnisse der Gruppenentscheidungen bekannt gegeben.

Sie können den Regler so oft bewegen, wie Sie möchten. Sobald Sie ihn loslassen, verändern sich die untenstehenden Werte. Klicken Sie die OK-Taste, sobald Sie sich endgültig entschieden haben.

Umweltspende (in EUR):
Verbleibendes Budget (in EUR):
CO_2-Vermeidung in der Gruppe (in kg):

Bildschirm 9

Ökostrom kostet 29 ct/kWh, Strom aus Kohle und Kernkraft kostet 20 ct/kWh. Die „Veredelung“ von Strom (Preisdifferenz) beträgt somit **9 ct/kWh**.

Es handelt sich um geprüften Ökostrom aus z.B. Wind, Sonne und Biomasse. Die Erzeugung sorgt für zusätzliche CO_2-Vermeidung.

Wie hoch soll das Niveau an Ökostrom in **Ihrer Gruppe** sein? Bitte legen Sie dazu das von Ihnen gewünschte Niveau mit Hilfe des Schiebereglers fest.

Bitte beachten Sie dazu die untenstehende Information über die Ihnen dadurch entstehenden Kosten und die Menge der CO_2-Vermeidung für die ganze Gruppe für den Fall, dass Ihre Entscheidung die Mehrheit findet. Am Ende des Experiments (nach der 5. Runde) werden Ihnen die Ergebnisse der Gruppenentscheidungen bekannt gegeben.

Sie können den Regler so oft bewegen, wie Sie möchten. Sobald Sie ihn loslassen, verändern sich die untenstehenden Werte. Klicken Sie die OK-Taste, sobald Sie sich endgültig entschieden haben.

Umweltspende (in EUR):
Verbleibendes Budget (in EUR):
CO_2-Vermeidung in der Gruppe (in kg):

Bildschirm 10

Folgendermaßen haben die Mitglieder Ihrer Gruppe abgestimmt (Sie sind Mitglied 1):

für 1 ct/kWh:

Mitglied 1:
Mitglied 2:
Mitglied 3:

Die Mehrheit wünscht somit folgendes Niveau von Strom aus Erneuerbaren Energien (in%):
Durch das Umlageverfahren entsteht Ihnen somit eine Umweltspende von (in EUR):
Ihre Gruppe vermeidet somit folgende Menge an CO_2 (in kg):

für 3 ct/kWh:

Mitglied 1:
Mitglied 2:
Mitglied 3:

Die Mehrheit wünscht somit folgendes Niveau von Strom aus Erneuerbaren Energien (in%):
Durch das Umlageverfahren entsteht Ihnen somit eine Umweltspende von (in EUR):
Ihre Gruppe vermeidet somit folgende Menge an CO_2 (in kg):

für 5 ct/kWh:

Mitglied 1:
Mitglied 2:
Mitglied 3:

Die Mehrheit wünscht somit folgendes Niveau von Strom aus Erneuerbaren Energien (in%):
Durch das Umlageverfahren entsteht Ihnen somit eine Umweltspende von (in EUR):
Ihre Gruppe vermeidet somit folgende Menge an CO_2 (in kg):

für 7 ct/kWh:

Mitglied 1:
Mitglied 2:
Mitglied 3:

Die Mehrheit wünscht somit folgendes Niveau von Strom aus Erneuerbaren Energien (in%):
Durch das Umlageverfahren entsteht Ihnen somit eine Umweltspende von (in EUR):

Ihre Gruppe vermeidet somit folgende Menge an CO_2 (in kg):

für 9 ct/kWh:

Mitglied 1:
Mitglied 2:
Mitglied 3:

Die Mehrheit wünscht somit folgendes Niveau von Strom aus Erneuerbaren Energien (in%):
Durch das Umlageverfahren entsteht Ihnen somit eine Umweltspende von (in EUR):
Ihre Gruppe vermeidet somit folgende Menge an CO_2 (in kg):0

Bildschirm 11

Bitte geben Sie hier die Treatment- und Losnummer an, die Sie zu Beginn des Experimentes gezogen haben:

Treatmentnummer:
Losnummer:

Treatment 2

Bildschirm 1

Vielen Dank, dass Sie an diesem Experiment teilnehmen.

Bitte versetzen Sie sich in folgende Situation:
Sie befinden sich in einer Gruppe von 3 Personen, in der nur Strom bezogen wird, welcher durch Erzeugung aus Kohlekraft und Kernkraft gewonnen wird. Sie haben im Folgenden die Möglichkeit privat Strom, aus Erneuerbaren Energien (Ökostrom), zu kaufen.

Information zum Ablauf:
Dieses Experiment besteht aus fünf Runden, d.h. Sie werden fünfmal nach Ihrem präferierten, privaten Niveau an Ökostrom gefragt. Es verändert sich dabei lediglich der Preis für Ökostrom. Danach werden Sie noch einen anonymisierten Fragebogen ausfüllen. Dabei geht es nicht um „richtige“ oder „falsche“ Antworten, sondern um Ihre ganz private Einschätzung.

Bildschirm 2

Im Experiment haben Sie für jede Entscheidung ein Budget von 108,- EUR. Möchten Sie das Niveau an Ökostrom von derzeit 0% erhöhen, wird sich das auf Ihr Budget auswirken.

Jeder 9. Teilnehmer wird das Budget tatsächlich gewinnen. Im Gewinnfall wird der Teil, den Sie für Ökostrom verwendet haben, an eine Umweltorganisation Ihrer Wahl gespendet, um CO_2 zu vermeiden. Das verbleibende Budget wird sofort in bar an Sie ausgezahlt.

Darum entscheiden Sie bitte in jeder Situation so, als sei es eine wirkliche Entscheidungssituation, welche Ihr eigenes Budget beeinflusst und ggf. auch Auswirkungen auf die Umwelt hat

Bildschirm 3

Bitte beantworten Sie nachfolgende Fragen über den Ablauf des Experimentes.
Mit wie vielen Teilnehmern befinden Sie sich in einer Gruppe?
3,5,7 oderweiß nicht.

Wie hoch ist der derzeitige Anteil der Stromerzeugung aus Erneuerbaren Energien (vor der Abstimmung)?
0%, 50%, 100% oder weiß nicht.

Das Experiment besteht aus:
3 Runden, 3 Runden und einem Fragebogen, 5 Runden, 5 Runden und einem Fragebogen oder weiß nicht.

Wenn ich gewinne:
Erhalte ich das Budget von 108,-EUR., erhalte ich das verbleibende Budget, das verwendete Budget wird an eine Umweltorganisation gespendet, wird das gesamte Budget an eine Umweltorganisation gespendet oder weiß nicht.

Bildschirm 4

Hier sehen Sie die richtigen Lösungen der Kontrollfragen.

Mit wie vielen Teilnehmern befinden Sie sich in einer Gruppe?
Mit 3 Teilnehmern.

Wie hoch ist der derzeitige Anteil der Stromerzeugung aus Erneuerbaren Energien (vor der Abstimmung)?
Der derzeitige Anteil der Stromerzeugung aus Erneuerbaren Energien beträgt 0%.

Das Experiment besteht aus:
5 Runden und einem Fragebogen.

Wenn ich gewinne:
Erhalte ich das verbleibene Budget, das verwendete Budget wird an eine Umweltorganisation gespendet.

Bildschirm 5

Ökostrom kostet 21 ct/kWh, Strom aus Kohle und Kernkraft kostet 20 ct/kWh. Die „Veredelung" von Strom (Preisdifferenz) beträgt somit **1 ct/kWh**.

Es handelt sich um geprüften Ökostrom aus z.B. Wind, Sonne und Biomasse. Die Erzeugung sorgt für zusätzliche CO_2-Vermeidung.

Wie hoch soll das Niveau an Ökostrom in Ihrem **privaten Srommix** sein? Bitte legen Sie dazu das von Ihnen gewünschte Niveau mit Hilfe des Schiebereglers fest.

Bitte beachten Sie dazu die untenstehende Information über die Ihnen dadurch entstehenden Kosten und die Menge der CO_2-Vermeidung für die gesamte Gruppe die Sie durch Ihren Zukauf ermöglichen. Sie können den Regler so oft bewegen, wie Sie möchten, sobald Sie ihn loslassen verändern sich die untenstehenden Werte. Klicken Sie die OK Taste, sobald Sie sich endgültig entschieden haben.

Umweltspende (in EUR):
Verbleibendes Budget (in EUR):
CO_2-Vermeidung für die Gruppe (in kg):

Bildschirm 6

Ökostrom kostet 23 ct/kWh, Strom aus Kohle und Kernkraft kostet 20 ct/kWh. Die „Veredelung“ von Strom (Preisdifferenz) beträgt somit **3 ct/kWh**.

Es handelt sich um geprüften Ökostrom aus z.B. Wind, Sonne und Biomasse. Die Erzeugung sorgt für zusätzliche CO_2-Vermeidung.

Wie hoch soll das Niveau an Ökostrom in Ihrem **privaten Srommix** sein? Bitte legen Sie dazu das von Ihnen gewünschte Niveau mit Hilfe des Schiebereglers fest.

Bitte beachten Sie dazu die untenstehende Information über die Ihnen dadurch entstehenden Kosten und die Menge der CO_2-Vermeidung für die gesamte Gruppe die Sie durch Ihren Zukauf ermöglichen. Sie können den Regler so oft bewegen, wie Sie möchten, sobald Sie ihn loslassen verändern sich die untenstehenden Werte. Klicken Sie die OK Taste, sobald Sie sich endgültig entschieden haben.

Umweltspende (in EUR):
Verbleibendes Budget (in EUR):
CO_2-Vermeidung für die Gruppe (in kg):

Bildschirm 7

Ökostrom kostet 25 ct/kWh, Strom aus Kohle und Kernkraft kostet 20 ct/kWh. Die „Veredelung“ von Strom (Preisdifferenz) beträgt somit **5 ct/kWh**.

Es handelt sich um geprüften Ökostrom aus z.B. Wind, Sonne und Biomasse. Die Erzeugung sorgt für zusätzliche CO_2-Vermeidung.

Wie hoch soll das Niveau an Ökostrom in Ihrem **privaten Srommix** sein? Bitte legen Sie dazu das von Ihnen gewünschte Niveau mit Hilfe des Schiebereglers fest.

Bitte beachten Sie dazu die untenstehende Information über die Ihnen dadurch entstehenden Kosten und die Menge der CO_2-Vermeidung für die gesamte

Gruppe die Sie durch Ihren Zukauf ermöglichen. Sie können den Regler so oft bewegen, wie Sie möchten, sobald Sie ihn loslassen verändern sich die untenstehenden Werte. Klicken Sie die OK Taste, sobald Sie sich endgültig entschieden haben.

Umweltspende (in EUR):
Verbleibendes Budget (in EUR):
CO_2-Vermeidung für die Gruppe (in kg):

Bildschirm 8

Ökostrom kostet 27 ct/kWh, Strom aus Kohle und Kernkraft kostet 20 ct/kWh. Die „Veredelung“ von Strom (Preisdifferenz) beträgt somit **7 ct/kWh**.

Es handelt sich um geprüften Ökostrom aus z.B. Wind, Sonne und Biomasse. Die Erzeugung sorgt für zusätzliche CO_2-Vermeidung.

Wie hoch soll das Niveau an Ökostrom in Ihrem **privaten Srommix** sein? Bitte legen Sie dazu das von Ihnen gewünschte Niveau mit Hilfe des Schiebereglers fest.

Bitte beachten Sie dazu die untenstehende Information über die Ihnen dadurch entstehenden Kosten und die Menge der CO_2-Vermeidung für die gesamte Gruppe die Sie durch Ihren Zukauf ermöglichen. Sie können den Regler so oft bewegen, wie Sie möchten, sobald Sie ihn loslassen verändern sich die untenstehenden Werte. Klicken Sie die OK Taste, sobald Sie sich endgültig entschieden haben.

Umweltspende (in EUR):
Verbleibendes Budget (in EUR):
CO_2-Vermeidung für die Gruppe (in kg):

Bildschirm 9

Ökostrom kostet 29 ct/kWh, Strom aus Kohle und Kernkraft kostet 20 ct/kWh. Die „Veredelung“ von Strom (Preisdifferenz) beträgt somit **9 ct/kWh**.

Es handelt sich um geprüften Ökostrom aus z.B. Wind, Sonne und Biomasse. Die Erzeugung sorgt für zusätzliche CO_2-Vermeidung.

Wie hoch soll das Niveau an Ökostrom in Ihrem **privaten Srommix** sein? Bitte legen Sie dazu das von Ihnen gewünschte Niveau mit Hilfe des Schiebereglers fest.

Bitte beachten Sie dazu die untenstehende Information über die Ihnen dadurch entstehenden Kosten und die Menge der CO_2-Vermeidung für die gesamte Gruppe die Sie durch Ihren Zukauf ermöglichen. Sie können den Regler so oft bewegen, wie Sie möchten, sobald Sie ihn loslassen verändern sich die untenstehenden Werte. Klicken Sie die OK Taste, sobald Sie sich endgültig entschieden haben.

Umweltspende (in EUR):
Verbleibendes Budget (in EUR):
CO_2-Vermeidung für die Gruppe (in kg):

Bildschirm 10

Bitte geben Sie hier die Treatment- und Losnummer an, die Sie zu Beginn des Experimentes gezogen haben:

Treatmentnummer:
Losnummer:

Treatment 3

Bildschirm 1

Vielen Dank, dass Sie an diesem Experiment teilnehmen.

Bitte versetzen Sie sich in folgende Situation:
Sie befinden sich in einer Gruppe von 3 Personen, in der nur Strom bezogen wird, welcher durch Erzeugung aus Kohlekraft und Kernkraft gewonnen wird. Auf lange Sicht soll die Erzeugung auf Erneuerbare Energien umgestellt werden. Jeder muss zur CO_2-Vermeidung beitragen. Sie sind jetzt in einer Abstimmung dazu aufgefordert, das von Ihnen gewünschte Niveau an Erneuerbaren Energien anzugeben. Das Niveau, für welches die Mehrheit in Ihrer Gruppe stimmt, wird umgesetzt. Jedes Gruppenmitglied wird daraufhin anteilig, gemäß eines Umlageverfahrens, an den Kosten des Ausbaus Erneuerbarer Energien beteiligt. Danach haben Sie die Möglichkeit, über dieses festgelegte Niveau hinaus für Ihren privaten Strommix Strom aus Erneuerbaren Energien zu kaufen.

Information zum Ablauf:
Dieses Experiment besteht aus zwei Stufen mit jeweils fünf Runden. In der ersten Stufe werden Sie fünf mal nach Ihrem präferierten Niveau an Erneuerbaren Energien (Ökostrom) gefragt. Es verändert sich dabei lediglich der Preis für Ökostrom. In der zweiten Stufe werden Ihnen die Abstimmungsergebnisse für die einzelnen Preise mitgeteilt. Dann haben Sie die Möglichkeit, über das abgestimmte Niveau hinaus Ökostrom im Rahmen Ihres privaten Strommixes zu kaufen.
Abschließend werden Sie noch einen anonymisierten Fragebogen ausfüllen. Dabei geht es nicht um „richtige" oder „falsche" Antworten, sondern um Ihre ganz private Einschätzung.

Bildschirm 2

Im Experiment haben Sie für jede Entscheidung ein Budget von 108,- EUR. Möchten Sie das Niveau an Ökostrom von derzeit 0% erhöhen, wird sich das auf Ihr Budget auswirken.

Jeder 9. Teilnehmer wird das Budget tatsächlich gewinnen. Im Gewinnfall wird der Teil, den Sie für Ökostrom verwendet haben, an eine Umweltorganisation Ihrer Wahl gespendet, um CO_2 zu vermeiden. Das verbleibende Budget wird sofort in bar an Sie ausgezahlt.

Darum entscheiden Sie bitte in jeder Situation so, als sei es eine wirkliche Entscheidungssituation, welche Ihr eigenes Budget beeinflußt und ggf. auch Auswirkung auf die Umwelt hat.

Bildschirm 3

Bitte beantworten Sie nachfolgende Fragen über den Ablauf des Experimentes.
Mit wie vielen Teilnehmern befinden Sie sich in einer Gruppe?
1, 3, 5, 7 oder weiß nicht.

Wie hoch ist der derzeitige Anteil der Stromerzeugung aus Erneuerbaren Energien (vor der Abstimmung)?
0%, 50%, 100% oder weiß nicht.

Nach der Abstimmung müssen alle Teilnehmer einer Gruppe den gleichen Finanzierungsanteil tragen.
Ja, Nein oder weiß nicht.

Das Experiment besteht aus:
3 Runden, 3 Runden und einem Fragebogen, 5 Runden, 2 Stufen mit je 5 Runden und abschließend einem Fragebogen oder weiß nicht.

Wenn ich gewinne:
Erhalte ich das Budget von 108,-EUR., erhalte ich das verbleibende Budget, das verwendete Budget wird an eine Umweltorganisation gespendet, wird das gesamte Budget an eine Umweltorganisation gespendet oder weiß nicht.

Bildschirm 4

Hier sehen Sie die richtigen Lösungen der Kontrollfragen.

Mit wie vielen Teilnehmern befinden Sie sich in einer Gruppe?
Mit 3 Teilnehmern.

Wie hoch ist der derzeitige Anteil der Stromerzeugung aus Erneuerbaren Energien (vor der Abstimmung)?

Der derzeitige Anteil der Stromerzeugung aus Erneuerbaren Energien beträgt 0%.

Nach der Abstimmung müssen alle Teilnehmer einer Gruppe den gleichen Finanzierungsanteil tragen.
Ja.

Das Experiment besteht aus:
2 Stufen mit je 5 Runden und abschließend einem Fragebogen.

Wenn ich gewinne:
Erhalte ich das verbleibene Budget, das verwendete Budget wird an eine Umweltorganisation gespendet.

Bildschirm 5

Ökostrom kostet 21 ct/kWh, Strom aus Kohle und Kernkraft kostet 20 ct/kWh. Die „Veredelung" von Strom (Preisdifferenz) beträgt somit **1 ct/kWh**.

Es handelt sich um geprüften Ökostrom aus z.B. Wind, Sonne und Biomasse. Die Erzeugung sorgt für zusätzliche CO_2-Vermeidung.

Wie hoch soll das Niveau an Ökostrom in **Ihrer Gruppe** sein? Bitte legen Sie dazu das von Ihnen gewünschte Niveau mit Hilfe des Schiebereglers fest.

Bitte beachten Sie dazu die untenstehende Information über die Ihnen dadurch entstehenden Kosten und die Menge der CO_2-Vermeidung für die ganze Gruppe für den Fall, dass Ihre Entscheidung die Mehrheit findet. Am Ende des Experiments (nach der 5. Runde) werden Ihnen die Ergebnisse der Gruppenentscheidungen bekannt gegeben.

Sie können den Regler so oft bewegen, wie Sie möchten. Sobald Sie ihn loslassen, verändern sich die untenstehenden Werte. Klicken Sie die OK-Taste, sobald Sie sich endgültig entschieden haben.

Umweltspende (in EUR):
Verbleibendes Budget (in EUR):
CO_2-Vermeidung in der Gruppe (in kg):

Bildschirm 6

Ökostrom kostet 23 ct/kWh, Strom aus Kohle und Kernkraft kostet 20 ct/kWh. Die „Veredelung" von Strom (Preisdifferenz) beträgt somit **3 ct/kWh**.

Es handelt sich um geprüften Ökostrom aus z.B. Wind, Sonne und Biomasse. Die Erzeugung sorgt für zusätzliche CO_2-Vermeidung.

Wie hoch soll das Niveau an Ökostrom in **Ihrer Gruppe** sein? Bitte legen Sie dazu das von Ihnen gewünschte Niveau mit Hilfe des Schiebereglers fest.

Bitte beachten Sie dazu die untenstehende Information über die Ihnen dadurch entstehenden Kosten und die Menge der CO_2-Vermeidung für die ganze Gruppe für den Fall, dass Ihre Entscheidung die Mehrheit findet. Am Ende des Experiments (nach der 5. Runde) werden Ihnen die Ergebnisse der Gruppenentscheidungen bekannt gegeben.

Sie können den Regler so oft bewegen, wie Sie möchten. Sobald Sie ihn loslassen, verändern sich die untenstehenden Werte. Klicken Sie die OK-Taste, sobald Sie sich endgültig entschieden haben.

Umweltspende (in EUR):
Verbleibendes Budget (in EUR):
CO_2-Vermeidung in der Gruppe (in kg):

Bildschirm 7

Ökostrom kostet 25 ct/kWh, Strom aus Kohle und Kernkraft kostet 20 ct/kWh. Die „Veredelung" von Strom (Preisdifferenz) beträgt somit **5 ct/kWh**.

Es handelt sich um geprüften Ökostrom aus z.B. Wind, Sonne und Biomasse. Die Erzeugung sorgt für zusätzliche CO_2-Vermeidung.

Wie hoch soll das Niveau an Ökostrom in **Ihrer Gruppe** sein? Bitte legen Sie dazu das von Ihnen gewünschte Niveau mit Hilfe des Schiebereglers fest.

Bitte beachten Sie dazu die untenstehende Information über die Ihnen dadurch entstehenden Kosten und die Menge der CO_2-Vermeidung für die ganze Gruppe für den Fall, dass Ihre Entscheidung die Mehrheit findet. Am Ende des Experiments (nach der 5. Runde) werden Ihnen die Ergebnisse der Gruppenentscheidungen bekannt gegeben.

Sie können den Regler so oft bewegen, wie Sie möchten. Sobald Sie ihn loslassen, verändern sich die untenstehenden Werte. Klicken Sie die OK-Taste, sobald Sie sich endgültig entschieden haben.

Umweltspende (in EUR):
Verbleibendes Budget (in EUR):
CO_2-Vermeidung in der Gruppe (in kg):

Bildschirm 8

Ökostrom kostet 27 ct/kWh, Strom aus Kohle und Kernkraft kostet 20 ct/kWh. Die „Veredelung" von Strom (Preisdifferenz) beträgt somit **7 ct/kWh**.

Es handelt sich um geprüften Ökostrom aus z.B. Wind, Sonne und Biomasse. Die Erzeugung sorgt für zusätzliche CO_2-Vermeidung.

Wie hoch soll das Niveau an Ökostrom in **Ihrer Gruppe** sein? Bitte legen Sie dazu das von Ihnen gewünschte Niveau mit Hilfe des Schiebereglers fest.

beachten Sie dazu die untenstehende Information über die Ihnen dadurch entstehenden Kosten und die Menge der CO_2-Vermeidung für die ganze Gruppe für den Fall, dass Ihre Entscheidung die Mehrheit findet. Am Ende des Experiments (nach der 5. Runde) werden Ihnen die Ergebnisse der Gruppenentscheidungen bekannt gegeben.

Sie können den Regler so oft bewegen, wie Sie möchten. Sobald Sie ihn loslassen, verändern sich die untenstehenden Werte. Klicken Sie die OK-Taste, sobald Sie sich endgültig entschieden haben.

Umweltspende (in EUR):
Verbleibendes Budget (in EUR):
CO_2-Vermeidung in der Gruppe (in kg):

Bildschirm 9

Ökostrom kostet 29 ct/kWh, Strom aus Kohle und Kernkraft kostet 20 ct/kWh. Die „Veredelung“ von Strom (Preisdifferenz) beträgt somit **9 ct/kWh**.

Es handelt sich um geprüften Ökostrom aus z.B. Wind, Sonne und Biomasse. Die Erzeugung sorgt für zusätzliche CO_2-Vermeidung.

Wie hoch soll das Niveau an Ökostrom in **Ihrer Gruppe** sein? Bitte legen Sie dazu das von Ihnen gewünschte Niveau mit Hilfe des Schiebereglers fest.

Bitte beachten Sie dazu die untenstehende Information über die Ihnen dadurch entstehenden Kosten und die Menge der CO_2-Vermeidung für die ganze Gruppe für den Fall, dass Ihre Entscheidung die Mehrheit findet. Am Ende des Experiments (nach der 5. Runde) werden Ihnen die Ergebnisse der Gruppenentscheidungen bekannt gegeben.

Sie können den Regler so oft bewegen, wie Sie möchten. Sobald Sie ihn loslassen, verändern sich die untenstehenden Werte. Klicken Sie die OK-Taste, sobald Sie sich endgültig entschieden haben.

Umweltspende (in EUR):
Verbleibendes Budget (in EUR):
CO_2-Vermeidung in der Gruppe (in kg):

Bildschirm 10

1 ct/kWh
Folgendermaßen haben die Mitglieder Ihrer Gruppe abgestimmt (Sie sind Mitglied 1):

Mitglied 1:
Mitglied 2:
Mitglied 3:

Die Mehrheit wünscht folgendes Niveau von Strom aus Erneuerbaren Energien (in%):
Durch das Umlageverfahren leisten Sie eine verpflichtende Umweltspende von (in EUR):
Ihre Gruppe vermeidet folgende Menge an CO_2 (in kg):

Bildschirm 11

Die Mehrheit wünscht folgendes Niveau von Strom aus Erneuerbaren Energien (in%):
Durch das Umlageverfahren leisten Sie eine verpflichtende Umweltspende von (in EUR):
Ihre Gruppe vermeidet folgende Menge an CO_2 (in kg):

Über dieses festgelegte Niveau hinaus haben Sie jetzt die Möglichkeit, Strom für Ihren privaten Strommix zu kaufen.

Ökostrom kostet 21 ct/kWh, Strom aus Kohle und Kernkraft kostet 20 ct/kWh. Die „Veredelung" von Strom (Preisdifferenz) beträgt somit **1 ct/kWh**.

Es handelt sich um geprüften Ökostrom aus z.B. Wind, Sonne und Biomasse. Die Erzeugung sorgt für zusätzliche CO_2-Vermeidung.

Wie hoch soll das Niveau an Ökostrom in Ihrem **privaten Strommix** sein? Bitte legen Sie dazu das von Ihnen gewünschte Niveau mit Hilfe des Schiebereglers fest. Wenn das Gruppenniveau bereits 100% beträgt, ist kein weiterer Zukauf möglich.

Bitte beachten Sie dazu die untenstehende Information über die Ihnen dadurch entstehenden Kosten und die Menge der CO_2-Vermeidung für die gesamte Gruppe, die Sie durch Ihren Zukauf ermöglichen. Sie können den Regler so oft bewegen, wie Sie möchten. Sobald Sie ihn loslassen, verändern sich die untenstehenden Werte. Bitte beachten Sie nochmals, dass Sie nur Ökostrom hinzukaufen können. Steht der Regler nach einmaligem Klicken ganz links, zeigt er somit die Werte des festgelegten Guppenniveaus an. Klicken Sie auf die OK-Taste, sobald Sie sich endgültig entschieden haben.

Umweltspende (in EUR):
Verbleibendes Budget (in EUR):
CO_2-Vermeidung in der Gruppe (in kg):

Bildschirm 12

3 ct/kWh

Folgendermaßen haben die Mitglieder Ihrer Gruppe abgestimmt (Sie sind Mitglied 1):

Mitglied 1:
Mitglied 2:
Mitglied 3:

Die Mehrheit wünscht folgendes Niveau von Strom aus Erneuerbaren Energien (in%):
Durch das Umlageverfahren leisten Sie eine verpflichtende Umweltspende von (in EUR):
Ihre Gruppe vermeidet folgende Menge an CO_2 (in kg):

Bildschirm 13

Die Mehrheit wünscht folgendes Niveau von Strom aus erneuerbaren Energien (in%):
Durch das Umlageverfahren leisten Sie eine verpflichtende Umweltspende von (in EUR):
Ihre Gruppe vermeidet folgende Menge an CO_2 (in kg):

Über dieses festgelegte Niveau hinaus haben Sie jetzt die Möglichkeit, Strom für Ihren privaten Strommix zu kaufen.
Ökostrom kostet 23 ct/kWh, Strom aus Kohle und Kernkraft kostet 20 ct/kWh. Die „Veredelung" von Strom (Preisdifferenz) beträgt somit **3 ct/kWh**.

Es handelt sich um geprüften Ökostrom aus z.B. Wind, Sonne und Biomasse. Die Erzeugung sorgt für zusätzliche CO_2-Vermeidung.

Wie hoch soll das Niveau an Ökostrom in Ihrem **privaten Strommix** sein? Bitte legen Sie dazu das von Ihnen gewünschte Niveau mit Hilfe des Schiebereglers fest. Wenn das Gruppenniveau bereits 100% beträgt, ist kein weiterer Zukauf möglich.

Bitte beachten Sie dazu die untenstehende Information über die Ihnen dadurch entstehenden Kosten und die Menge der CO_2-Vermeidung für die gesamte Gruppe, die Sie durch Ihren Zukauf ermöglichen. Sie können den Regler so oft bewegen, wie Sie möchten. Sobald Sie ihn loslassen, verändern sich die untenstehenden Werte. Bitte beachten Sie nochmals, dass Sie nur Ökostrom hinzukaufen können. Steht der Regler nach einmaligem Klicken ganz links, zeigt er somit die Werte des festgelegten Guppenniveaus an. Klicken Sie auf die OK-Taste, sobald Sie sich endgültig entschieden haben.

Umweltspende (in EUR):
Verbleibendes Budget (in EUR):
CO_2-Vermeidung in der Gruppe (in kg):

Bildschirm 14

5 ct/kWh
Folgendermaßen haben die Mitglieder Ihrer Gruppe abgestimmt (Sie sind Mitglied 1):

Mitglied 1:
Mitglied 2:
Mitglied 3:

Die Mehrheit wünscht folgendes Niveau von Strom aus Erneuerbaren Energien (in%):
Durch das Umlageverfahren leisten Sie eine verpflichtende Umweltspende von (in EUR):
Ihre Gruppe vermeidet folgende Menge an CO_2 (in kg):

Bildschirm 15

Die Mehrheit wünscht folgendes Niveau von Strom aus erneuerbaren Energien (in%):
Durch das Umlageverfahren leisten Sie eine verpflichtende Umweltspende von (in EUR):
Ihre Gruppe vermeidet folgende Menge an CO_2 (in kg):

Über dieses festgelegte Niveau hinaus haben Sie jetzt die Möglichkeit, Strom für Ihren privaten Strommix zu kaufen.
Ökostrom kostet 25 ct/kWh, Strom aus Kohle und Kernkraft kostet 20 ct/kWh. Die „Veredelung“ von Strom (Preisdifferenz) beträgt somit **5 ct/kWh**.

Es handelt sich um geprüften Ökostrom aus z.B. Wind, Sonne und Biomasse. Die Erzeugung sorgt für zusätzliche CO_2-Vermeidung.

Wie hoch soll das Niveau an Ökostrom in Ihrem **privaten Strommix** sein? Bitte legen Sie dazu das von Ihnen gewünschte Niveau mit Hilfe des Schiebereglers fest. Wenn das Gruppenniveau bereits 100% beträgt, ist kein weiterer Zukauf möglich.

Bitte beachten Sie dazu die untenstehende Information über die Ihnen dadurch entstehenden Kosten und die Menge der CO_2-Vermeidung für die gesamte Gruppe, die Sie durch Ihren Zukauf ermöglichen. Sie können den Regler so oft bewegen, wie Sie möchten. Sobald Sie ihn loslassen, verändern sich die untenstehenden Werte. Bitte beachten Sie nochmals, dass Sie nur Ökostrom hinzukaufen können. Steht der Regler nach einmaligem Klicken ganz links, zeigt er somit die Werte des festgelegten Guppenniveaus an. Klicken Sie auf die OK-Taste, sobald Sie sich endgültig entschieden haben.

Umweltspende (in EUR):
Verbleibendes Budget (in EUR):
CO_2-Vermeidung in der Gruppe (in kg):

Bildschirm 16

7 ct/kWh

Folgendermaßen haben die Mitglieder Ihrer Gruppe abgestimmt (Sie sind Mitglied 1):

Mitglied 1:
Mitglied 2:
Mitglied 3:

Die Mehrheit wünscht folgendes Niveau von Strom aus Erneuerbaren Energien (in%):
Durch das Umlageverfahren leisten Sie eine verpflichtende Umweltspende von (in EUR): Ihre Gruppe vermeidet folgende Menge an CO_2 (in kg):

Bildschirm 17

Die Mehrheit wünscht folgendes Niveau von Strom aus erneuerbaren Energien (in%):
Durch das Umlageverfahren leisten Sie eine verpflichtende Umweltspende von (in EUR):

Ihre Gruppe vermeidet folgende Menge an CO_2 (in kg):

Über dieses festgelegte Niveau hinaus haben Sie jetzt die Möglichkeit, Strom für Ihren privaten Strommix zu kaufen.

Ökostrom kostet 27 ct/kWh, Strom aus Kohle und Kernkraft kostet 20 ct/kWh. Die „Veredelung" von Strom (Preisdifferenz) beträgt somit **7 ct/kWh**.

Es handelt sich um geprüften Ökostrom aus z.B. Wind, Sonne und Biomasse. Die Erzeugung sorgt für zusätzliche CO_2-Vermeidung.

Wie hoch soll das Niveau an Ökostrom in Ihrem **privaten Strommix** sein? Bitte legen Sie dazu das von Ihnen gewünschte Niveau mit Hilfe des Schiebereglers fest. Wenn das Gruppenniveau bereits 100% beträgt, ist kein weiterer Zukauf möglich.

Bitte beachten Sie dazu die untenstehende Information über die Ihnen dadurch entstehenden Kosten und die Menge der CO_2-Vermeidung für die gesamte Gruppe, die Sie durch Ihren Zukauf ermöglichen. Sie können den Regler so oft bewegen, wie Sie möchten. Sobald Sie ihn loslassen, verändern sich die untenstehenden Werte. Bitte beachten Sie nochmals, dass Sie nur Ökostrom hinzukaufen können. Steht der Regler nach einmaligem Klicken ganz links, zeigt er somit die Werte des festgelegten Guppenniveaus an. Klicken Sie auf die OK-Taste, sobald Sie sich endgültig entschieden haben.

Umweltspende (in EUR):
Verbleibendes Budget (in EUR):
CO_2-Vermeidung in der Gruppe (in kg):

Bildschirm 18

9 ct/kWh
Folgendermaßen haben die Mitglieder Ihrer Gruppe abgestimmt (Sie sind Mitglied 1):

Mitglied 1:
Mitglied 2:
Mitglied 3:

Die Mehrheit wünscht folgendes Niveau von Strom aus Erneuerbaren Energien (in%):
Durch das Umlageverfahren leisten Sie eine verpflichtende Umweltspende von (in EUR):
Ihre Gruppe vermeidet folgende Menge an CO_2 (in kg):

Bildschirm 19

Die Mehrheit wünscht folgendes Niveau von Strom aus Erneuerbaren Energien (in%):
Durch das Umlageverfahren leisten Sie eine verpflichtende Umweltspende von (in EUR):
Ihre Gruppe vermeidet folgende Menge an CO_2 (in kg):

Über dieses festgelegte Niveau hinaus haben Sie jetzt die Möglichkeit, Strom für Ihren privaten Strommix zu kaufen.
Ökostrom kostet 29 ct/kWh, Strom aus Kohle und Kernkraft kostet 20 ct/kWh. Die „Veredelung" von Strom (Preisdifferenz) beträgt somit **9 ct/kWh**.

Es handelt sich um geprüften Ökostrom aus z.B. Wind, Sonne und Biomasse. Die Erzeugung sorgt für zusätzliche CO_2-Vermeidung.

Wie hoch soll das Niveau an Ökostrom in Ihrem **privaten Strommix** sein? Bitte legen Sie dazu das von Ihnen gewünschte Niveau mit Hilfe des Schiebereglers fest. Wenn das Gruppenniveau bereits 100% beträgt, ist kein weiterer Zukauf möglich.

Bitte beachten Sie dazu die untenstehende Information über die Ihnen dadurch entstehenden Kosten und die Menge der CO_2-Vermeidung für die gesamte Gruppe, die Sie durch Ihren Zukauf ermöglichen. Sie können den Regler so oft bewegen, wie Sie möchten. Sobald Sie ihn loslassen, verändern sich die untenstehenden Werte. Bitte beachten Sie nochmals, dass Sie nur Ökostrom hinzukaufen können. Steht der Regler nach einmaligem Klicken ganz links, zeigt er somit die Werte des festgelegten Guppenniveaus an. Klicken Sie auf die OK-Taste, sobald Sie sich endgültig entschieden haben.

Umweltspende (in EUR):
Verbleibendes Budget (in EUR):
CO_2-Vermeidung in der Gruppe (in kg):

Bildschirm 20

Bitte geben Sie hier die Treatment- und Losnummer an, die Sie zu Beginn des Experimentes gezogen haben:
Treatmentnummer:
Losnummer:

Treatment 4

Bildschirm 1

Vielen Dank, dass Sie an diesem Experiment teilnehmen.

Bitte versetzen Sie sich in folgende Situation:
Sie befinden sich in einer Gruppe von 3 Personen, in der nur Strom bezogen wird, welcher durch Erzeugung aus Kohlekraft und Kernkraft gewonnen wird. Auf lange Sicht soll die Erzeugung auf Erneuerbare Energien umgestellt werden. Jeder muss zur CO_2-Vermeidung beitragen. Sie sind jetzt in einer Abstimmung dazu aufgefordert, das von Ihnen gewünschte Niveau an Erneuerbaren Energien anzugeben. Das Niveau, für welches die Mehrheit in Ihrer Gruppe stimmt, wird umgesetzt. Jedes Gruppenmitglied wird daraufhin anteilig, gemäß eines Umlageverfahrens, an den Kosten des Ausbaus Erneuerbarer Energien beteiligt.

Information zum Ablauf:
Dieses Experiment besteht aus fünf Runden, d.h. Sie werden fünf mal nach Ihrem präferierten Niveau an Erneuerbaren Energien (Ökostrom) gefragt. Es verändert sich dabei lediglich der Preis für Ökostrom. Danach werden Sie noch einen anonymisierten Fragebogen ausfüllen. Dabei geht es nicht um „richtige" oder „falsche" Antworten, sondern um Ihre ganz private Einschätzung.

Bildschirm 2

Im Experiment haben Sie für jede Entscheidung ein Budget von 108,- EUR. Möchten Sie das Niveau an Ökostrom von derzeit 0% erhöhen, wird sich das auf Ihr Budget auswirken.

Jeder 9. Teilnehmer wird das Budget tatsächlich gewinnen. Im Gewinnfall wird der Teil, den Sie für Ökostrom verwendet haben, an eine Umweltorganisation Ihrer Wahl gespendet, um CO_2 zu vermeiden. Das verbleibende Budget wird sofort in bar an Sie ausgezahlt. Wie Sie später sehen werden, ist der Ausbau in erneuerbare Energien Anlagen nicht sicher, daher wird nach dem Experiment eine Zufallszahl zwischen 0 und 100 gezogen, welche ermittelt, wieviel CO_2 tatsächlich vermieden wurde, diese legt dann auch die genaue Zahlung an die Umweltorganisation fest.

Darum entscheiden Sie bitte in jeder Situation so, als sei es eine wirkliche Entscheidungssituation, welche Ihr eigenes Budget beeinflusst und ggf. auch Auswirkungen auf die Umwelt hat.

Bildschirm 3

Bitte beantworten Sie nachfolgende Fragen über den Ablauf des Experimentes.
Mit wie vielen Teilnehmern befinden Sie sich in einer Gruppe?
1, 5, 5 oder weiß nicht.

Wie hoch ist der derzeitige Anteil der Stromerzeugung aus Erneuerbaren Energien (vor der Abstimmung)?
0%, 50%, 100% oder weiß nicht.

Nach der Abstimmung müssen alle Teilnehmer einer Gruppe den gleichen Finanzierungsanteil tragen.
Ja, Nein oder weiß nicht.

Das Experiment besteht aus:
3 Runden, 3 Runden und einem Fragebogen, 5 Runden, 5 Runden und einem Fragebogen oder weiß nicht.

Wenn ich gewinne, erhalte ich:
das Budget von 108,-EUR, das restliche Budget, das verw. Budget wird mit einer ungewissen Wahrsch. an eine Umweltorg. gespendet, nichts, das gesamte Budget wird an eine Umweltorg. gespendet oder weiß nicht

Bildschirm 4

Hier sehen Sie die richtigen Lösungen der Kontrollfragen.

Mit wie vielen Teilnehmern befinden Sie sich in einer Gruppe?
Mit 3 Teilnehmern.

Wie hoch ist der derzeitige Anteil der Stromerzeugung aus Erneuerbaren Energien (vor der Abstimmung)?
Der derzeitige Anteil der Stromerzeugung aus Erneuerbaren Energien beträgt 0%.

Nach der Abstimmung müssen alle Teilnehmer einer Gruppe den gleichen Finanzierungsanteil tragen. Ja.

Das Experiment besteht aus:
5 Runden und einem Fragebogen.

Wenn ich gewinne, erhalte ich:
das restliche Budget, das verwendete Budget wird mit einer ungewissen Wahrscheinlichkeit an eine Umweltorganisation gespendet.

Bildschirm 5

Ökostrom kostet 21 ct/kWh, Strom aus Kohle und Kernkraft kostet 20 ct/kWh. Die „Veredelung“ von Strom (Preisdifferenz) beträgt somit **1 ct/kWh**.

Beachten Sie, dass erst nach Ablauf eines Jahres durch ein unabhängiges Institut ermittelt wird, wie viel CO_2, durch den Ausbau erneuerbarer Energien Anlagen, vermieden wird.

Wie hoch soll das Niveau an Ökostrom in Ihrer Gruppe sein? Bitte legen Sie dazu das von Ihnen gewünschte Niveau mit Hilfe des Schiebereglers fest.

Bitte beachten Sie dazu die untenstehende Information über die Ihnen dadurch entstehenden Kosten für den Fall, dass Ihre Entscheidung die Mehrheit findet. Am Ende des Experiments (nach der 5. Runde) werden Ihnen die Ergebnisse der Gruppenentscheidungen bekannt gegeben.

Sie können den Regler so oft bewegen, wie Sie möchten. Sobald Sie ihn loslassen, verändern sich die unten stehenden Werte. Klicken Sie die OK-Taste, sobald Sie sich endgültig entschieden haben.

Umweltspende (in EUR):
Verbleibendes Budget (in EUR):

Bildschirm 6

Ökostrom kostet 23 ct/kWh, Strom aus Kohle und Kernkraft kostet 20 ct/kWh. Die „Veredelung“ von Strom (Preisdifferenz) beträgt somit **3 ct/kWh**.

Beachten Sie, dass erst nach Ablauf eines Jahres durch ein unabhängiges Institut ermittelt wird, wie viel CO_2, durch den Ausbau erneuerbarer Energien Anlagen, vermieden wird.

Wie hoch soll das Niveau an Ökostrom in **Ihrer Gruppe** sein? Bitte legen Sie dazu das von Ihnen gewünschte Niveau mit Hilfe des Schiebereglers fest.

Bitte beachten Sie dazu die untenstehende Information über die Ihnen dadurch entstehenden Kosten für den Fall, dass Ihre Entscheidung die Mehrheit findet. Am Ende des Experiments (nach der 5. Runde) werden Ihnen die Ergebnisse der Gruppenentscheidungen bekannt gegeben.

Sie können den Regler so oft bewegen, wie Sie möchten. Sobald Sie ihn loslassen, verändern sich die unten stehenden Werte. Klicken Sie die OK-Taste, sobald Sie sich endgültig entschieden haben.

Umweltspende (in EUR):
Verbleibendes Budget (in EUR):

Bildschirm 7

Ökostrom kostet 25 ct/kWh, Strom aus Kohle und Kernkraft kostet 20 ct/kWh. Die „Veredelung“ von Strom (Preisdifferenz) beträgt somit **5 ct/kWh**.

Beachten Sie, dass erst nach Ablauf eines Jahres durch ein unabhängiges Institut ermittelt wird, wie viel CO_2, durch den Ausbau erneuerbarer Energien Anlagen, vermieden wird.

Wie hoch soll das Niveau an Ökostrom in **Ihrer Gruppe** sein? Bitte legen Sie dazu das von Ihnen gewünschte Niveau mit Hilfe des Schiebereglers fest.

Bitte beachten Sie dazu die untenstehende Information über die Ihnen dadurch entstehenden Kosten für den Fall, dass Ihre Entscheidung die Mehrheit findet. Am Ende des Experiments (nach der 5. Runde) werden Ihnen die Ergebnisse der Gruppenentscheidungen bekannt gegeben.

Sie können den Regler so oft bewegen, wie Sie möchten. Sobald Sie ihn loslassen, verändern sich die unten stehenden Werte. Klicken Sie die OK-Taste, sobald Sie sich endgültig entschieden haben.

Umweltspende (in EUR):
Verbleibendes Budget (in EUR):

Bildschirm 8

Ökostrom kostet 27 ct/kWh, Strom aus Kohle und Kernkraft kostet 20 ct/kWh. Die „Veredelung“ von Strom (Preisdifferenz) beträgt somit **7 ct/kWh**.

Beachten Sie, dass erst nach Ablauf eines Jahres durch ein unabhängiges Institut ermittelt wird, wie viel CO_2, durch den Ausbau erneuerbarer Energien Anlagen, vermieden wird.

Wie hoch soll das Niveau an Ökostrom in **Ihrer Gruppe** sein? Bitte legen Sie dazu das von Ihnen gewünschte Niveau mit Hilfe des Schiebereglers fest.

Bitte beachten Sie dazu die untenstehende Information über die Ihnen dadurch entstehenden Kosten für den Fall, dass Ihre Entscheidung die Mehrheit findet. Am Ende des Experiments (nach der 5. Runde) werden Ihnen die Ergebnisse der Gruppenentscheidungen bekannt gegeben.

Sie können den Regler so oft bewegen, wie Sie möchten. Sobald Sie ihn loslassen, verändern sich die unten stehenden Werte. Klicken Sie die OK-Taste, sobald Sie sich endgültig entschieden haben.

Umweltspende (in EUR):
Verbleibendes Budget (in EUR):

Bildschirm 9

Ökostrom kostet 29 ct/kWh, Strom aus Kohle und Kernkraft kostet 20 ct/kWh. Die „Veredelung" von Strom (Preisdifferenz) beträgt somit **9 ct/kWh**.

Beachten Sie, dass erst nach Ablauf eines Jahres durch ein unabhängiges Institut ermittelt wird, wie viel CO_2, durch den Ausbau erneuerbarer Energien Anlagen, vermieden wird.

Wie hoch soll das Niveau an Ökostrom in **Ihrer Gruppe** sein? Bitte legen Sie dazu das von Ihnen gewünschte Niveau mit Hilfe des Schiebereglers fest.

Bitte beachten Sie dazu die untenstehende Information über die Ihnen dadurch entstehenden Kosten für den Fall, dass Ihre Entscheidung die Mehrheit findet. Am Ende des Experiments (nach der 5. Runde) werden Ihnen die Ergebnisse der Gruppenentscheidungen bekannt gegeben.

Sie können den Regler so oft bewegen, wie Sie möchten. Sobald Sie ihn loslassen, verändern sich die unten stehenden Werte. Klicken Sie die OK-Taste, sobald Sie sich endgültig entschieden haben.

Umweltspende (in EUR):
Verbleibendes Budget (in EUR):

Bildschirm 10

Folgendermaßen haben die Mitglieder Ihrer Gruppe abgestimmt (Sie sind Mitglied 1):

für 1 ct/kWh:

Mitglied 1:
Mitglied 2:
Mitglied 3:

Die Mehrheit wünscht somit folgendes Niveau von Strom aus Erneuerbaren Energien (in%):

Durch das Umlageverfahren entsteht Ihnen somit eine Umweltspende von (in EUR):
für 3 ct/kWh:

Mitglied 1:
Mitglied 2:
Mitglied 3:

Die Mehrheit wünscht somit folgendes Niveau von Strom aus Erneuerbaren Energien (in%):
Durch das Umlageverfahren entsteht Ihnen somit eine Umweltspende von (in EUR):
für 5 ct/kWh:

Mitglied 1:
Mitglied 2:
Mitglied 3:

Die Mehrheit wünscht somit folgendes Niveau von Strom aus Erneuerbaren Energien (in%):
Durch das Umlageverfahren entsteht Ihnen somit eine Umweltspende von (in EUR):

für 7 ct/kWh:

Mitglied 1:
Mitglied 2:
Mitglied 3:

Die Mehrheit wünscht somit folgendes Niveau von Strom aus Erneuerbaren Energien (in%):
Durch das Umlageverfahren entsteht Ihnen somit eine Umweltspende von (in EUR):

für 9 ct/kWh:

Mitglied 1:
Mitglied 2:
Mitglied 3:

Die Mehrheit wünscht somit folgendes Niveau von Strom aus Erneuerbaren Energien (in%):
Durch das Umlageverfahren entsteht Ihnen somit eine Umweltspende von (in EUR):

Bildschirm 11

Bitte geben Sie hier die Treatment- und Losnummer an, die Sie zu Beginn des Experimentes gezogen haben:

Treatmentnummer:
Losnummer:

Treatment 5

Bildschirm 1

Vielen Dank, dass Sie an diesem Experiment teilnehmen.

Bitte versetzen Sie sich in folgende Situation:
Sie befinden sich in einer Gruppe von 3 Personen, in der nur Strom bezogen wird, welcher durch Erzeugung aus Kohlekraft und Kernkraft gewonnen wird. Sie haben im Folgenden die Möglichkeit privat Strom, aus Erneuerbaren Energien (Ökostrom), zu kaufen.

Information zum Ablauf:
Dieses Experiment besteht aus fünf Runden, d.h. Sie werden fünf mal nach Ihrem präferierten, privaten Niveau an Ökostrom gefragt. Es verändert sich dabei lediglich der Preis für Ökostrom. Danach werden Sie noch einen anonymisierten Fragebogen ausfüllen. Dabei geht es nicht um „richtige“ oder „falsche“ Antworten, sondern um Ihre ganz private Einschätzung.

Bildschirm 2

Im Experiment haben Sie für jede Entscheidung ein Budget von 108,- EUR. Möchten Sie das Niveau an Ökostrom von derzeit 0% erhöhen, wird sich das auf Ihr Budget auswirken.

Jeder 9. Teilnehmer wird das Budget tatsächlich gewinnen. Im Gewinnfall wird der Teil, den Sie für Ökostrom verwendet haben, an eine Umweltorganisation Ihrer Wahl gespendet, um CO_2 zu vermeiden. Das verbleibende Budget wird sofort in bar an Sie ausgezahlt. Wie Sie später sehen werden, ist der Ausbau in erneuerbare Energien Anlagen nicht sicher, daher wird nach dem Experiment eine Zufallszahl zwischen 0 und 100 gezogen, welche ermittelt, wieviel CO_2 tatsächlich vermieden wurde, diese legt dann auch die genaue Zahlung an die Umweltorganisation fest.

Darum entscheiden Sie bitte in jeder Situation so, als sei es eine wirkliche Entscheidungssituation, welche Ihr eigenes Budget beeinflusst und ggf. auch Auswirkungen auf die Umwelt hat.

Bildschirm 3

Bitte beantworten Sie nachfolgende Fragen über den Ablauf des Experimentes. Mit wie vielen Teilnehmern befinden Sie sich in einer Gruppe?
1, 3, 5, 7 oder weiß nicht.

Wie hoch ist der derzeitige Anteil der Stromerzeugung aus Erneuerbaren Energien (vor der Abstimmung)?
0%, 50%, 100% oder weiß nicht.

Das Experiment besteht aus:
3 Runden, 3 Runden und einem Fragebogen, 5 Runden, 5 Runden und einem Fragebogen oder weiß nicht.

Wenn ich gewinne:
Erhalte ich das Budget von 108,-EUR., das restliche Budget, das verw. Budget wird mit einer ungewissen Wahrsch. an eine Umweltorg. gespendet, wird das gesamte Budget an eine Umweltorganisation gespendet oder weiß nicht.

Bildschirm 4

Hier sehen Sie die richtigen Lösungen der Kontrollfragen.

Mit wie vielen Teilnehmern befinden Sie sich in einer Gruppe?
Mit 3 Teilnehmern.

Wie hoch ist der derzeitige Anteil der Stromerzeugung aus Erneuerbaren Energien (vor der Abstimmung)?
Der derzeitige Anteil der Stromerzeugung aus Erneuerbaren Energien beträgt 0%.

Das Experiment besteht aus:
5 Runden und einem Fragebogen.

Wenn ich gewinne:
Erhalte ich das restliche Budget, das verw. Budget wird mit einer ungewissen Wahrsch. an eine Umweltorg. gespendet.

Bildschirm 5

Ökostrom kostet 21 ct/kWh, Strom aus Kohle und Kernkraft kostet 20 ct/kWh. Die „Veredelung" von Strom (Preisdifferenz) beträgt somit **1 ct/kWh**.

Beachten Sie, dass erst nach Ablauf eines Jahres durch ein unabhängiges Institut ermittelt wird, wie viel CO_2, durch den Ausbau erneuerbarer Energien Anlagen, vermieden wird.

Wie hoch soll das Niveau an Ökostrom in Ihrem **privaten Srommix** sein? Bitte legen Sie dazu das von Ihnen gewünschte Niveau mit Hilfe des Schiebereglers fest.

Bitte beachten Sie dazu die untenstehende Information über die Ihnen dadurch entstehenden Kosten. Sie können den Regler so oft bewegen, wie Sie möchten, sobald Sie ihn loslassen verändern sich die untenstehenden Werte. Klicken Sie die OK Taste, sobald Sie sich endgültig entschieden haben.

Umweltspende (in EUR):
Verbleibendes Budget (in EUR):

Bildschirm 6

Ökostrom kostet 23 ct/kWh, Strom aus Kohle und Kernkraft kostet 20 ct/kWh. Die „Veredelung" von Strom (Preisdifferenz) beträgt somit **3 ct/kWh**.

Beachten Sie, dass erst nach Ablauf eines Jahres durch ein unabhängiges Institut ermittelt wird, wie viel CO_2, durch den Ausbau erneuerbarer Energien Anlagen, vermieden wird.

Wie hoch soll das Niveau an Ökostrom in Ihrem **privaten Srommix** sein? Bitte legen Sie dazu das von Ihnen gewünschte Niveau mit Hilfe des Schiebereglers fest.

Bitte beachten Sie dazu die untenstehende Information über die Ihnen dadurch entstehenden Kosten. Sie können den Regler so oft bewegen, wie Sie möchten, sobald Sie ihn loslassen verändern sich die untenstehenden Werte. Klicken Sie die OK Taste, sobald Sie sich endgültig entschieden haben.

Umweltspende (in EUR):
Verbleibendes Budget (in EUR):

Bildschirm 7

Ökostrom kostet 25 ct/kWh, Strom aus Kohle und Kernkraft kostet 20 ct/kWh. Die „Veredelung" von Strom (Preisdifferenz) beträgt somit **5 ct/kWh**.

Beachten Sie, dass erst nach Ablauf eines Jahres durch ein unabhängiges Institut ermittelt wird, wie viel CO_2, durch den Ausbau erneuerbarer Energien Anlagen, vermieden wird.

Wie hoch soll das Niveau an Ökostrom in Ihrem **privaten Srommix** sein? Bitte legen Sie dazu das von Ihnen gewünschte Niveau mit Hilfe des Schiebereglers fest.

Bitte beachten Sie dazu die untenstehende Information über die Ihnen dadurch entstehenden Kosten. Sie können den Regler so oft bewegen, wie Sie möchten, sobald Sie ihn loslassen verändern sich die untenstehenden Werte. Klicken Sie die OK Taste, sobald Sie sich endgültig entschieden haben.

Umweltspende (in EUR):
Verbleibendes Budget (in EUR):

Bildschirm 8

Ökostrom kostet 27 ct/kWh, Strom aus Kohle und Kernkraft kostet 20 ct/kWh. Die „Veredelung“ von Strom (Preisdifferenz) beträgt somit **7 ct/kWh**.

Beachten Sie, dass erst nach Ablauf eines Jahres durch ein unabhängiges Institut ermittelt wird, wie viel CO_2, durch den Ausbau erneuerbarer Energien Anlagen, vermieden wird.

Wie hoch soll das Niveau an Ökostrom in Ihrem **privaten Srommix** sein? Bitte legen Sie dazu das von Ihnen gewünschte Niveau mit Hilfe des Schiebereglers fest.

Bitte beachten Sie dazu die untenstehende Information über die Ihnen dadurch entstehenden Kosten. Sie können den Regler so oft bewegen, wie Sie möchten, sobald Sie ihn loslassen verändern sich die untenstehenden Werte. Klicken Sie die OK Taste, sobald Sie sich endgültig entschieden haben.

Umweltspende (in EUR):
Verbleibendes Budget (in EUR):

Bildschirm 9

Ökostrom kostet 29 ct/kWh, Strom aus Kohle und Kernkraft kostet 20 ct/kWh. Die „Veredelung“ von Strom (Preisdifferenz) beträgt somit **9 ct/kWh**.

Beachten Sie, dass erst nach Ablauf eines Jahres durch ein unabhängiges Institut ermittelt wird, wie viel CO_2, durch den Ausbau erneuerbarer Energien Anlagen, vermieden wird.

Wie hoch soll das Niveau an Ökostrom in Ihrem **privaten Srommix** sein? Bitte legen Sie dazu das von Ihnen gewünschte Niveau mit Hilfe des Schiebereglers fest.

Bitte beachten Sie dazu die untenstehende Information über die Ihnen dadurch entstehenden Kosten. Sie können den Regler so oft bewegen, wie Sie möchten, sobald Sie ihn loslassen verändern sich die untenstehenden Werte. Klicken Sie die OK Taste, sobald Sie sich endgültig entschieden haben.

Umweltspende (in EUR):
Verbleibendes Budget (in EUR):

Bildschirm 10

Bitte geben Sie hier die Treatment- und Losnummer an, die Sie zu Beginn des Experimentes gezogen haben:

Treatmentnummer:
Losnummer:

Treatment 6

Bildschirm 1

Vielen Dank, dass Sie an diesem Experiment teilnehmen.
Bitte versetzen Sie sich in folgende Situation:

Sie befinden sich in einer Gruppe von 3 Personen, in der nur Strom bezogen wird, welcher durch Erzeugung aus Kohlekraft und Kernkraft gewonnen wird. Auf lange Sicht soll die Erzeugung auf Erneuerbare Energien umgestellt werden. Jeder muss zur CO_2-Vermeidung beitragen. Sie sind jetzt in einer Abstimmung dazu aufgefordert, das von Ihnen gewünschte Niveau an Erneuerbaren Energien anzugeben. Das Niveau, für welches die Mehrheit in Ihrer Gruppe stimmt, wird umgesetzt. Jedes Gruppenmitglied wird daraufhin anteilig, gemäß eines Umlageverfahrens, an den Kosten des Ausbaus Erneuerbarer Energien beteiligt. Danach haben Sie die Möglichkeit, über dieses festgelegte Niveau hinaus für Ihren privaten Strommix Strom aus Erneuerbaren Energien zu kaufen.

Information zum Ablauf:
Dieses Experiment besteht aus zwei Stufen mit jeweils fünf Runden. In der ersten Stufe werden Sie fünf mal nach Ihrem präferierten Niveau an Erneuerbaren Energien (Ökostrom) gefragt. Es verändert sich dabei lediglich der Preis für Ökostrom. In der zweiten Stufe werden Ihnen die Abstimmungsergebnisse für die einzelnen Preise mitgeteilt. Dann haben Sie die Möglichkeit, über das abgestimmte Niveau hinaus Ökostrom im Rahmen Ihres privaten Strommixes zu kaufen. Abschließend werden Sie noch einen anonymisierten Fragebogen ausfüllen. Dabei geht es nicht um „richtige“ oder „falsche“ Antworten, sondern um Ihre ganz private Einschätzung.

Bildschirm 2

Im Experiment haben Sie für jede Entscheidung ein Budget von 108,- EUR. Möchten Sie das Niveau an Ökostrom von derzeit 0% erhöhen, wird sich das auf Ihr Budget auswirken.

Jeder 9. Teilnehmer wird das Budget tatsächlich gewinnen. Im Gewinnfall wird der Teil, den Sie für Ökostrom verwendet haben, an eine Umweltorganisation Ihrer Wahl gespendet, um CO_2 zu vermeiden. Das verbleibende Budget wird sofort in bar an Sie ausgezahlt. Wie Sie später sehen werden, ist der Ausbau in erneuerbare Energien Anlagen nicht sicher, daher wird nach dem Experiment eine Zufallszahl zwischen 0 und 100 gezogen, welche ermittelt, wieviel CO_2 tatsächlich vermieden wurde, diese legt dann auch die genaue Zahlung an die Umweltorganisation fest.

Darum entscheiden Sie bitte in jeder Situation so, als sei es eine wirkliche Entscheidungssituation, welche Ihr eigenes Budget beeinflußt und ggf. auch Auswirkung auf die Umwelt hat.

Bildschirm 3

Bitte beantworten Sie nachfolgende Fragen über den Ablauf des Experimentes.

Mit wie vielen Teilnehmern befinden Sie sich in einer Gruppe?
1, 3, 5, 7 oder weiß nicht.

Wie hoch ist der derzeitige Anteil der Stromerzeugung aus Erneuerbaren Energien (vor der Abstimmung)?
0%, 50%, 100% oder weiß nicht.

Nach der Abstimmung müssen alle Teilnehmer einer Gruppe den gleichen Finanzierungsanteil tragen.
Ja, Nein oder weiß nicht.

Das Experiment besteht aus:
3 Runden, 3 Runden und einem Fragebogen, 5 Runden, 2 Stufen mit je 5 Runden und abschließend einem Fragebogen oder weiß nicht.

Wenn ich gewinne:
Erhalte ich das Budget von 108,- EUR., erhalte ich das restliche Budget, das verw. Budget wird mit einer ungewissen Wahrsch. an eine Umweltorg. gespendet, wird das gesamte Budget an eine Umweltorganisation gespendet oder weiß nicht.

Bildschirm 4

Hier sehen Sie die richtigen Lösungen der Kontrollfragen.

Mit wie vielen Teilnehmern befinden Sie sich in einer Gruppe?
Mit 3 Teilnehmern.

Wie hoch ist der derzeitige Anteil der Stromerzeugung aus Erneuerbaren Energien (vor der Abstimmung)?
Der derzeitige Anteil der Stromerzeugung aus Erneuerbaren Energien beträgt 0%.

Nach der Abstimmung müssen alle Teilnehmer einer Gruppe den gleichen Finanzierungsanteil tragen. Ja.

Das Experiment besteht aus:
2 Stufen mit je 5 Runden und abschließend einem Fragebogen.

Wenn ich gewinne:
Erhalte ich das restliche Budget, das verw. Budget wird mit einer ungewissen Wahrsch. an eine Umweltorg. gespendet.

Bildschirm 5

Ökostrom kostet 21 ct/kWh, Strom aus Kohle und Kernkraft kostet 20 ct/kWh. Die „Veredelung" von Strom (Preisdifferenz) beträgt somit **1 ct/kWh**.

Beachten Sie, dass erst nach Ablauf eines Jahres durch ein unabhängiges Institut ermittelt wird, wie viel CO_2, durch den Ausbau erneuerbarer Energien Anlagen, vermieden wird.

Wie hoch soll das Niveau an Ökostrom in **Ihrer Gruppe** sein? Bitte legen Sie dazu das von Ihnen gewünschte Niveau mit Hilfe des Schiebereglers fest.

Bitte beachten Sie dazu die untenstehende Information über die Ihnen dadurch entstehenden Kosten für den Fall, dass Ihre Entscheidung die Mehrheit findet. Am Ende der 1.Stufe (nach der 5. Runde) werden Ihnen die Ergebnisse der Gruppenentscheidungen bekannt gegeben.

Sie können den Regler so oft bewegen, wie Sie möchten. Sobald Sie ihn loslassen, verändern sich die untenstehenden Werte. Klicken Sie die OK-Taste, sobald Sie sich endgültig entschieden haben.

Umweltspende (in EUR):
Verbleibendes Budget (in EUR):

Bildschirm 6

Ökostrom kostet 23 ct/kWh, Strom aus Kohle und Kernkraft kostet 20 ct/kWh. Die „Veredelung" von Strom (Preisdifferenz) beträgt somit **3 ct/kWh**.

Beachten Sie, dass erst nach Ablauf eines Jahres durch ein unabhängiges Institut ermittelt wird, wie viel CO_2, durch den Ausbau erneuerbarer Energien Anlagen, vermieden wird.

Wie hoch soll das Niveau an Ökostrom in **Ihrer Gruppe** sein? Bitte legen Sie dazu das von Ihnen gewünschte Niveau mit Hilfe des Schiebereglers fest.

Bitte beachten Sie dazu die untenstehende Information über die Ihnen dadurch entstehenden Kosten für den Fall, dass Ihre Entscheidung die Mehrheit findet. Am Ende der 1.Stufe (nach der 5. Runde) werden Ihnen die Ergebnisse der Gruppenentscheidungen bekannt gegeben.

Sie können den Regler so oft bewegen, wie Sie möchten. Sobald Sie ihn loslassen, verändern sich die untenstehenden Werte. Klicken Sie die OK-Taste, sobald Sie sich endgültig entschieden haben.

Umweltspende (in EUR):
Verbleibendes Budget (in EUR):

Bildschirm 7

Ökostrom kostet 25 ct/kWh, Strom aus Kohle und Kernkraft kostet 20 ct/kWh. Die „Veredelung" von Strom (Preisdifferenz) beträgt somit **5 ct/kWh**.

Beachten Sie, dass erst nach Ablauf eines Jahres durch ein unabhängiges Institut ermittelt wird, wie viel CO_2, durch den Ausbau erneuerbarer Energien Anlagen, vermieden wird.

Wie hoch soll das Niveau an Ökostrom in **Ihrer Gruppe** sein? Bitte legen Sie dazu das von Ihnen gewünschte Niveau mit Hilfe des Schiebereglers fest.

Bitte beachten Sie dazu die untenstehende Information über die Ihnen dadurch entstehenden Kosten für den Fall, dass Ihre Entscheidung die Mehrheit findet. Am Ende der 1.Stufe (nach der 5. Runde) werden Ihnen die Ergebnisse der Gruppenentscheidungen bekannt gegeben.

Sie können den Regler so oft bewegen, wie Sie möchten. Sobald Sie ihn loslassen, verändern sich die untenstehenden Werte. Klicken Sie die OK-Taste, sobald Sie sich endgültig entschieden haben.

Umweltspende (in EUR):
Verbleibendes Budget (in EUR):

Bildschirm 8

Ökostrom kostet 27 ct/kWh, Strom aus Kohle und Kernkraft kostet 20 ct/kWh. Die „Veredelung" von Strom (Preisdifferenz) beträgt somit **7 ct/kWh**.

Beachten Sie, dass erst nach Ablauf eines Jahres durch ein unabhängiges Institut ermittelt wird, wie viel CO_2, durch den Ausbau erneuerbarer Energien Anlagen, vermieden wird.

Wie hoch soll das Niveau an Ökostrom in **Ihrer Gruppe** sein? Bitte legen Sie dazu das von Ihnen gewünschte Niveau mit Hilfe des Schiebereglers fest.

Bitte beachten Sie dazu die untenstehende Information über die Ihnen dadurch entstehenden Kosten für den Fall, dass Ihre Entscheidung die Mehrheit findet. Am Ende der 1.Stufe (nach der 5. Runde) werden Ihnen die Ergebnisse der Gruppenentscheidungen bekannt gegeben.

Sie können den Regler so oft bewegen, wie Sie möchten. Sobald Sie ihn loslassen, verändern sich die untenstehenden Werte. Klicken Sie die OK-Taste, sobald Sie sich endgültig entschieden haben.

Umweltspende (in EUR):
Verbleibendes Budget (in EUR):

Bildschirm 9

Ökostrom kostet 29 ct/kWh, Strom aus Kohle und Kernkraft kostet 20 ct/kWh. Die „Veredelung“ von Strom (Preisdifferenz) beträgt somit **9 ct/kWh**.

Beachten Sie, dass erst nach Ablauf eines Jahres durch ein unabhängiges Institut ermittelt wird, wie viel CO_2, durch den Ausbau erneuerbarer Energien Anlagen, vermieden wird.

Wie hoch soll das Niveau an Ökostrom in **Ihrer Gruppe** sein? Bitte legen Sie dazu das von Ihnen gewünschte Niveau mit Hilfe des Schiebereglers fest.

Bitte beachten Sie dazu die untenstehende Information über die Ihnen dadurch entstehenden Kosten für den Fall, dass Ihre Entscheidung die Mehrheit findet. Am Ende der 1.Stufe (nach der 5. Runde) werden Ihnen die Ergebnisse der Gruppenentscheidungen bekannt gegeben.

Sie können den Regler so oft bewegen, wie Sie möchten. Sobald Sie ihn loslassen, verändern sich die untenstehenden Werte. Klicken Sie die OK-Taste, sobald Sie sich endgültig entschieden haben.

Umweltspende (in EUR):
Verbleibendes Budget (in EUR):

Bildschirm 10

1 ct/kWh

Folgendermaßen haben die Mitglieder Ihrer Gruppe abgestimmt (Sie sind Mitglied 1):

Mitglied 1:
Mitglied 2:
Mitglied 3:

Die Mehrheit wünscht folgendes Niveau von Strom aus Erneuerbaren Energien (in%):
Durch das Umlageverfahren leisten Sie eine verpflichtende Umweltspende von (in EUR):

Bildschirm 11

Die Mehrheit wünscht folgendes Niveau von Strom aus Erneuerbaren Energien (in%):
Durch das Umlageverfahren leisten Sie eine verpflichtende Umweltspende von (in EUR):
Über dieses festgelegte Niveau hinaus haben Sie jetzt die Möglichkeit, Strom für Ihren privaten Strommix zu kaufen.

Ökostrom kostet 21 ct/kWh, Strom aus Kohle und Kernkraft kostet 20 ct/kWh. Die „Veredelung“ von Strom (Preisdifferenz) beträgt somit **1 ct/kWh**.

Beachten Sie, dass erst nach Ablauf eines Jahres durch ein unabhängiges Institut ermittelt wird, wie viel CO_2, durch den Ausbau Erneuerbarer Energien Anlagen, vermieden wird.

Wie hoch soll das Niveau an Ökostrom in Ihrem **privaten Strommix** sein? Bitte legen Sie dazu das von Ihnen gewünschte Niveau mit Hilfe des Schiebereglers fest. Wenn das Gruppenniveau bereits 100% beträgt, ist kein weiterer Zukauf möglich.

Bitte beachten Sie dazu die untenstehende Information über die Ihnen dadurch entstehenden Kosten. Sie können den Regler so oft bewegen, wie Sie möchten. Sobald Sie ihn loslassen, verändern sich die untenstehenden Werte. Bitte beachten Sie nochmals, dass Sie nur Ökostrom hinzukaufen können. Steht der Regler nach einmaligem Klicken ganz links, zeigt er somit die Werte des festgelegten Guppenniveaus an. Klicken Sie auf die OK-Taste, sobald Sie sich endgültig entschieden haben.

Bildschirm 12

3 ct/kWh
Folgendermaßen haben die Mitglieder Ihrer Gruppe abgestimmt (Sie sind Mitglied 1):

Mitglied 1:
Mitglied 2:
Mitglied 3:

Die Mehrheit wünscht folgendes Niveau von Strom aus Erneuerbaren Energien (in%):
Durch das Umlageverfahren leisten Sie eine verpflichtende Umweltspende von (in EUR):

Bildschirm 13

Die Mehrheit wünscht folgendes Niveau von Strom aus Erneuerbaren Energien (in%):
Durch das Umlageverfahren leisten Sie eine verpflichtende Umweltspende von (in EUR):
Über dieses festgelegte Niveau hinaus haben Sie jetzt die Möglichkeit, Strom für Ihren privaten Strommix zu kaufen.

Ökostrom kostet 23 ct/kWh, Strom aus Kohle und Kernkraft kostet 20 ct/kWh. Die „Veredelung“ von Strom (Preisdifferenz) beträgt somit **3 ct/kWh**.

Beachten Sie, dass erst nach Ablauf eines Jahres durch ein unabhängiges Institut ermittelt wird, wie viel CO_2, durch den Ausbau Erneuerbarer Energien Anlagen, vermieden wird.

Wie hoch soll das Niveau an Ökostrom in Ihrem **privaten Strommix** sein? Bitte legen Sie dazu das von Ihnen gewünschte Niveau mit Hilfe des Schiebereglers fest. Wenn das Gruppenniveau bereits 100% beträgt, ist kein weiterer Zukauf möglich.

Bitte beachten Sie dazu die untenstehende Information über die Ihnen dadurch entstehenden Kosten. Sie können den Regler so oft bewegen, wie Sie möchten. Sobald Sie ihn loslassen, verändern sich die untenstehenden Werte. Bitte beachten Sie nochmals, dass Sie nur Ökostrom hinzukaufen können. Steht der Regler nach einmaligem Klicken ganz links, zeigt er somit die Werte des festgelegten Guppenniveaus an. Klicken Sie auf die OK-Taste, sobald Sie sich endgültig entschieden haben.

Bildschirm 14

5 ct/kWh
Folgendermaßen haben die Mitglieder Ihrer Gruppe abgestimmt (Sie sind Mitglied 1):

Mitglied 1:
Mitglied 2:
Mitglied 3:

Die Mehrheit wünscht folgendes Niveau von Strom aus Erneuerbaren Energien (in%):
Durch das Umlageverfahren leisten Sie eine verpflichtende Umweltspende von (in EUR):

Bildschirm 15

Die Mehrheit wünscht folgendes Niveau von Strom aus Erneuerbaren Energien (in%):
Durch das Umlageverfahren leisten Sie eine verpflichtende Umweltspende von (in EUR):
Über dieses festgelegte Niveau hinaus haben Sie jetzt die Möglichkeit, Strom für Ihren privaten Strommix zu kaufen.

Ökostrom kostet 25 ct/kWh, Strom aus Kohle und Kernkraft kostet 20 ct/kWh. Die „Veredelung" von Strom (Preisdifferenz) beträgt somit **5 ct/kWh**.

Beachten Sie, dass erst nach Ablauf eines Jahres durch ein unabhängiges Institut ermittelt wird, wie viel CO_2, durch den Ausbau Erneuerbarer Energien Anlagen, vermieden wird.

Wie hoch soll das Niveau an Ökostrom in Ihrem **privaten Strommix** sein? Bitte legen Sie dazu das von Ihnen gewünschte Niveau mit Hilfe des Schiebereglers fest. Wenn das Gruppenniveau bereits 100% beträgt, ist kein weiterer Zukauf möglich.

Bitte beachten Sie dazu die untenstehende Information über die Ihnen dadurch entstehenden Kosten. Sie können den Regler so oft bewegen, wie Sie möchten. Sobald Sie ihn loslassen, verändern sich die untenstehenden Werte. Bitte beachten Sie nochmals, dass Sie nur Ökostrom hinzukaufen können. Steht der Regler nach einmaligem Klicken ganz links, zeigt er somit die Werte des festgelegten Guppenniveaus an. Klicken Sie auf die OK Taste, sobald Sie sich endgültig entschieden haben.

Bildschirm 16

7 ct/kWh
Folgendermaßen haben die Mitglieder Ihrer Gruppe abgestimmt (Sie sind Mitglied 1):

Mitglied 1:
Mitglied 2:
Mitglied 3:

Die Mehrheit wünscht folgendes Niveau von Strom aus Erneuerbaren Energien (in%):
Durch das Umlageverfahren leisten Sie eine verpflichtende Umweltspende von (in EUR):

Bildschirm 17

Die Mehrheit wünscht folgendes Niveau von Strom aus Erneuerbaren Energien (in%):
Durch das Umlageverfahren leisten Sie eine verpflichtende Umweltspende von (in EUR):
Über dieses festgelegte Niveau hinaus haben Sie jetzt die Möglichkeit, Strom für Ihren privaten Strommix zu kaufen.

Ökostrom kostet 27 ct/kWh, Strom aus Kohle und Kernkraft kostet 20 ct/kWh. Die „Veredelung“ von Strom (Preisdifferenz) beträgt somit **7 ct/kWh**.

Beachten Sie, dass erst nach Ablauf eines Jahres durch ein unabhängiges Institut ermittelt wird, wie viel CO_2, durch den Ausbau Erneuerbarer Energien Anlagen, vermieden wird.

Wie hoch soll das Niveau an Ökostrom in Ihrem **privaten Strommix** sein? Bitte legen Sie dazu das von Ihnen gewünschte Niveau mit Hilfe des Schiebereglers fest. Wenn das Gruppenniveau bereits 100% beträgt, ist kein weiterer Zukauf möglich.

Bitte beachten Sie dazu die untenstehende Information über die Ihnen dadurch entstehenden Kosten. Sie können den Regler so oft bewegen, wie Sie möchten. Sobald Sie ihn loslassen, verändern sich die untenstehenden Werte. Bitte beachten Sie nochmals, dass Sie nur Ökostrom hinzukaufen können. Steht der Regler nach einmaligem Klicken ganz links, zeigt er somit die Werte des festgelegten Guppenniveaus an. Klicken Sie auf die OK-Taste, sobald Sie sich endgültig entschieden haben.

Bildschirm 18

9 ct/kWh
Folgendermaßen haben die Mitglieder Ihrer Gruppe abgestimmt (Sie sind Mitglied 1):

Mitglied 1:
Mitglied 2:
Mitglied 3:

Die Mehrheit wünscht folgendes Niveau von Strom aus Erneuerbaren Energien (in%):
Durch das Umlageverfahren leisten Sie eine verpflichtende Umweltspende von (in EUR):

Bildschirm 19

Die Mehrheit wünscht folgendes Niveau von Strom aus Erneuerbaren Energien (in%):
Durch das Umlageverfahren leisten Sie eine verpflichtende Umweltspende von (in EUR):
Über dieses festgelegte Niveau hinaus haben Sie jetzt die Möglichkeit, Strom für Ihren privaten Strommix zu kaufen.

Ökostrom kostet 29 ct/kWh, Strom aus Kohle und Kernkraft kostet 20 ct/kWh. Die „Veredelung“ von Strom (Preisdifferenz) beträgt somit **9 ct/kWh**.

Beachten Sie, dass erst nach Ablauf eines Jahres durch ein unabhängiges Institut ermittelt wird, wie viel CO_2, durch den Ausbau Erneuerbarer Energien Anlagen, vermieden wird.

Wie hoch soll das Niveau an Ökostrom in Ihrem **privaten Strommix** sein? Bitte legen Sie dazu das von Ihnen gewünschte Niveau mit Hilfe des Schiebereglers fest. Wenn das Gruppenniveau bereits 100% beträgt, ist kein weiterer Zukauf möglich.

Bitte beachten Sie dazu die untenstehende Information über die Ihnen dadurch entstehenden Kosten. Sie können den Regler so oft bewegen, wie Sie möchten. Sobald Sie ihn loslassen, verändern sich die untenstehenden Werte. Bitte beachten Sie nochmals, dass Sie nur Ökostrom hinzukaufen können. Steht der Regler nach einmaligem Klicken ganz links, zeigt er somit die Werte des festgelegten Guppenniveaus an. Klicken Sie auf die OK-Taste, sobald Sie sich endgültig entschieden haben.

Bildschirm 20

Bitte geben Sie hier die Treatment- und Losnummer an, die Sie zu Beginn des Experimentes gezogen haben:

Treatmentnummer:
Losnummer:

Treatment 7

Bildschirm 1

Vielen Dank, dass Sie an diesem Experiment teilnehmen.

Bitte versetzen Sie sich in folgende Situation:
Sie befinden sich in einer Gruppe von 3 Personen, in der nur Strom bezogen wird, welcher durch Erzeugung aus Kohlekraft und Kernkraft gewonnen wird. Auf lange Sicht soll die Erzeugung auf Erneuerbare Energien umgestellt werden. Jeder muss zur CO_2-Vermeidung beitragen. Sie sind jetzt in einer Abstimmung dazu aufgefordert, das von Ihnen gewünschte Niveau an Erneuerbaren Energien anzugeben. Das Niveau, für welches die Mehrheit in Ihrer Gruppe stimmt, wird umgesetzt. Jedes Gruppenmitglied wird daraufhin anteilig, gemäß eines Umlageverfahrens, an den Kosten des Ausbaus Erneuerbarer Energien beteiligt.

Information zum Ablauf:
Dieses Experiment besteht aus fünf Runden, d.h. Sie werden fünf mal nach Ihrem präferierten Niveau an Erneuerbaren Energien (Ökostrom) gefragt. Es verändert sich dabei lediglich der Preis für Ökostrom. Danach werden Sie noch einen anonymisierten Fragebogen ausfüllen. Dabei geht es nicht um „richtige" oder „falsche" Antworten, sondern um Ihre ganz private Einschätzung.

Bildschirm 2

Im Experiment haben Sie für jede Entscheidung ein Budget von 108,- EUR. Möchten Sie das Niveau an Ökostrom von derzeit 0% erhöhen, wird sich das auf Ihr Budget auswirken.

Jeder 9. Teilnehmer wird das Budget tatsächlich gewinnen. Im Gewinnfall wird der Teil, den Sie für Ökostrom verwendet haben, an eine Umweltorganisation Ihrer Wahl gespendet, um CO_2 zu vermeiden. Das verbleibende Budget wird sofort in bar an Sie ausgezahlt.

Darum entscheiden Sie bitte in jeder Situation so, als sei es eine wirkliche Entscheidungssituation, welche Ihr eigenes Budget beeinflusst und ggf. auch Auswirkungen auf die Umwelt hat.

Bildschirm 3

Bitte beantworten Sie nachfolgende Fragen über den Ablauf des Experimentes.

Mit wie vielen Teilnehmern befinden Sie sich in einer Gruppe?
3, 5, 7 oder weiß nicht.

Wie hoch ist der derzeitige Anteil der Stromerzeugung aus Erneuerbaren Energien (vor der Abstimmung)
? 0%, 50%, 100% oder weiß nicht.

Nach der Abstimmung müssen alle Teilnehmer einer Gruppe den gleichen Finanzierungsanteil tragen. Ja, Nein oder weiß nicht.

Das Experiment besteht aus:
3 Runden, 3 Runden und einem Fragebogen, 5 Runden, 5 Runden und einem Fragebogen oder weiß nicht.

Wenn ich gewinne:
Erhalte ich das Budget von 108,-EUR., erhalte ich das verbleibende Budget, das verwendete Budget wird an eine Umweltorganisation gespendet, wird das gesamte Budget an eine Umweltorganisation gespendet oder weiß nicht.

Bildschirm 4

Hier sehen Sie die richtigen Lösungen der Kontrollfragen.
Mit wie vielen Teilnehmern befinden Sie sich in einer Gruppe?
Mit 3 Teilnehmern.

Wie hoch ist der derzeitige Anteil der Stromerzeugung aus Erneuerbaren Energien (vor der Abstimmung)?
Der derzeitige Anteil der Stromerzeugung aus Erneuerbaren Energien beträgt 0%.

Nach der Abstimmung müssen alle Teilnehmer einer Gruppe den gleichen Finanzierungsanteil tragen.
Ja.

Das Experiment besteht aus:
5 Runden und einem Fragebogen.

Wenn ich gewinne:
Erhalte ich das verbleibene Budget, das verwendete Budget wird an eine Umweltorganisation gespendet.

Bildschirm 5

Ökostrom kostet 21 ct/kWh, Strom aus Kohle und Kernkraft kostet 20 ct/kWh. Die „Veredelung" von Strom (Preisdifferenz) beträgt somit **1 ct/kWh**.

Es handelt sich um Ökostrom aus einem lokalen, modernen Laufwasserkraftwerk. Das Kraftwerk sorgt für zusätzliche CO_2-Vermeidung und ist auch selbst ökologisch nachhaltig konzipiert. So beinhaltet es z.B. ein innovatives Fischschutzkonzept.

Wie hoch soll das Niveau an Ökostrom in **Ihrer Gruppe** sein? Bitte legen Sie dazu das von Ihnen gewünschte Niveau mit Hilfe des Schiebereglers fest.

Bitte beachten Sie dazu die untenstehende Information über die Ihnen dadurch entstehenden Kosten und die Menge der CO_2-Vermeidung für die ganze Gruppe für den Fall, dass Ihre Entscheidung die Mehrheit findet. Am Ende des Experiments (nach der 5. Runde) werden Ihnen die Ergebnisse der Gruppenentscheidungen bekannt gegeben.

Sie können den Regler so oft bewegen, wie Sie möchten. Sobald Sie ihn loslassen, verändern sich die unten stehenden Werte. Klicken Sie die OK-Taste, sobald Sie sich endgültig entschieden haben.

Umweltspende (in EUR):
Verbleibendes Budget (in EUR):
CO_2-Vermeidung in der Gruppe (in kg):

Bildschirm 6

Ökostrom kostet 23 ct/kWh, Strom aus Kohle und Kernkraft kostet 20 ct/kWh. Die „Veredelung" von Strom (Preisdifferenz) beträgt somit **3 ct/kWh**.

Es handelt sich um Ökostrom aus einem lokalen, modernen Laufwasserkraftwerk. Das Kraftwerk sorgt für zusätzliche CO_2-Vermeidung und ist auch selbst ökologisch nachhaltig konzipiert. So beinhaltet es z.B. ein innovatives Fischschutzkonzept.

Wie hoch soll das Niveau an Ökostrom in **Ihrer Gruppe** sein? Bitte legen Sie dazu das von Ihnen gewünschte Niveau mit Hilfe des Schiebereglers fest.

Bitte beachten Sie dazu die untenstehende Information über die Ihnen dadurch entstehenden Kosten und die Menge der CO_2-Vermeidung für die ganze Gruppe für den Fall, dass Ihre Entscheidung die Mehrheit findet. Am Ende des Experiments (nach der 5. Runde) werden Ihnen die Ergebnisse der Gruppenentscheidungen bekannt gegeben.

Sie können den Regler so oft bewegen, wie Sie möchten. Sobald Sie ihn loslassen, verändern sich die unten stehenden Werte. Klicken Sie die OK-Taste, sobald Sie sich endgültig entschieden haben.

Umweltspende (in EUR):
Verbleibendes Budget (in EUR):
CO_2-Vermeidung in der Gruppe (in kg):

Bildschirm 7

Ökostrom kostet 25 ct/kWh, Strom aus Kohle und Kernkraft kostet 20 ct/kWh. Die „Veredelung“ von Strom (Preisdifferenz) beträgt somit **5 ct/kWh**.

Es handelt sich um Ökostrom aus einem lokalen, modernen Laufwasserkraftwerk. Das Kraftwerk sorgt für zusätzliche CO_2-Vermeidung und ist auch selbst ökologisch nachhaltig konzipiert. So beinhaltet es z.B. ein innovatives Fischschutzkonzept.

Wie hoch soll das Niveau an Ökostrom in **Ihrer Gruppe** sein? Bitte legen Sie dazu das von Ihnen gewünschte Niveau mit Hilfe des Schiebereglers fest.

Bitte beachten Sie dazu die untenstehende Information über die Ihnen dadurch entstehenden Kosten und die Menge der CO_2-Vermeidung für die ganze Gruppe für den Fall, dass Ihre Entscheidung die Mehrheit findet. Am Ende des Experiments (nach der 5. Runde) werden Ihnen die Ergebnisse der Gruppenentscheidungen bekannt gegeben.

Sie können den Regler so oft bewegen, wie Sie möchten. Sobald Sie ihn loslassen, verändern sich die unten stehenden Werte. Klicken Sie die OK-Taste, sobald Sie sich endgültig entschieden haben.

Umweltspende (in EUR):
Verbleibendes Budget (in EUR):
CO_2-Vermeidung in der Gruppe (in kg):

Bildschirm 8

Ökostrom kostet 27 ct/kWh, Strom aus Kohle und Kernkraft kostet 20 ct/kWh. Die „Veredelung“ von Strom (Preisdifferenz) beträgt somit **7 ct/kWh**.

Es handelt sich um Ökostrom aus einem lokalen, modernen Laufwasserkraftwerk. Das Kraftwerk sorgt für zusätzliche CO_2-Vermeidung und ist auch selbst ökologisch nachhaltig konzipiert. So beinhaltet es z.B. ein innovatives Fischschutzkonzept.

Wie hoch soll das Niveau an Ökostrom in **Ihrer Gruppe** sein? Bitte legen Sie dazu das von Ihnen gewünschte Niveau mit Hilfe des Schiebereglers fest.

Bitte beachten Sie dazu die untenstehende Information über die Ihnen dadurch entstehenden Kosten und die Menge der CO_2-Vermeidung für die ganze Gruppe für den Fall, dass Ihre Entscheidung die Mehrheit findet. Am Ende des Experiments (nach der 5. Runde) werden Ihnen die Ergebnisse der Gruppenentscheidungen bekannt gegeben.

Sie können den Regler so oft bewegen, wie Sie möchten. Sobald Sie ihn loslassen, verändern sich die unten stehenden Werte. Klicken Sie die OK-Taste, sobald Sie sich endgültig entschieden haben.

Umweltspende (in EUR):
Verbleibendes Budget (in EUR):
CO_2-Vermeidung in der Gruppe (in kg):

Bildschirm 9

Ökostrom kostet 29 ct/kWh, Strom aus Kohle und Kernkraft kostet 20 ct/kWh. Die „Veredelung" von Strom (Preisdifferenz) beträgt somit **9 ct/kWh**.

Es handelt sich um Ökostrom aus einem lokalen, modernen Laufwasserkraftwerk. Das Kraftwerk sorgt für zusätzliche CO_2-Vermeidung und ist auch selbst ökologisch nachhaltig konzipiert. So beinhaltet es z.B. ein innovatives Fischschutzkonzept.

Wie hoch soll das Niveau an Ökostrom in **Ihrer Gruppe** sein? Bitte legen Sie dazu das von Ihnen gewünschte Niveau mit Hilfe des Schiebereglers fest.

Bitte beachten Sie dazu die untenstehende Information über die Ihnen dadurch entstehenden Kosten und die Menge der CO_2-Vermeidung für die ganze Gruppe für den Fall, dass Ihre Entscheidung die Mehrheit findet. Am Ende des Experiments (nach der 5. Runde) werden Ihnen die Ergebnisse der Gruppenentscheidungen bekannt gegeben.

Sie können den Regler so oft bewegen, wie Sie möchten. Sobald Sie ihn loslassen, verändern sich die unten stehenden Werte. Klicken Sie die OK-Taste, sobald Sie sich endgültig entschieden haben.

Umweltspende (in EUR):
Verbleibendes Budget (in EUR):
CO_2-Vermeidung in der Gruppe (in kg):

Bildschirm 10

Folgendermaßen haben die Mitglieder Ihrer Gruppe abgestimmt (Sie sind Mitglied 1):

für 1 ct/kWh:

Mitglied 1:
Mitglied 2:
Mitglied 3:

Die Mehrheit wünscht somit folgendes Niveau von Strom aus Erneuerbaren Energien (in%):
Durch das Umlageverfahren entsteht Ihnen somit eine Umweltspende von (in EUR):
Ihre Gruppe vermeidet somit folgende Menge an CO_2 (in kg):

für 3 ct/kWh:

Mitglied 1:
Mitglied 2:
Mitglied 3:

Die Mehrheit wünscht somit folgendes Niveau von Strom aus Erneuerbaren Energien (in%):
Durch das Umlageverfahren entsteht Ihnen somit eine Umweltspende von (in EUR):
Ihre Gruppe vermeidet somit folgende Menge an CO_2 (in kg):

für 5 ct/kWh:

Mitglied 1:
Mitglied 2:
Mitglied 3:

Die Mehrheit wünscht somit folgendes Niveau von Strom aus Erneuerbaren Energien (in%):
Durch das Umlageverfahren entsteht Ihnen somit eine Umweltspende von (in EUR):
Ihre Gruppe vermeidet somit folgende Menge an CO_2 (in kg):

für 7 ct/kWh:

Mitglied 1:
Mitglied 2:
Mitglied 3:

Die Mehrheit wünscht somit folgendes Niveau von Strom aus Erneuerbaren Energien (in%):
Durch das Umlageverfahren entsteht Ihnen somit eine Umweltspende von (in EUR):
Ihre Gruppe vermeidet somit folgende Menge an CO_2 (in kg):

für 9 ct/kWh:

Mitglied 1:
Mitglied 2:
Mitglied 3:

Die Mehrheit wünscht somit folgendes Niveau von Strom aus Erneuerbaren Energien (in%):
Durch das Umlageverfahren entsteht Ihnen somit eine Umweltspende von (in EUR):
Ihre Gruppe vermeidet somit folgende Menge an CO_2 (in kg):

Bildschirm 11

Bitte geben Sie hier die Treatment- und Losnummer an, die Sie zu Beginn des Experimentes gezogen haben:

Treatmentnummer:
Losnummer:

Treatment 8

Bildschirm 1

Vielen Dank, dass Sie an diesem Experiment teilnehmen.

Bitte versetzen Sie sich in folgende Situation:
Sie befinden sich in einer Gruppe von 3 Personen, in der nur Strom bezogen wird, welcher durch Erzeugung aus Kohlekraft und Kernkraft gewonnen wird. Sie haben im Folgenden die Möglichkeit privat Strom, aus Erneuerbaren Energien (Ökostrom), zu kaufen.

Information zum Ablauf:
Dieses Experiment besteht aus fünf Runden, d.h. Sie werden fünf mal nach Ihrem präferierten, privaten Niveau an Ökostrom gefragt. Es verändert sich dabei lediglich der Preis für Ökostrom. Danach werden Sie noch einen anonymisierten Fragebogen ausfüllen. Dabei geht es nicht um „richtige" oder „falsche" Antworten, sondern um Ihre ganz private Einschätzung.

Bildschirm 2

Im Experiment haben Sie für jede Entscheidung ein Budget von 108,- EUR. Möchten Sie das Niveau an Ökostrom von derzeit 0% erhöhen, wird sich das auf Ihr Budget auswirken.

Jeder 9. Teilnehmer wird das Budget tatsächlich gewinnen. Im Gewinnfall wird der Teil, den Sie für Ökostrom verwendet haben, an eine Umweltorganisation Ihrer Wahl gespendet, um CO_2 zu vermeiden. Das verbleibende Budget wird sofort in bar an Sie ausgezahlt.

Darum entscheiden Sie bitte in jeder Situation so, als sei es eine wirkliche Entscheidungssituation, welche Ihr eigenes Budget beeinflusst und ggf. auch Auswirkungen auf die Umwelt hat.

Bildschirm 3

Bitte beantworten Sie nachfolgende Fragen über den Ablauf des Experimentes.
Mit wie vielen Teilnehmern befinden Sie sich in einer Gruppe?
3, 5, 7 oder weiß nicht.

Wie hoch ist der derzeitige Anteil der Stromerzeugung aus Erneuerbaren Energien (vor der Abstimmung)?
0%, 50%, 100% oder weiß nicht.

Das Experiment besteht aus:
3 Runden, 3 Runden und einem Fragebogen, 5 Runden, 5 Runden und einem Fragebogen oder weiß nicht.

Wenn ich gewinne:
Erhalte ich das Budget von 108,-EUR, erhalte ich das verbleibende Budget, das verwendete Budget wird an eine Umweltorganisation gespendet, wird das gesamte Budget an eine Umweltorganisation gespendet oder weiß nicht.

Bildschirm 4

Hier sehen Sie die richtigen Lösungen der Kontrollfragen.

Mit wie vielen Teilnehmern befinden Sie sich in einer Gruppe?
Mit 3 Teilnehmern.

Wie hoch ist der derzeitige Anteil der Stromerzeugung aus Erneuerbaren Energien (vor der Abstimmung)?
Der derzeitige Anteil der Stromerzeugung aus Erneuerbaren Energien beträgt 0%.

Das Experiment besteht aus:
5 Runden und einem Fragebogen.

Wenn ich gewinne:
Erhalte ich das verbleibene Budget, das verwendete Budget wird an eine Umweltorganisation gespendet.

Bildschirm 5

Ökostrom kostet 21 ct/kWh, Strom aus Kohle und Kernkraft kostet 20 ct/kWh. Die „Veredelung" von Strom (Preisdifferenz) beträgt somit **1 ct/kWh**.

Es handelt sich um Ökostrom aus einem lokalen, modernen Laufwasserkraftwerk. Das Kraftwerk sorgt für zusätzliche CO_2-Vermeidung und ist auch selbst ökologisch nachhaltig konzipiert. So beinhaltet es z.B. ein innovatives Fischschutzkonzept.

Wie hoch soll das Niveau an Ökostrom in Ihrem **privaten Srommix** sein? Bitte legen Sie dazu das von Ihnen gewünschte Niveau mit Hilfe des Schiebereglers fest.

Bitte beachten Sie dazu die untenstehende Information über die Ihnen dadurch entstehenden Kosten und die Menge der CO_2-Vermeidung für die gesamte

Gruppe die Sie durch Ihren Zukauf ermöglichen. Sie können den Regler so oft bewegen, wie Sie möchten, sobald Sie ihn loslassen verändern sich die untenstehenden Werte. Klicken Sie die OK Taste, sobald Sie sich endgültig entschieden haben.

Umweltspende (in EUR):
Verbleibendes Budget (in EUR):
CO_2-Vermeidung für die Gruppe (in kg):

Bildschirm 6

Ökostrom kostet 23 ct/kWh, Strom aus Kohle und Kernkraft kostet 20 ct/kWh. Die „Veredelung" von Strom (Preisdifferenz) beträgt somit **3 ct/kWh**.

Es handelt sich um Ökostrom aus einem lokalen, modernen Laufwasserkraftwerk. Das Kraftwerk sorgt für zusätzliche CO_2-Vermeidung und ist auch selbst ökologisch nachhaltig konzipiert. So beinhaltet es z.B. ein innovatives Fischschutzkonzept.

Wie hoch soll das Niveau an Ökostrom in Ihrem **privaten Srommix** sein? Bitte legen Sie dazu das von Ihnen gewünschte Niveau mit Hilfe des Schiebereglers fest.

Bitte beachten Sie dazu die untenstehende Information über die Ihnen dadurch entstehenden Kosten und die Menge der CO_2-Vermeidung für die gesamte Gruppe die Sie durch Ihren Zukauf ermöglichen. Sie können den Regler so oft bewegen, wie Sie möchten, sobald Sie ihn loslassen verändern sich die untenstehenden Werte. Klicken Sie die OK Taste, sobald Sie sich endgültig entschieden haben.

Umweltspende (in EUR):
Verbleibendes Budget (in EUR):
CO_2-Vermeidung für die Gruppe (in kg):

Bildschirm 7

Ökostrom kostet 25 ct/kWh, Strom aus Kohle und Kernkraft kostet 20 ct/kWh. Die „Veredelung" von Strom (Preisdifferenz) beträgt somit **5 ct/kWh**.

Es handelt sich um Ökostrom aus einem lokalen, modernen Laufwasserkraftwerk. Das Kraftwerk sorgt für zusätzliche CO_2-Vermeidung und ist auch selbst ökologisch nachhaltig konzipiert. So beinhaltet es z.B. ein innovatives Fischschutzkonzept.

Wie hoch soll das Niveau an Ökostrom in Ihrem **privaten Srommix** sein? Bitte legen Sie dazu das von Ihnen gewünschte Niveau mit Hilfe des Schiebereglers fest.

Bitte beachten Sie dazu die untenstehende Information über die Ihnen dadurch entstehenden Kosten und die Menge der CO_2-Vermeidung für die gesamte Gruppe die Sie durch Ihren Zukauf ermöglichen. Sie können den Regler so oft bewegen, wie Sie möchten, sobald Sie ihn loslassen verändern sich die untenstehenden Werte. Klicken Sie die OK Taste, sobald Sie sich endgültig entschieden haben.

Umweltspende (in EUR):
Verbleibendes Budget (in EUR):
CO_2-Vermeidung für die Gruppe (in kg):

Bildschirm 8

Ökostrom kostet 27 ct/kWh, Strom aus Kohle und Kernkraft kostet 20 ct/kWh. Die „Veredelung" von Strom (Preisdifferenz) beträgt somit **7 ct/kWh**.

Es handelt sich um Ökostrom aus einem lokalen, modernen Laufwasserkraftwerk. Das Kraftwerk sorgt für zusätzliche CO_2-Vermeidung und ist auch selbst ökologisch nachhaltig konzipiert. So beinhaltet es z.B. ein innovatives Fischschutzkonzept.

Wie hoch soll das Niveau an Ökostrom in Ihrem **privaten Strommix** sein? Bitte legen Sie dazu das von Ihnen gewünschte Niveau mit Hilfe des Schiebereglers fest.

Bitte beachten Sie dazu die untenstehende Information über die Ihnen dadurch entstehenden Kosten und die Menge der CO_2-Vermeidung für die gesamte Gruppe die Sie durch Ihren Zukauf ermöglichen. Sie können den Regler so oft bewegen, wie Sie möchten, sobald Sie ihn loslassen verändern sich die untenstehenden Werte. Klicken Sie die OK Taste, sobald Sie sich endgültig entschieden haben.

Umweltspende (in EUR):
Verbleibendes Budget (in EUR):
CO_2-Vermeidung für die Gruppe (in kg):

Bildschirm 9

Ökostrom kostet 29 ct/kWh, Strom aus Kohle und Kernkraft kostet 20 ct/kWh. Die „Veredelung" von Strom (Preisdifferenz) beträgt somit **9 ct/kWh**.

Es handelt sich um Ökostrom aus einem lokalen, modernen Laufwasserkraftwerk. Das Kraftwerk sorgt für zusätzliche CO_2-Vermeidung und ist auch selbst ökologisch nachhaltig konzipiert. So beinhaltet es z.B. ein innovatives Fischschutzkonzept.

Wie hoch soll das Niveau an Ökostrom in Ihrem **privaten Strommix** sein? Bitte legen Sie dazu das von Ihnen gewünschte Niveau mit Hilfe des Schiebereglers fest.

Bitte beachten Sie dazu die untenstehende Information über die Ihnen dadurch entstehenden Kosten und die Menge der CO_2-Vermeidung für die gesamte Gruppe die Sie durch Ihren Zukauf ermöglichen. Sie können den Regler so oft bewegen, wie Sie möchten, sobald Sie ihn loslassen verändern sich die untenstehenden Werte. Klicken Sie die OK Taste, sobald Sie sich endgültig entschieden haben.

Umweltspende (in EUR):
Verbleibendes Budget (in EUR):
CO_2-Vermeidung für die Gruppe (in kg):

Bildschirm 10

Bitte geben Sie hier die Treatment- und Losnummer an, die Sie zu Beginn des Experimentes gezogen haben:

Treatmentnummer:
Losnummer:

Treatment 9

Bildschirm 1

Vielen Dank, dass Sie an diesem Experiment teilnehmen.

Bitte versetzen Sie sich in folgende Situation:
Sie befinden sich in einer Gruppe von 3 Personen, in der nur Strom bezogen wird, welcher durch Erzeugung aus Kohlekraft und Kernkraft gewonnen wird. Auf lange Sicht soll die Erzeugung auf Erneuerbare Energien umgestellt werden. Jeder muss zur CO_2-Vermeidung beitragen. Sie sind jetzt in einer Abstimmung dazu aufgefordert, das von Ihnen gewünschte Niveau an Erneuerbaren Energien anzugeben. Das Niveau, für welches die Mehrheit in Ihrer Gruppe stimmt, wird umgesetzt. Jedes Gruppenmitglied wird daraufhin anteilig, gemäß eines Umlageverfahrens, an den Kosten des Ausbaus Erneuerbarer Energien beteiligt. Danach haben Sie die Möglichkeit, über dieses festgelegte Niveau hinaus für Ihren privaten Strommix Strom aus Erneuerbaren Energien zu kaufen.

Information zum Ablauf:
Dieses Experiment besteht aus zwei Stufen mit jeweils fünf Runden. In der ersten Stufe werden Sie fünf mal nach Ihrem präferierten Niveau an Erneuerbaren Energien (Ökostrom) gefragt. Es verändert sich dabei lediglich der Preis für Ökostrom. In der zweiten Stufe werden Ihnen die Abstimmungsergebnisse für die einzelnen Preise mitgeteilt. Dann haben Sie die Möglichkeit, über das abgestimmte Niveau hinaus Ökostrom im Rahmen Ihres privaten Strommixes zu kaufen. Abschließend werden Sie noch einen anonymisierten Fragebogen ausfüllen. Dabei geht es nicht um „richtige“ oder „falsche“ Antworten, sondern um Ihre ganz private Einschätzung.

Bildschirm 2

Im Experiment haben Sie für jede Entscheidung ein Budget von 108,- EUR. Möchten Sie das Niveau an Ökostrom von derzeit 0% erhöhen, wird sich das auf Ihr Budget auswirken.

Jeder 9. Teilnehmer wird das Budget tatsächlich gewinnen. Im Gewinnfall wird der Teil, den Sie für Ökostrom verwendet haben, an eine Umweltorganisation Ihrer Wahl gespendet, um CO_2 zu vermeiden. Das verbleibende Budget wird sofort in bar an Sie ausgezahlt.

Darum entscheiden Sie bitte in jeder Situation so, als sei es eine wirkliche Entscheidungssituation, welche Ihr eigenes Budget beeinflußt und ggf. auch Auswirkung auf die Umwelt hat.

Bildschirm 3

Bitte beantworten Sie nachfolgende Fragen über den Ablauf des Experimentes.

Mit wie vielen Teilnehmern befinden Sie sich in einer Gruppe?
3, 5, 7 oder weiß nicht.

Wie hoch ist der derzeitige Anteil der Stromerzeugung aus Erneuerbaren Energien (vor der Abstimmung)?
0%, 50%, 100% oder weiß nicht.

Nach der Abstimmung müssen alle Teilnehmer einer Gruppe den gleichen Finanzierungsanteil tragen.
Ja, Nein oder weiß nicht.

Das Experiment besteht aus:
3 Runden, 3 Runden und einem Fragebogen, 5 Runden, 2 Stufen mit je 5 Runden und abschließend einem Fragebogen oder weiß nicht.

Wenn ich gewinne:
Erhalte ich das Budget von 108,-EUR., erhalte ich das verbleibende Budget, das verwendete Budget wird an eine Umweltorganisation gespendet, wird das gesamte Budget an eine Umweltorganisation gespendet oder weiß nicht.

Bildschirm 4

Hier sehen Sie die richtigen Lösungen der Kontrollfragen.

Mit wie vielen Teilnehmern befinden Sie sich in einer Gruppe?
Mit 3 Teilnehmern.

Wie hoch ist der derzeitige Anteil der Stromerzeugung aus Erneuerbaren Energien (vor der Abstimmung)?
Der derzeitige Anteil der Stromerzeugung aus Erneuerbaren Energien beträgt 0%.

Nach der Abstimmung müssen alle Teilnehmer einer Gruppe den gleichen Finanzierungsanteil tragen.
Ja.

Das Experiment besteht aus:
2 Stufen mit je 5 Runden und abschließend einem Fragebogen.

Wenn ich gewinne:
Erhalte ich das verbleibene Budget, das verwendete Budget wird an eine Umweltorganisation gespendet.

Bildschirm 5

Ökostrom kostet 21 ct/kWh, Strom aus Kohle und Kernkraft kostet 20 ct/kWh. Die „Veredelung" von Strom (Preisdifferenz) beträgt somit **1 ct/kWh**.

Es handelt sich um Ökostrom aus einem lokalen, modernen Laufwasserkraftwerk. Das Kraftwerk sorgt für zusätzliche CO_2-Vermeidung und ist auch selbst ökologisch nachhaltig konzipiert. So beinhaltet es z.B. ein innovatives Fischschutzkonzept.

Wie hoch soll das Niveau an Ökostrom in **Ihrer Gruppe** sein? Bitte legen Sie dazu das von Ihnen gewünschte Niveau mit Hilfe des Schiebereglers fest.

Bitte beachten Sie dazu die untenstehende Information über die Ihnen dadurch entstehenden Kosten und die Menge der CO_2-Vermeidung für die ganze Gruppe für den Fall, dass Ihre Entscheidung die Mehrheit findet. Am Ende der ersten Stufe werden Ihnen die Ergebnisse der Gruppenentscheidungen bekannt gegeben.

Sie können den Regler so oft bewegen, wie Sie möchten. Sobald Sie ihn loslassen, verändern sich die untenstehenden Werte. Klicken Sie die OK-Taste, sobald Sie sich endgültig entschieden haben.

Umweltspende (in EUR):
Verbleibendes Budget (in EUR):
CO_2-Vermeidung in der Gruppe (in kg):

Bildschirm 6

Ökostrom kostet 23 ct/kWh, Strom aus Kohle und Kernkraft kostet 20 ct/kWh. Die „Veredelung" von Strom (Preisdifferenz) beträgt somit **3 ct/kWh**.

Es handelt sich um Ökostrom aus einem lokalen, modernen Laufwasserkraftwerk. Das Kraftwerk sorgt für zusätzliche CO_2-Vermeidung und ist auch selbst ökologisch nachhaltig konzipiert. So beinhaltet es z.B. ein innovatives Fischschutzkonzept.

Wie hoch soll das Niveau an Ökostrom in **Ihrer Gruppe** sein? Bitte legen Sie dazu das von Ihnen gewünschte Niveau mit Hilfe des Schiebereglers fest.

Bitte beachten Sie dazu die untenstehende Information über die Ihnen dadurch entstehenden Kosten und die Menge der CO_2-Vermeidung für die ganze Gruppe für den Fall, dass Ihre Entscheidung die Mehrheit findet. Am Ende der ersten Stufe werden Ihnen die Ergebnisse der Gruppenentscheidungen bekannt gegeben.

Sie können den Regler so oft bewegen, wie Sie möchten. Sobald Sie ihn loslassen, verändern sich die untenstehenden Werte. Klicken Sie die OK-Taste, sobald Sie sich endgültig entschieden haben.

Umweltspende (in EUR):
Verbleibendes Budget (in EUR):
CO_2-Vermeidung in der Gruppe (in kg):

Bildschirm 7

Ökostrom kostet 25 ct/kWh, Strom aus Kohle und Kernkraft kostet 20 ct/kWh. Die „Veredelung" von Strom (Preisdifferenz) beträgt somit **5 ct/kWh**.

Es handelt sich um Ökostrom aus einem lokalen, modernen Laufwasserkraftwerk. Das Kraftwerk sorgt für zusätzliche CO_2-Vermeidung und ist auch selbst ökologisch nachhaltig konzipiert. So beinhaltet es z.B. ein innovatives Fischschutzkonzept.

Wie hoch soll das Niveau an Ökostrom in **Ihrer Gruppe** sein? Bitte legen Sie dazu das von Ihnen gewünschte Niveau mit Hilfe des Schiebereglers fest.

Bitte beachten Sie dazu die untenstehende Information über die Ihnen dadurch entstehenden Kosten und die Menge der CO_2-Vermeidung für die ganze Gruppe für den Fall, dass Ihre Entscheidung die Mehrheit findet. Am Ende der ersten Stufe werden Ihnen die Ergebnisse der Gruppenentscheidungen bekannt gegeben.

Sie können den Regler so oft bewegen, wie Sie möchten. Sobald Sie ihn loslassen, verändern sich die untenstehenden Werte. Klicken Sie die OK-Taste, sobald Sie sich endgültig entschieden haben.

Umweltspende (in EUR):
Verbleibendes Budget (in EUR):
CO_2-Vermeidung in der Gruppe (in kg):

Bildschirm 8

Ökostrom kostet 27 ct/kWh, Strom aus Kohle und Kernkraft kostet 20 ct/kWh. Die „Veredelung“ von Strom (Preisdifferenz) beträgt somit **7 ct/kWh**.

Es handelt sich um Ökostrom aus einem lokalen, modernen Laufwasserkraftwerk. Das Kraftwerk sorgt für zusätzliche CO_2-Vermeidung und ist auch selbst ökologisch nachhaltig konzipiert. So beinhaltet es z.B. ein innovatives Fischschutzkonzept.

Wie hoch soll das Niveau an Ökostrom in **Ihrer Gruppe** sein? Bitte legen Sie dazu das von Ihnen gewünschte Niveau mit Hilfe des Schiebereglers fest.

Bitte beachten Sie dazu die untenstehende Information über die Ihnen dadurch entstehenden Kosten und die Menge der CO_2-Vermeidung für die ganze Gruppe für den Fall, dass Ihre Entscheidung die Mehrheit findet. Am Ende der ersten Stufe werden Ihnen die Ergebnisse der Gruppenentscheidungen bekannt gegeben.

Sie können den Regler so oft bewegen, wie Sie möchten. Sobald Sie ihn loslassen, verändern sich die untenstehenden Werte. Klicken Sie die OK-Taste, sobald Sie sich endgültig entschieden haben.

Umweltspende (in EUR):
Verbleibendes Budget (in EUR):
CO_2-Vermeidung in der Gruppe (in kg):

Bildschirm 9

Ökostrom kostet 29 ct/kWh, Strom aus Kohle und Kernkraft kostet 20 ct/kWh. Die „Veredelung“ von Strom (Preisdifferenz) beträgt somit **9 ct/kWh**.

Es handelt sich um Ökostrom aus einem lokalen, modernen Laufwasserkraftwerk. Das Kraftwerk sorgt für zusätzliche CO_2-Vermeidung und ist auch selbst ökologisch nachhaltig konzipiert. So beinhaltet es z.B. ein innovatives Fischschutzkonzept.

Wie hoch soll das Niveau an Ökostrom in **Ihrer Gruppe** sein? Bitte legen Sie dazu das von Ihnen gewünschte Niveau mit Hilfe des Schiebereglers fest.

Bitte beachten Sie dazu die untenstehende Information über die Ihnen dadurch entstehenden Kosten und die Menge der CO_2-Vermeidung für die ganze Gruppe für den Fall, dass Ihre Entscheidung die Mehrheit findet. Am Ende der ersten

Stufe werden Ihnen die Ergebnisse der Gruppenentscheidungen bekannt gegeben.

Sie können den Regler so oft bewegen, wie Sie möchten. Sobald Sie ihn loslassen, verändern sich die unten stehendenWerte. Klicken Sie die OK-Taste, sobald Sie sich endgültig entschieden haben.

Umweltspende (in EUR):
Verbleibendes Budget (in EUR):
CO_2-Vermeidung in der Gruppe (in kg):

Bildschirm 10

1 ct/kWh
Folgendermaßen haben die Mitglieder Ihrer Gruppe abgestimmt (Sie sind Mitglied 1):

Mitglied 1:
Mitglied 2:
Mitglied 3:

Die Mehrheit wünscht folgendes Niveau von Strom aus Erneuerbaren Energien (in%):
Durch das Umlageverfahren leisten Sie eine verpflichtende Umweltspende von (in EUR):
Ihre Gruppe vermeidet folgende Menge an CO_2 (in kg):

Bildschirm 11

Die Mehrheit wünscht folgendes Niveau von Strom aus Erneuerbaren Energien (in%):
Durch das Umlageverfahren leisten Sie eine verpflichtende Umweltspende von (in EUR):
Ihre Gruppe vermeidet folgende Menge an CO_2 (in kg):

Über dieses festgelegte Niveau hinaus haben Sie jetzt die Möglichkeit, Strom für Ihren privaten Strommix zu kaufen.

Ökostrom kostet 21 ct/kWh, Strom aus Kohle und Kernkraft kostet 20 ct/kWh. Die „Veredelung" von Strom (Preisdifferenz) beträgt somit **1 ct/kWh**.

Es handelt sich um Ökostrom aus einem lokalen, modernen Laufwasserkraftwerk. Das Kraftwerk sorgt für zusätzliche CO_2-Vermeidung und ist

auch selbst ökologisch nachhaltig konzipiert. So beinhaltet es z.B. ein innovatives Fischschutzkonzept.

Wie hoch soll das Niveau an Ökostrom in Ihrem **privaten Strommix** sein? Bitte legen Sie dazu das von Ihnen gewünschte Niveau mit Hilfe des Schiebereglers fest. Wenn das Gruppenniveau bereits 100% beträgt, ist kein weiterer Zukauf möglich.

Bitte beachten Sie dazu die untenstehende Information über die Ihnen dadurch entstehenden Kosten und die Menge der CO_2-Vermeidung für die gesamte Gruppe, die Sie durch Ihren Zukauf ermöglichen. Sie können den Regler so oft bewegen, wie Sie möchten. Sobald Sie ihn loslassen, verändern sich die untenstehenden Werte. Bitte beachten Sie nochmals, dass Sie nur Ökostrom hinzukaufen können. Steht der Regler nach einmaligem Klicken ganz links, zeigt er somit die Werte des festgelegten Guppenniveaus an. Klicken Sie auf die OK-Taste, sobald Sie sich endgültig entschieden haben.

Umweltspende (in EUR):
Verbleibendes Budget (in EUR):
CO_2-Vermeidung in der Gruppe (in kg):

Bildschirm 12

3 ct/kWh
Folgendermaßen haben die Mitglieder Ihrer Gruppe abgestimmt (Sie sind Mitglied 1):

Mitglied 1:
Mitglied 2:
Mitglied 3:

Die Mehrheit wünscht folgendes Niveau von Strom aus Erneuerbaren Energien (in%):
Durch das Umlageverfahren leisten Sie eine verpflichtende Umweltspende von (in EUR):
Ihre Gruppe vermeidet folgende Menge an CO_2 (in kg):

Bildschirm 13

Die Mehrheit wünscht folgendes Niveau von Strom aus Erneuerbaren Energien (in%):
Durch das Umlageverfahren leisten Sie eine verpflichtende Umweltspende von (in EUR):
Ihre Gruppe vermeidet folgende Menge an CO_2 (in kg):

Über dieses festgelegte Niveau hinaus haben Sie jetzt die Möglichkeit, Strom für Ihren privaten Strommix zu kaufen.

Ökostrom kostet 23 ct/kWh, Strom aus Kohle und Kernkraft kostet 20 ct/kWh. Die „Veredelung" von Strom (Preisdifferenz) beträgt somit **3 ct/kWh**.

Es handelt sich um Ökostrom aus einem lokalen, modernen Laufwasserkraftwerk. Das Kraftwerk sorgt für zusätzliche CO_2-Vermeidung und ist auch selbst ökologisch nachhaltig konzipiert. So beinhaltet es z.B. ein innovatives Fischschutzkonzept.

Wie hoch soll das Niveau an Ökostrom in Ihrem **privaten Strommix** sein? Bitte legen Sie dazu das von Ihnen gewünschte Niveau mit Hilfe des Schiebereglers fest. Wenn das Gruppenniveau bereits 100% beträgt, ist kein weiterer Zukauf möglich.

Bitte beachten Sie dazu die untenstehende Information über die Ihnen dadurch entstehenden Kosten und die Menge der CO_2-Vermeidung für die gesamte Gruppe, die Sie durch Ihren Zukauf ermöglichen. Sie können den Regler so oft bewegen, wie Sie möchten. Sobald Sie ihn loslassen, verändern sich die untenstehenden Werte. Bitte beachten Sie nochmals, dass Sie nur Ökostrom hinzukaufen können. Steht der Regler nach einmaligem Klicken ganz links, zeigt er somit die Werte des festgelegten Guppenniveaus an. Klicken Sie auf die OK-Taste, sobald Sie sich endgültig entschieden haben.

Umweltspende (in EUR):
Verbleibendes Budget (in EUR):
CO_2-Vermeidung in der Gruppe (in kg):

Bildschirm 14

5 ct/kWh
Folgendermaßen haben die Mitglieder Ihrer Gruppe abgestimmt (Sie sind Mitglied 1):

Mitglied 1:
Mitglied 2:
Mitglied 3:

Die Mehrheit wünscht folgendes Niveau von Strom aus Erneuerbaren Energien (in%):
Durch das Umlageverfahren leisten Sie eine verpflichtende Umweltspende von (in EUR):
Ihre Gruppe vermeidet folgende Menge an CO_2 (in kg):

Bildschirm 15

Die Mehrheit wünscht folgendes Niveau von Strom aus Erneuerbaren Energien (in%):
Durch das Umlageverfahren leisten Sie eine verpflichtende Umweltspende von (in EUR):
Ihre Gruppe vermeidet folgende Menge an CO_2 (in kg):

Über dieses festgelegte Niveau hinaus haben Sie jetzt die Möglichkeit, Strom für Ihren privaten Strommix zu kaufen.

Ökostrom kostet 25 ct/kWh, Strom aus Kohle und Kernkraft kostet 20 ct/kWh. Die „Veredelung" von Strom (Preisdifferenz) beträgt somit **5 ct/kWh**.

Es handelt sich um Ökostrom aus einem lokalen, modernen Laufwasserkraftwerk. Das Kraftwerk sorgt für zusätzliche CO_2-Vermeidung und ist auch selbst ökologisch nachhaltig konzipiert. So beinhaltet es z.B. ein innovatives Fischschutzkonzept.

Wie hoch soll das Niveau an Ökostrom in Ihrem **privaten Strommix** sein? Bitte legen Sie dazu das von Ihnen gewünschte Niveau mit Hilfe des Schiebereglers fest. Wenn das Gruppenniveau bereits 100% beträgt, ist kein weiterer Zukauf möglich.

Bitte beachten Sie dazu die untenstehende Information über die Ihnen dadurch entstehenden Kosten und die Menge der CO_2-Vermeidung für die gesamte Gruppe, die Sie durch Ihren Zukauf ermöglichen. Sie können den Regler so oft bewegen, wie Sie möchten. Sobald Sie ihn loslassen, verändern sich die untenstehenden Werte. Bitte beachten Sie nochmals, dass Sie nur Ökostrom hinzukaufen können. Steht der Regler nach einmaligem Klicken ganz links, zeigt er somit die Werte des festgelegten Guppenniveaus an. Klicken Sie auf die OK-Taste, sobald Sie sich endgültig entschieden haben.

Umweltspende (in EUR):
Verbleibendes Budget (in EUR):
CO_2-Vermeidung in der Gruppe (in kg):

Bildschirm 16

7 ct/kWh

Folgendermaßen haben die Mitglieder Ihrer Gruppe abgestimmt (Sie sind Mitglied 1):

Mitglied 1:
Mitglied 2:
Mitglied 3:

Die Mehrheit wünscht folgendes Niveau von Strom aus Erneuerbaren Energien (in%):
Durch das Umlageverfahren leisten Sie eine verpflichtende Umweltspende von (in EUR):
Ihre Gruppe vermeidet folgende Menge an CO_2 (in kg):

Bildschirm 17

Die Mehrheit wünscht folgendes Niveau von Strom aus Erneuerbaren Energien (in%):
Durch das Umlageverfahren leisten Sie eine verpflichtende Umweltspende von (in EUR):
Ihre Gruppe vermeidet folgende Menge an CO_2 (in kg):

Über dieses festgelegte Niveau hinaus haben Sie jetzt die Möglichkeit, Strom für Ihren privaten Strommix zu kaufen.

Ökostrom kostet 27 ct/kWh, Strom aus Kohle und Kernkraft kostet 20 ct/kWh. Die „Veredelung" von Strom (Preisdifferenz) beträgt somit **7 ct/kWh**.

Es handelt sich um Ökostrom aus einem lokalen, modernen Laufwasserkraftwerk. Das Kraftwerk sorgt für zusätzliche CO_2-Vermeidung und ist auch selbst ökologisch nachhaltig konzipiert. So beinhaltet es z.B. ein innovatives Fischschutzkonzept.

Wie hoch soll das Niveau an Ökostrom in Ihrem **privaten Strommix** sein? Bitte legen Sie dazu das von Ihnen gewünschte Niveau mit Hilfe des Schiebereglers fest. Wenn das Gruppenniveau bereits 100% beträgt, ist kein weiterer Zukauf möglich.

Bitte beachten Sie dazu die untenstehende Information über die Ihnen dadurch entstehenden Kosten und die Menge der CO_2-Vermeidung für die gesamte Gruppe, die Sie durch Ihren Zukauf ermöglichen. Sie können den Regler so oft bewegen, wie Sie möchten. Sobald Sie ihn loslassen, verändern sich die untenstehenden Werte.
Bitte beachten Sie nochmals, dass Sie nur Ökostrom hinzukaufen können. Steht der Regler nach einmaligem Klicken ganz links, zeigt er somit die Werte des festgelegten Guppenniveaus an. Klicken Sie auf die OK-Taste, sobald Sie sich endgültig entschieden haben.

Umweltspende (in EUR):
Verbleibendes Budget (in EUR):
CO_2-Vermeidung in der Gruppe (in kg):

Bildschirm 18

9 ct/kWh
Folgendermaßen haben die Mitglieder Ihrer Gruppe abgestimmt (Sie sind Mitglied 1):

Mitglied 1:
Mitglied 2:
Mitglied 3:

Die Mehrheit wünscht folgendes Niveau von Strom aus Erneuerbaren Energien (in%):
Durch das Umlageverfahren leisten Sie eine verpflichtende Umweltspende von (in EUR):
Ihre Gruppe vermeidet folgende Menge an CO_2 (in kg):

Bildschirm 19

Die Mehrheit wünscht folgendes Niveau von Strom aus Erneuerbaren Energien (in%):
Durch das Umlageverfahren leisten Sie eine verpflichtende Umweltspende von (in EUR):
Ihre Gruppe vermeidet folgende Menge an CO_2 (in kg):

Über dieses festgelegte Niveau hinaus haben Sie jetzt die Möglichkeit, Strom für Ihren privaten Strommix zu kaufen.

Ökostrom kostet 29 ct/kWh, Strom aus Kohle und Kernkraft kostet 20 ct/kWh. Die „Veredelung“ von Strom (Preisdifferenz) beträgt somit **9 ct/kWh**.

Es handelt sich um Ökostrom aus einem lokalen, modernen Laufwasserkraftwerk. Das Kraftwerk sorgt für zusätzliche CO_2-Vermeidung und ist auch selbst ökologisch nachhaltig konzipiert. So beinhaltet es z.B. ein innovatives Fischschutzkonzept.

Wie hoch soll das Niveau an Ökostrom in Ihrem **privaten Strommix** sein? Bitte legen Sie dazu das von Ihnen gewünschte Niveau mit Hilfe des Schiebereglers fest. Wenn das Gruppenniveau bereits 100% beträgt, ist kein weiterer Zukauf möglich.

Bitte beachten Sie dazu die untenstehende Information über die Ihnen dadurch entstehenden Kosten und die Menge der CO_2-Vermeidung für die gesamte Gruppe, die Sie durch Ihren Zukauf ermöglichen. Sie können den Regler so oft bewegen, wie Sie möchten. Sobald Sie ihn loslassen, verändern sich die untenstehenden Werte. Bitte beachten Sie nochmals, dass Sie nur Ökostrom hinzukaufen können. Steht der Regler nach einmaligem Klicken ganz links, zeigt er somit die Werte des festgelegten Guppenniveaus an. Klicken Sie auf die OK-Taste, sobald Sie sich endgültig entschieden haben.

Umweltspende (in EUR):
Verbleibendes Budget (in EUR):
CO_2-Vermeidung in der Gruppe (in kg):

Bildschirm 20

Bitte geben Sie hier die Treatment- und Losnummer an, die Sie zu Beginn des Experimentes gezogen haben:

Treatmentnummer:
Losnummer:

C Dokumentation des Fragebogens

Bildschirm 1

Dieser Fragebogen umfasst sieben Seiten. Bitte nehmen Sie sich Zeit und beantworten Sie die Fragen sorgfältig.

Geschlecht (männlich; weiblich)
Alter (Zahl)
Religion (evangelisch; katholisch; andere; keine)
Fachbereich (Zahl)
Semester (Zahl)

Bildschirm 2

Welche Stromversorgungsunternehmen kennen Sie? (offen)
Wie hoch ist der Anteil (in%) am Strompreis, der für die Ökostromförderung bestimmt ist? (Zahl)

Bildschirm 3

Ich fühle mich verantwortlich, grünen Strom zu kaufen und damit zu einer Verbesserung der Umweltqualität beizutragen. (stimme zu; weder noch; lehne ab)
Ich möchte keinen Ökostrom kaufen, solange ich diesen schon durch Beiträge, die im Strompreis enthalten sind (EEG) unterstütze. (stimme zu; weder noch; lehne ab)
Ich werde nur dann zu Ökostrom wechseln, wenn dies auch die anderen Konsumenten tun. (stimme zu; weder noch; lehne ab)

Bildschirm 4

Wer sollte in Deutschland Verantwortung für den Ausbau erneuerbarer Energien übernehmen? (Staat; Konsumenten; Staat und Konsumenten gemeinsam) Wer sollte die Kosten des Ausbaus erneuerbarer Energien tragen? (Alle Konsumenten; Konsumenten herkömmlicher Energieerzeugung; Ökostromkunden)

Bildschirm 5

Sind Sie oder jemand in Ihrem Haushalt, Mitglied in einer Umweltorganisation? (ja;nein)

Ich diskutiere häufig über Umweltprobleme mit meinen Freunden (stimme zu; weder noch; lehne ab)
Ich halte mich für umweltbewusst. (ja;nein)
Wenn Sie die vorige Frage mit ja beantwortet haben, geben Sie in Stichpunkten an, wie sich dieses Umweltbewusstsein in Ihrem täglichen Leben ausdrückt. (offen)

Bildschirm 6

Für wie glaubwürdig halten Sie Ökostromprodukte? (glaubwürdig; weder noch; unglaubwürdig)
Wenn ich zertifizierten grünen Strom kaufe, bedeutet das, dass ein Ausbau erneuerbarer Energien Anlagen (z.B. Windkraftanlagen) stattfindet. (stimme zu; weder noch; lehne ab)

Bildschirm 7

Anhand welcher Kriterien haben Sie die Entscheidungen im Experiment getroffen? (offen)

Kolibri 360 GmbH
Ferdinand-Jühlke-Straße 7
99095 Erfurt, Deutschland
produktsicherheit@kolibri360.de